工程建设标准宣贯培训系列丛书

养老设施建筑设计规范实施指南

郭 旭 王大春 主编

中国建筑工业出版社

图书在版编目（CIP）数据

养老设施建筑设计规范实施指南/郭旭，王大春主编．—北京：中国建筑工业出版社，2014.9

工程建设标准宣贯培训系列丛书

ISBN 978-7-112-17092-0

Ⅰ.①养… Ⅱ.①郭… ②王… Ⅲ.①老年人住宅-建筑设计-设计规范 Ⅳ.①TU241.93-65

中国版本图书馆CIP数据核字（2014）第152218号

《养老设施建筑设计规范》GB 50867－2013（以下简称《规范》）经住房和城乡建设部2013年9月6日以第142号公告批准、发布，自2014年5月1日正式实施。为了紧密配合《规范》的颁布实施，准确理解和深入把握《规范》的相关内容，真正使《规范》确定的指标和要求落到实处，根据住房和城乡建设部的要求，《规范》编制组牵头组织参与编制《规范》的专家和有关专业设计人员共同编写了这本《养老设施建筑设计规范实施指南》。

本书按照《规范》的原有结构层次，围绕编制概况、条文实施要点、典型设计案例、国内外相关政策法规和专题研究成果等内容，对《规范》的重点章节、主要指标以及相关技术内容，进行了细致地分析阐释，同时还结合其他相关的国家标准、行业标准进行了对照分析；针对《规范》提出的许多功能、性能指标和技术要求，提供了多种实施的技术途径和方案；对工程设计人员在执行标准和施工图审查过程中容易出现的具体疑点、难点和重点问题，作了较为全面的解疑释惑，并尽可能以设计人员熟悉的图表形式加以表述，以便设计人员和其他从业人员能够全面系统地了解《规范》的编制情况和技术要点，准确理解和深入把握《规范》的有关内容，推进《规范》的贯彻实施。

本书可作为住房和城乡建设部及各省、自治区、直辖市建设行政主管部门开展《养老设施建筑设计规范》GB 50867－2013师资培训的指定辅导材料，也可作为工程建设管理和技术人员以及各大专院校的师生理解、掌握《养老设施建筑设计规范》GB 50867－2013的参考材料；可供从事养老设施建筑设计人员、房地产开发企业、工程项目经理、审图人员以及建设管理人员参考使用。

责任编辑：何玮珂　张　磊　李翰伦

责任设计：李志立

责任校对：姜小莲　赵　颖

工程建设标准宣贯培训系列丛书

养老设施建筑设计规范实施指南

郭　旭　王大春　主编

*

中国建筑工业出版社出版、发行（北京西郊百万庄）

各地新华书店、建筑书店经销

北京红光制版公司制版

北京建筑工业印刷厂印刷

*

开本：787×1092毫米　1/16　印张：19　字数：468千字

2014年10月第一版　2014年10月第一次印刷

定价：**48.00**元

ISBN 978-7-112-17092-0

（25875）

本 书 编 委 会

顾　　问： 田国民　闫青春

主　　审： 郭　景　常怀生　开　彦　王果英　梁　锋

主　　编： 郭　旭　王大春

主要编写人员： 崔永祥　蒋群力　俞　红　王仕祥　陈　旸　李　清
梁龙波　余　倩　施　勇　孟　杰　晁　军　陆　明
邢　军　岳　兵　唐振兴　苏志钢

序 言 1

我国人口老龄化已进入快速发展阶段，老年人对养老服务的需求呈现多元化趋势，无论从数量上还是从质量上急需提高。根据《国务院关于加快发展养老服务业的若干意见》（国发［2013］35号）要求，加强养老服务设施规划建设工作，全面提升养老服务设施水平，促进经济社会科学发展，实现老有所养、老有所医、老有所教、老有所学、老有所为、老有所乐的工作目标具有重要意义。

根据住房和城乡建设部标准编制计划，由哈尔滨工业大学会同相关单位主编的《养老设施建筑设计规范》GB 50867－2013（以下简称《规范》），已批准发布实施。同时，《规范》编制组组织参与编制规范的专家和设计人员，在总结近年来各地养老设施建设实践和研究成果，借鉴国外经验的基础上，编写了《养老设施建筑设计规范实施指南》一书。

按照住房和城乡建设部等部门联合印发的《关于加强养老服务设施规划建设工作的通知》要求，各地应加强养老服务设施建设标准宣贯培训，并从2014年起，将有关养老服务设施建设标准培训纳入执业注册师继续教育计划。

希望《养老设施建筑设计规范实施指南》的出版，能够加深设计人员和其他从业人员对《规范》的理解和把握，推进《规范》的贯彻和实施。

住房和城乡建设部标准定额司

2014年3月

序　言　2

伴随着国民经济快速发展和社会的巨大进步，我国人口老龄化进程在不断加快，老年人口数量在不断增长。根据国家统计局公布的2013年国民经济和社会发展统计公报，截至2013年年底我国内地总人口为136072万人，而其中60岁以上的老年人口则达到20243万人，占总人口的比重为14.9%；65岁以上老年人口为13161万人，占总人口的比重为9.7%。与上一年度相比，60岁以上的老年人口绝对量增加了853万多，相对量则上升了0.6个百分点之多。根据预测，到2023年前后，我国的老龄人口将达到3个亿，到2035年前后，我国的老龄人口将超过4个亿，到2053年老龄人口将达到峰值4.87亿，届时将占到全国人口总数的34.87%。人口老龄化速度如此快速迅猛的推进、老年人群数量如此庞大，必然会使得全社会的养老需求翻倍增长，必然对国家解决养老问题的要求更加迫切，由此我们面临的养老压力也更加沉重，挑战更为严峻。

经济、社会和文化发展的多样化决定了亿万老年人养老需求的多样化，他们对各类养老设施、机构和服务的需求必然是多层次、多方面的。在保证满足老年人多样化养老服务需求的同时，如何能够使我们的养老服务设施、机构建设和提供的服务能切实适合老年人的生理、心理特点和生活习性？如何切实保障入住养老机构和享受服务老年人的合法权益？这就要求我们的养老设施和机构建设必须要有标准、有规范、有章法、有依循。不然，没有章法地设计施工，毫无节制地私搭乱建，随心所欲的服务供给，必然会使建立起来的养老机构、设施不适合、不适用于老年人，必然会对老年人的身心健康乃至生命安全造成不应有的损害。为此，从2010年7月起，由住房和城乡建设部与全国老龄工作委员会办公室牵头，由哈尔滨工业大学组织十几家单位，共同开展了《养老设施建筑设计规范》的编制工作。他们在深入国内外分区域、分项目调查研究，全面总结各地养老设施建筑实践做法和研究成果，充分借鉴吸收国内外先进经验和意见建议的基础上，多次召开工作会议和开展专题研究，并按编制规程要求在CCSN信息网上和各地民政部门、老龄委、社会养老机构以及各地建筑设计单位等广泛征求意见。经过三年多的艰苦努力，终于用心血和汗水完成了《养老设施建筑设计规范》GB 50867－2013的编制工作，并经住房和城乡建设部和国家质量监督检验检疫总局联合批准于2013年9月6日正式公告发布，2013年12月中国建筑工业出版社正式出版，2014年5月1日起正式实施。

《养老设施建筑设计规范》GB 50867－2013的编制发布，是我国老龄事业发展进程中的一件大事，也是从技术层面规范养老设施建筑的一部行业标准，它对于国家积极应对人口老龄化的快速发展，加快社会养老服务体系建设，对于加快推动和完成《中国老龄事业发展十二五规划》确定的目标任务，对于依法保障老年人的合法权益，都具有十分重要的意义和作用。

为了紧密配合《养老设施建筑设计规范》GB 50867－2013（以下简称《规范》）的颁布实施，准确理解和深入把握《规范》的相关内容，真正使《规范》确定的指标和要求落到实处，根据住房和城乡建设部的要求，《规范》编制组又牵头组织参与编制《规范》的专家和有关专业设计人员共同编写了这本《养老设施建筑设计规范实施指南》（以下简称《实施指南》）。可以说，这对于全面学习领会和贯彻落实《规范》的内容与要求具有非常重要的促进作用。

《实施指南》的编写出版，可以对《规范》内容的学习领会和普及应用起到积极的促进作用。《实施指南》针对《规范》的重点章节、主要指标以及相关技术内容，进行了细致地分析阐释，同时还结合其他相关的国家标准、行业标准进行了对照分析。《实施指南》还针对《规范》提出的许多功能、性能指标和技术要求，提供了多种实施的技术途径和方案，针对在执行标准和审查施工图中容易出现的一些疑点、难点和重点问题，作出了较为全面的解疑释惑，图文并茂，深入浅出，相信一定会给广大养老设施建筑设计人员、房地产开发企业、工程项目经理、审图人员以及建设管理人员提供强有力的指导和方便实用的使用参考。

国务院颁布的《中国老龄事业发展“十二五”规划》和国务院办公厅转发的《社会养老服务体系建设规划（2011～2015）》，对“十二五”时期国家发展社会养老服务明确了目标任务和发展方向。按照《规划》要求，各类养老设施建设的重点将是在城乡社区普遍建立日间照料中心和小型分散的专业养老机构，同时鼓励和支持社会力量大力兴建一批多种形式的养老设施，特别是在地级以上城市至少建一所长期照顾和护理型的养护机构。

要完成《规划》确定的发展养老服务的目标任务，需要加强和规范行业管理，需要对养老设施的建筑设计、技术内容、规范条文作出相应的标准和规范。《规范》的制定颁布应该说填补了这一空白。但是《规范》毕竟只是从总体上、原则上提出了养老设施建筑设计方面的技术要求，严格地说还难以考虑全国各类地区普遍存在的差异性和适用性，因此编纂《实施指南》就有效地弥补了这一缺失，通过更加细致的分析和描述，能够帮助各地更好地把“十二五”确定的目标任务分解落实，使之更切合老年人的养老需求。

《实施指南》把《规范》坚持的“以人为本”、关爱老人的理念作为贯穿全书的核心和主线，处处加以阐释和体现，在每一项标准、每一个细节都充分体现把老年人的安全健康、把维护老年人合法权益放在首位的原则；根据老年人不断增长的多种养老需求，在养老设施建筑设计上深刻阐明了适度超前的原则，以适合国力支撑能力和发展的养老需求；同时根据全国不同区域发展不平衡的情况，对《规范》提出的差异性原则也进行了实事求是的剖析和解释，以期对不同地域的老年人需求都能给予恰当的把握和照顾。

针对《规划》提出的社会养老服务体系建设的目标任务，《实施指南》着重阐述了养老服务设施建设新建与改扩建要同时兼顾，并对新建和改扩建如何执行《规范》要求做出了具体说明；《实施指南》还贯彻了整合社区和社会为老服务设施与功能的指导思想，协调一致，形成合力的做法，把方便老年人、惠顾老年人、服务老年人作为发展养老服务的出发点和落脚点，充分尊重老年人，着力提高养老设施建筑的舒适度。

我们相信，《实施指南》可以为住房和城乡建设部及各省、自治区、直辖市建设行政主管部门开展《养老设施建筑设计规范》宣贯培训提供权威及有力的辅导。

当《规范》编制组人员把《养老设施建筑设计规范实施指南》书稿放到我的案头，我认真地阅读着每一个章节，深深地为这些编写者认真负责的精神和严谨治学的科学态度所感动。我深切地感到字里行间无不凝结着他们的心血和汗水，无不浸透着他们对亿万老年人的关爱和对老龄事业发展的企盼。作为老龄工作者，我更为这本《实施指南》能够为全国养老服务设施的规范化建设提供强有力指导感到由衷的高兴。在这本《实施指南》即将出版面世之际，我也衷心地希望它能成为更多养老设施建设者们和实际工作者们的贴身朋友，成为更多建筑院校和系科教学师生们的必备读物，承蒙编写者的嘱托，欣然写下了上面的话以为序。

全国老龄工作委员会办公室副主任　阎青春

2014 年 3 月于北京

前　言

由住房和城乡建设部组织编制、审查、批准，与国家质量监督检验检疫总局联合发布的国家标准《养老设施建筑设计规范》GB 50867－2013，已经于2013年9月6日发布公告，2013年12月中国建筑工业出版社正式出版，2014年5月1起正式实施。

我国现在是世界上唯一一个老年人口超过1亿的国家，并且正在以每年3%以上的速度快速增长，是同期人口增速的五倍多。预计到2015年，老年人口将达到2.21亿，约占总人口的15.3%；2020年老年人口将达到2.43亿，约占总人口的17%，2050年我国老龄化将达到峰值，60岁以上的老年人数量将达到4.37亿。国家统计局《中华人民共和国2012年国民经济和社会发展统计公报》：2012年年末全国共有养老服务机构4.2万个，床位381万张，收养各类人员262万人。养老床位总数仅占全国老年人口的1.59%，不仅低于发达国家5%～7%的比例，也低于一些发展中国家2%～3%的水平。目前，我国城乡失能和半失能老年人约有3300万，占老年人口总数的19%。随着人口老龄化、高龄化趋势的加剧，失能、半失能老年人的数量还将持续增长，人民群众对养老服务的社会需求也日益增长，大力加强社会养老服务体系建设，已成为应对人口老龄化、保障和改善民生的十分迫切的要求，也是当前我国最大民生问题之一。

中国老龄事业发展“十二五”规划及我国社会养老服务体系“十二五”规划中针对目前我国老龄化发展的现状，从机构养老、社区养老和居家养老三个方面提出了今后五年的发展建设目标和任务。尤其提出：“十二五”期间，养老设施建设将以社区日间照料中心和专业化养老机构为重点，通过新建、改扩建和购置，增加日间照料床位和机构养老床位340余万张，实现养老床位总数翻一番；并且改造30%现有床位，使之达到建设标准，全面提升社会养老服务设施水平。同时，县级以上城市，至少应建有一处以收养失能、半失能老年人为主的老年养护设施。在国家和省级层面，建设若干具有实训功能的养老服务设施。依托现代技术手段，为老年人提供高效便捷的服务，进一步规范行业管理，不断提高养老服务水平。

为了顺应养老设施建设的快速发展形势，引领养老设施建筑设计向更高水平不断跃升。根据住房和城乡建设部（以下简称“住房城乡建设部”）标准编制计划，从2010年7月起，在住房和城乡建设部的支持和指导下，由哈尔滨工业大学主持并会同十几家单位，开展了《养老设施建筑设计规范》的编制工作。先后在我国华北地区、华东地区、华南地区、华中地区、西北地区、东北地区、中国台湾地区和日本、美国等境内外分区域分组进行了调研；召开五次工作会议和开展内审、预审及专题研究，并在《华中建筑》2011年第8期发表了养老专题研究论文；按编制规程要求在CCSN信息网上和各地民政部门、老龄委、社会养老机构以及各地建筑设计院等广泛征求意见，收到以电子邮件、电话、信函等方式反馈的意见数千条，从住房城乡建设部、全国老龄办、民政部到各地政府主管部门、社会养老机构及建筑设计单位、普通百姓等都十分关注和重视这部规范。在总结近年来各地养老设施建筑的实践经验和研究成果，借鉴国内外先进经验的基础上，编制组经过艰苦努力，历经三年，完成了《养老设施建筑设计规范》的编制工作。

《养老设施建筑设计规范》（以下简称《规范》）作为一部国家标准，其技术内容的确定、规范条文的表述考虑了全国各类地区的适用性。但是，《规范》毕竟只能从总体上、原则上提出养老设施建筑设计技术要求，难以对技术内容加以细化，为使设计人员和其他从业人员全面系统地了解《规范》的编制情况和技术要点，准确理解和深入把握《规范》的有关内容，推进《规范》的贯彻实施，根据住房和城乡建设部的要求，由《规范》编制组组织参与编制规范的专家和有关设计人员共同编写了《养老设施建筑设计规范实施指南》（以下简称《实施指南》）。

《实施指南》按照《养老设施建筑设计规范》原有的结构层次，从条文制定的背景意义、相关标准和标准设计的引用、设计要点、设计应用实例等层面，对“总则”、“术语”、“基本规定”、“总平面”、“建筑设计”、“安全措施”、“建筑设备”等各章，均逐条作了深入浅出的阐释，设计思路、设计方法的融汇和实用材料、设施设备的引入，细化和丰富充实了《养老设施建筑设计规范》的内容。对《养老设施建筑设计规范》提出的许多功能、性能指标和技术要求，《实施指南》提供了多种实施的技术途径和方案，对工程设计人员执行标准和施工图审查过程中出现的具体疑点、难点，《实施指南》给予了较为全面的解答，并尽可能以设计人员熟悉的图表形式加以表述。

《实施指南》可作为住房和城乡建设部及各省、自治区、直辖市建设行政主管部门开展《养老设施建筑设计规范》师资培训的指定辅导材料，也可以作为工程建设管理和技术人员以及各大专院校的师生理解、掌握《养老设施建筑设计规范》的参考材料。

在《实施指南》编写的过程中众多专家倾注了诸多心血。与此同时，《实施指南》的编写自始至终得到了住房和城乡建设部、全国老龄办各有关单位领导和各界人士的关心、支持和指导，在此一并表示衷心的感谢！

限于经验和水平，《实施指南》尚存在若干不足。有关人员和广大读者在使用、阅读过程中有何意见和建议，请及时函（电）告哈尔滨工业大学《养老设施建筑设计实施指南》编制组（地址：哈尔滨市南岗区西大直街66号建筑学院1505信箱，邮编：150001），以供《实施指南》修订再版时参考。

※国家自然科学基金项目（51308141）

《养老设施建筑设计规范实施指南》编委会

2014年3月

目　录

第1章　编制概况

1.1　任务的来源

《养老设施建筑设计规范》的编制任务来源于原中华人民共和国建设部《关于印发〈2004年工程建设标准规范制定、修订计划〉的通知》（建标［2004］67号）和中华人民共和国住房和城乡建设部建标［2010］3号《关于同意哈尔滨工业大学主编养老设施建筑设计规范》的文件，2010年7月成立编制组并正式开题，由哈尔滨工业大学会同十几家单位于2013年7月共同编制完成。

1.2　编制目的与原则

1.2.1　编制目的

我国已经进入人口老龄化快速发展阶段。第六次全国人口普查统计结果：我国60岁及以上人口为1.78亿人，占总人口的13.26%。预计到2025年我国60岁及以上人口将突破3亿，2050年我国老龄化将达到峰值，60岁及以上的老年人口数量将达到4.37亿人。

国家统计局《中华人民共和国2012年国民经济和社会发展统计公报》：2012年年末我国60岁及以上老年人口已达1.94亿，全国共有养老服务机构4.2万个，床位381万张，收养各类人员262万人。社区养老服务设施也进一步改善，建成含日间照料功能的综合性社区服务中心1.2万个，留宿照料床位1.2万张，日间照料床位4.7万张。但是养老床位总数仅占全国老年人口的1.77%，不仅低于发达国家5%～7%的比例，也低于一些发展中国家2%～3%的水平。积极应对人口老龄化，加快养老设施建设已是当前最大的民生问题之一。为此，规范编制的目的是：

为养老设施建筑的设计和管理提供技术依据，以满足社会机构养老设施建设的需要。

1.2.2　编制原则

（1）以老年人为本的原则。从老年人体能变化、行为特征与心理需要出发，按自理、介助、介护老人的特点与需求，分类进行设计。规范在编排上将平面布局、细部尺度与无障碍和减障碍设计结合起来，使硬环境设施与软环境设施相互依托，使老年人身心关怀得到体验，使医养照顾能得到方便合理的处置。

（2）安全健康第一的原则。在各章节从不同角度提出了安全健康的要求，规定了无障碍设计的位置，并突出强调了建筑物出入口、竖向交通、水平交通、公共空间、居室空间、卫生间等安全措施。

（3）适度超前，新建和改扩建兼顾的原则。本规范借鉴国外先进经验，兼顾新建和改扩建特点，对养老设施的用房分类、房间配置、房间面积指标、室内外环境、电梯、安全设施等适当提高设计标准，以提高养老设施建筑的空间功能质量与可持续发展。

（4）区域化差异性的原则。根据我国气候分区、资源分布、经济条件等区域环境和发展水平的现状，对采光、材料、温湿度、景观环境、建筑设备有针对性地确定差异化的设计技术指标，并把绿色建筑和环境保护要求始终贯穿于养老设施建筑设计中。

（5）与社会服务网络相配合的原则。把社区老年日间照料中心纳入社会机构养老设施范畴来考虑。还延伸社区老年家政服务站、老年康复活动室、老年医疗卫生服务站、老年学园等涉老设施，提出指导性规定。

1.3 编制的内容与重点

1.3.1 编制的内容

《养老设施建筑设计规范》经编制组研究确定为7章，即：

第1章　总则规范编制的目的意义、指导思想和使用范围。

第2章　术语对各类养老设施建筑名称以及相关专用名词作出定义。

第3章　基本规定对养老设施建筑的分类、分级、选址、窗地比、色彩、标识、地面、节能、无障碍设计等作出规定。

第4章　总平面对各类养老设施建筑的道路、绿化、日照、活动场地、无障碍坡道、停车及建筑布局等作出规定。

第5章　建筑设计将老年人的生活用房、医疗保健用房、公共活动用房以及管理服务用房功能房间的设置、最小使用面积指标以及空间尺寸作出规定。

第6章　安全措施对养老设施建筑物出入口、竖向交通、水平交通、安全辅助措施等提出设计要求。

第7章　建筑设备对给水与排水、供暖与通风空调、建筑电气等设计作出规定。

1.3.2 强制性条文

经编制组研究和专家建议，并报强条委员会审查，确定了两条强制性条款：

（1）第3.0.7条　**二层及以上楼层设有老年人的生活用房、医疗保健用房、公共活动用房的养老设施应设无障碍电梯，且至少1台为医用电梯。**

为了便于老年人日常使用与紧急情况下的抢救与疏散，二层以上养老设施的老年人的生活用房、医疗保健用房、公共活动用房应以电梯作为楼层间无障碍设施，且至少1台兼作医用电梯，便于急救时担架或移动床的进出。

（2）第5.2.1条　**老年人卧室、起居室、休息室和亲情居室不应设置在地下、半地下，不应与电梯井道、有噪声振动的设备机房等贴邻布置。**

居室是老年人停留时间最长的房间，强调本条主要考虑老年人居住用房设置在地下、半地下，必然天然采光和自然通风条件不佳，且在火灾紧急状态下烟气不易排除，救生及疏散也存在困难。对老年人的身体健康和人身安全带来较大危害。噪声振动，对老年人的心脑功能和神经系统有较大影响，远离噪声源布置老年人卧室、起居室、休息室和亲情居室，有利于老年人身心健康。

1.3.3 编制的重点

(1) 突出对老年人行为状态与体能变化的区分

按老年人行为状态，将其分为自理、介助和介护三类老人。科学地、动态地考虑老年人的体能变化及行为障碍状态，力求建筑设计以老人为本，充分体现适老性（如2.0.7、2.0.8、2.0.9在术语中明确了老年人的分类）。

(2) 重点对社会机构养老设施建筑的设计

着重对社会机构养老设施建筑的设计，并充分考虑社区养老模式的大众需求，把社区老年日间照料中心纳入社会机构养老设施来考虑。确定老年养护院、养老院（养老公寓）、老年日间照料中心等综合与专项服务的养老设施建筑的分类，相应明确了各自的服务对象及基本服务配建内容，详见本规范表3.0.1。

(3) 分类分级提供设计标准与技术指标

从各类老年人的特点出发，为老年人提供居住、生活照料、医疗保健、文化娱乐等方面专项或综合服务，按服务对象、服务内容、使用功能和规模等级进行分类与分级设计（如3.0.2养老设施建筑等级划分；5.1.2养老设施建筑各类用房最小使用面积指标；5.1.3老年养护院、养老院的养护单元的设置规模；5.2.2老年人居住用房的空间面积指标；5.2.3各类养老设施的每间卧室/休息室的床位数；5.2.8、5.2.9养老设施建筑的公共餐厅使用面积和公用卫生间洁具配置指标；5.2.10老年人专用浴室、公用沐浴间设置规定；5.3.2保健用房的设计规定）。

(4) 侧重住、医、娱、服和环境设施的综合配套设计

充分考虑自理、介助、介护老人的行为与心理特点，侧重各类和各级养老设施建筑的居住功能、医疗保健、休闲娱乐、管理服务与环境设施的综合配套，确定了不同类型养老设施建筑的房间设置和分类设计，从生理到心理充分关注老年人（如4.0.6室外活动场地设计；4.0.7、4.0.8、4.0.9场地绿化、景观及设施配备；表5.1.1不同类型养老设施建筑的房间设置等）。

(5) 全面考虑老年人的安全问题

本规范通篇贯穿安全健康第一的原则，在养老设施的规划布局、建筑细部和设备设施等均考虑了无障碍和减障碍设计以及安全辅助措施。详见本规范（表3.0.11养老设施建筑及其场地无障碍设计的具体部位；4.0.4、4.0.5总平面的道路和停车场的设置以及无障碍停车位的设置；5.2.4失智老年人用房的外窗防护措施；6.1、6.2、6.3、6.4从建筑出入口、竖向交通、水平交通、安全辅助措施等全章节规定了养老设施的安全措施；7.3.8、7.3.11、7.3.12、7.3.13电气安全措施等）。

(6) 着力提高养老设施建筑的舒适度

充分关爱老年人，让老年人活的有尊严。从低碳、节能、可持续的视角，在声、光、热、色彩、卫生、自然环境与心理愉悦等全方位提高养老设施的舒适度。详见本规范（表3.0.6老年人用房的主要房间的采光窗洞口面积与该房间楼（地）面面积之比；3.0.9养老设施建筑色彩设计的规定；4.0.2老年人居住用房和主要公共活动用房日照时间规定；

7.1.1 养老设施建筑热水供应系统规定；表 7.2.4 养老设施建筑有关房间的室内冬季供暖计算温度；表 7.3.2 居住、活动及辅助空间照度值等）。

1.4 相关规范标准关系

1.4.1 相关规范标准

为确保老年人建筑建设的科学性与规范性，自 1987 年起至 2012 年，住建部、民政部、质量监督检验检疫总局、发改委等相关部委陆续发布了 10 本与养老设施建筑相关的建筑设计、规划设计、养老服务、机构管理、设施设备要求等的设计规范、管理规范或建设标准。部分省市也相应出台了地方标准（或规范、办法、通知）（见表 1.4.1-1、1.4.1-2）。

参考相关国家规范标准一览表 **表 1.4.1-1**

序号	编　号	名　称	批准部门	施行日期
1	JGJ 40-87	《疗养院建筑设计规范》	城乡建设环境保护部	1988-01-01
2	JGJ 49-88	《综合医院建筑设计规范》	中华人民共和国卫生部	1989-04-01
3	JGJ 122-99	《老年人建筑设计规范》	建设部、民政部	1999-10-01
4	MZ 008-2001	《老年人社会福利机构基本规范》	民政部	2001-03-01
5	GB 50180-93（2002 版）	《城市居住区规划设计规范》	技术监督局、建设部	2002-04-01
6	GB/T 50340-2003	《老年人居住建筑设计标准》	建设部、质量监督检验检疫总局	2003-09-01
7	GB 50437-2007	《城镇老年人设施规划规范》	建设部	2008-06-01
8	建标 143-2010	《社区老年人日间照料中心建设标准》	住房和城乡建设部、发展和改革委员会	2011-03-01
9	建标 144-2010	《老年养护院建设标准》	住房和城乡建设部、发展和改革委员会	2011-03-01
10	GB 50763-2012	《无障碍设计规范》	住房和城乡建设部	2012-09-01

相关地方标准（或规范、办法、通知）一览表 **表 1.4.1-2**

序号	省　市	名　称	时间
1	北京市	《北京市养老服务机构服务质量星级划分与评定》DB11/T 219-2004	2004
2		《北京市养老服务机构服务质量标准》DB11/T 148-2008	2008
3	上海市	《上海市养老机构管理和服务基本标准（暂行）》	2001
4		《上海市社区居家养老服务规范》DB31/T 461-2009	2009
5	江苏省	《江苏省示范性养老机构评估细则（暂行）》	2009
6		《江苏省社区居家养老服务中心（站）评估指标体系（试行）》	2009
7	浙江省	《浙江省养老护理分级标准》	2009
8	四川省	《关于开展养老服务社会化示范社区创建工作的通知》	2010
9	甘肃省	《甘肃省养老机构护理服务基本标准》	2010
10		《甘肃省养老设施建筑设计规范》	2010

这些国家和地方的标准、规范、办法、通知等，给《养老设施建筑设计规范》的编制提供了坚实的基础和有效的指导。本规范就是在学习与参照相关规范的基础上，开展研究工作的，与相关规范是相互融合与渗透、突出社会养老机构特色的。

1.4.2　几本老年规范的关系

本规范与《老年人建筑设计规范》、《老年人居住建筑设计标准》、《城镇老年人设施规划规范》、《社区老年人日间照料中心建设标准》、《老年养护院建设标准》等规范的关系极为密切：

(1)《城镇老年人设施规划规范》GB 50437 和《社区老年人日间照料中心建设标准》(建标 143—2010)、《老年养护院建设标准》(建标 144—2010) 提出的是城镇老年人设施规划要求和相关的建设指标，是本规范的分类分级的基础和技术指标依据。本规范从建筑设计层面提出实现上述专项规划和建设指标的技术依据，并应用范围扩大到城乡的。

(2)《老年人居住建筑设计标准》GB/T 50340 侧重的是居家养老的相关要求，主要规定的是以老年人居住建筑（老年住宅）为主的建筑设计要求。本规范侧重的是对社区和机构养老的设计要求，主要规定的是以社会机构养老为主的公共建筑（老年养护院、养老院、老年日间照料中心）的建筑设计要求。

本规范参照了《老年人居住建筑设计标准》GB/T 50340 对老年人居室的建筑设计的规定，并且根据社会与经济发展需要，对各类养老设施的老人生活用房的技术指标作出了相应修订。本规范还对各类养老设施的公共用房、场地、建筑防火及辅助设施做出了明确规定。

(3) 本规范是在总结《老年人建筑设计规范》JGJ 122 应用实践基础上扩充建筑设计内容，是《老年人建筑设计规范》的发展与深化。《养老设施建筑设计规范》出版后，《老年人建筑设计规范》废止。

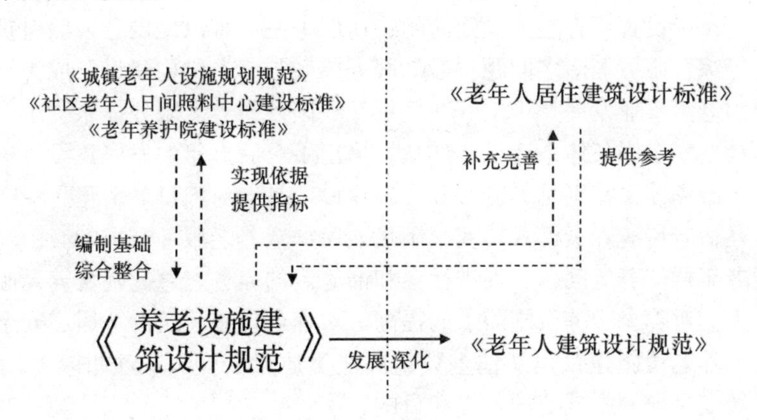

图 1.4.2　几本老年规范的关系示意图

第2章　条文实施要点

2.1　总则

1.0.1　为适应我国养老设施建设发展的需要，提高养老设施建筑设计质量，使养老设施建筑适应老年人体能变化和行为特征，制定本规范。

【要点解析】　自20世纪末我国步入老龄化社会以来，人口老龄化加速发展，老年人口基数大、增长快并日益呈现高龄化、空巢化趋势，需要照料的失能、半失能老人数量剧增，众多介护老人长期照料护理服务需求日益迫切。据第六次全国人口普查统计显示，我国60岁及以上人口为1.78亿人，占总人口的13.26%，预计到2050年我国老龄化将达到峰值，60岁以上的老年人数量将达到4.37亿人。截止到2009年80岁以上高龄老年人达到1，899万人，占全国人口的1.4%，年均增速达5%，快于老龄化的增长速度，也高于世界平均3%的水平。我国城乡老年空巢家庭超过50%，部分大中城市老年空巢家庭达到70%。虽然截至2010年年底，全国各类收养性养老机构已达4万个，养老床位达到314.9万张。社区养老服务设施也进一步改善，社区日间照料服务逐步拓展，建成含日间照料功能的综合性社区服务中心1.2万个，留宿照料床位1.2万张，日间照料床位4.7万张。但是，养老床位总数仅占全国老年人口的1.77%，不仅低于发达国家5%～7%的比例，也低于一些发展中国家2%～3%的水平。我国社会养老服务设施建设还存在着缺乏统筹规划设计，布局设置不合理，设施简陋、功能单一，难以提供老人照料护理、医疗康复、精神慰藉等综合服务等诸多问题。养老服务体系与养老机构建设已成为当前最大民生问题之一。中国老龄事业发展“十二五”规划及我国社会养老服务体系“十二五”规划中针对目前我国社会养老服务体系建设的现状，提出了今后五年的发展建设目标和任务。强调加强社会养老服务体系特别是养老服务设施建设，是应对人口老龄化、保障和改善民生的必然要求；是适应传统养老模式转变、满足人民群众养老服务需求的必由之路；是解决失能、半失能老年群体养老问题、促进社会和谐稳定的当务之急。随着养老服务体系建设的快速发展，人们对养老服务设施需求的提高，对养老设施建筑的适居、安全、环境也提出了更高要求。养老设施建筑也从注重数量向注重质量转变，从注重基本功能向注重绿色、提高功能转变是编制本规范的前提和目的。

国际慈善机构（HTA）根据老年化过程中各阶段所需社会服务支援程度的不同，相应地把老年居住建筑分为7类，其标准如下：

（1）非老年人专用或用作富有活力的退休和退休前老人居住的住宅。他们有生活自理能力，因而可独立生活在自己的寓所中。

（2）供富有活力，生活基本自理，仅需某种程度监护和少许帮助的健康老人居住的住宅。包括经过专门改造的原来居住的住宅。

（3）专为健康而富有活力的老人建造的住所，要有帮助老人基本独立生活的设施，提供全天监护和最低限度的服务和公用设施。

（4）专为体力衰弱而智力健全的老人建造的住所。入住者不需医疗护理，但可能偶然需要个人生活帮助和照料。应提供全天监护和需要时的膳食供应。

（5）专为体力尚健，而智力衰退的老人所建的住所。入住者可能需要某些个人生活的监护和照料。公用设施同（4），但可按需要增加护理人员。

（6）养老院，专门为体力和智力都衰退，并需要个人监护的老人所设。入住者中很多生活不能自理，因而住所不可能是独立的，可为住者提供进餐、助浴、清洁和穿衣服务。

（7）护理院，入住者除同（6）外，还有患病、受伤的临时或永久的病人。这类建筑应有注册医护机构，住房宜全部为单床间。

因此，养老设施建筑应该适应老年人体能变化状况和活动特征，满足老年人对养老设施的功能需求。在养老设施建设中，设计是龙头，是提高养老设施建设整体质量水平的关键。这里的“质量”是个综合性的概念，它包括养老设施建筑的建筑质量、功能质量、环境质量、施工质量、护养服务质量、老年人文体活动和生活质量等。本规范正是为适应这种新形势下的要求而制定的。

1.0.2　本规范适用于新建、改建和扩建的老年养护院、养老院和老年日间照料中心等养老设施建筑设计。

【要点解析】　我国社会养老服务体系“十二五”规划提出，机构养老服务以设施建设为重点，通过设施建设，实现基本养老服务功能。养老服务设施建设重点包括老年养护机构和其他类型的养老机构。主要包括老年养护院、养老院、老年日间照料中心。老年养护机构主要为失能、半失能的老年人提供专门服务，重点实现以下功能：①生活照料。设施应符合无障碍建设要求，配置必要的附属功能用房，满足老年人的穿衣、吃饭、如厕、洗澡、室内外活动等日常生活需求。②康复护理。具备开展康复、护理和应急处置工作的设施条件，并配备相应的康复器材，帮助老年人在一定程度上恢复生理功能或减缓部分生理功能的衰退。③紧急救援。具备为老年人提供突发性疾病和其他紧急情况的应急处置救援服务能力，使老年人能够得到及时有效的救援。鼓励在老年养护机构中内设医疗机构。符合条件的老年养护机构还应利用自身的资源优势，培训和指导社区养老服务组织和人员，提供居家养老服务，实现示范、辐射、带动作用。养老院、老年日间照料中心等类型的养老机构根据自身特点，为不同类型的老年人提供集中照料等服务。

本规范适用范围为新建、改建和扩建的老年养护院、养老院和老年日间照料中心等养老设施建筑设计。

本规范明确无论是城区还是乡镇，凡是纳入城乡建设规划的新建养老设施建筑项目，其设计均应按本规范的规定执行。

“改建”是指一些不适合老年人居住生活需要而需要进行重新配套改造的旧建筑。例如，由于区域发展和人口结构的变化，要将既有住宅楼、办公楼、校舍改造为养老设施建筑，如增设独立卫浴，需要对建筑平面进行重新调整和合理布局，对建筑立面造型也会有所改变，改建后的养老设施应能满足老年人的居住、洗浴、卫生、康复、护理等基本要求。

"扩建"是指增加原有建筑面积并使部分建筑体型改变，从而增加建筑的设施用房的套数或增加每套设施用房的面积。

由于目前对改建、扩建养老设施建筑没有专门的设计规范和标准，所以在设计这类建筑时，可以按照本规范的规定和要求进行设计。

1.0.3　养老设施建筑应以人为本，以尊重和关爱老年人为理念，遵循安全、卫生、适用、经济的原则，保证老年人基本生活质量，并按养老设施的服务功能、规模等进行分类分级设计。

【要点解析】　以人为本，尊重和关爱老年人和安全、卫生、适用、经济是养老设施建筑设计的指导思想和基本理念。养老设施建筑使用的主体是老年人，因此养老设施建筑设计要体现以老年人为核心的指导思想。养老设施建筑设计应该充分考虑老年人体能变化状况和活动特征，针对自理、介助（即半自理的、半失能的）和介护（即不能自理的、失能的、需全护理的）等不同老年人群体的养老需求及其身体衰退和生理、心理状况以及养护方式，进行人性化设计，保证老年人基本生活质量。同时，根据我国不同的区域环境和发展水平差异，把节能、节地、节水、节材的绿色建筑和环境保护要求应自始至终贯穿于养老设施建筑设计工作中。

随着人民生活水平的提高，人们对养老设施建筑的要求已经不仅是平面使用功能的满足，还更加重视建筑整体的舒适、安全、卫生、方便、美观等诸多因素，我们在设计中要坚持"以人为本"的设计理念，也要实现人、自然、健康的协调共存。养老设施建筑设计不仅要满足目前的功能需求，还要考虑充分协调利用自然和人文资源，同时为社区发展和老年人服务提供方便和利益。

目前我国的社会养老服务体系主要由居家养老、社区养老和机构养老等三部分组成。

居家养老服务涵盖生活照料、家政服务、康复护理、医疗保健、精神慰藉等，以上门服务为主要形式。对身体状况较好、生活基本能自理的老年人，提供家庭服务、老年食堂、法律援助等服务；对生活不能自理的高龄、独居、失能等老年人提供家务劳动、家庭保健、辅具配置、送饭上门、无障碍改造、紧急呼叫和安全援助等服务。

社区养老服务是居家养老服务的重要支撑，具有社区日间照料和居家养老支持两类功能，主要面向家庭日间暂时无人或者无力照护的社区老年人提供服务。根据《社会养老服务体系建设规划（2011—2015 年）》（国办发〔2011〕60 号）要求，在城乡社区养老层面，重点建设老年人日间照料中心、托老所、老年人活动中心、互助式养老服务中心等社区养老设施。在城市，结合社区服务设施建设，增加养老设施网点，增强社区养老服务功能，打造居家养老服务平台。在农村，则结合城镇化发展和新农村建设，以乡镇敬老院为基础，建设日间照料和短期托养的养老床位，逐步向区域性养老服务中心转变，向留守老年人及其他有需要的老年人提供日间照料、短期托养、配餐等服务。社区养老服务是一项公共服务，它提供的居家服务、上门服务、日间照料，对居家养老的老人最为实用和便捷。

机构养老服务重点是养老设施建设。设施建设主要包括为失能、半失能的老年人提供专门服务的养护型、医护型老年养护机构和其他类型的养老机构。

根据《城镇老年人设施规划规范》GB 50437，养老设施应按照城市公共设施规划中市（地区）级、居住区级、小区级的分级序列分级配置。但各城市间地域经济、社会发展和老龄化程度差异较大。另外，不仅城市需要建设养老设施，农村乡镇也需要建设养老设施。同时养老设施不仅有公办，也应当大力鼓励民办。

对此，民政部、住房和城乡建设部等部门联合发布的《关于加强养老服务设施规划建设工作的通知》建标［2014］23号文件中规定，“在城市总体规划、控制性详细规划编制和审查过程中，城乡规划编制单位和城乡规划主管部门应严格贯彻落实《国务院关于加快发展养老服务业的若干意见》国发［2013］35号所提出的人均用地不低于0.1平方米的标准，依据规划要求，确定养老服务设施布局和建设标准，分区分级规划设置养老服务设施。对于单体建设的养老服务设施，应当将其所使用的土地单独划宗、单独办理供地手续并设置国有建设用地使用权。凡新建城区和新建居住（小）区，必须按照《城市公共设施规划规范》、《城镇老年人设施规划规范》、《城市居住区规划设计规范》等标准要求配套建设养老服务设施，并与住宅同步规划、同步建设。”各级政府应该按文件要求加强对养老服务设施规划的审查和建设监管。

因此，本规范提出城镇考虑按公共设施规划配置，农村也可考虑按当地老年人口规模设置，以满足城乡的实际养老设施需求。

根据民政部颁布的《老年人社会福利机构基本规范》MZ008－2001、《老年养护院建设标准》（建标144—2010）、《社区老年人日间照料中心建设标准》（建标143—2010），养老设施可以根据配建和设施划分等级。另外，国家和各地的民政部门在养老设施管理规定中也是将养老机构按床位数分级，以便于配置人员和设施。因此，本规范参照《城镇老年人设施规划规范》GB 50437分级设置的规定，将养老机构中老年养护院、养老院分为小型、中型、大型和特大型四个等级，老年人日间照料中心分为小型、中型二个等级。

按照以上原则分级，配合规划形成的养老设施网络能够基本覆盖城镇各级居民点，满足老年人使用的需求；其分级的方式也能够与现行的《城镇老年人设施规划规范》GB 50437取得良好的衔接，利于不同层次的设施配套；在实际运作中可以和现有的以民政系统管理为主的老年保障网络相融合，便于民政部门的规划管理。

1.0.4 养老设施建筑设计除应符合本规范外，尚应符合国家现行有关标准的规定。

【要点解析】 本规范根据老年人的生理和心理特点以及实际功能需要，对养老设施建筑的适老性、安全性、舒适性提出了深化和具体化的设计要求。因此在设计养老设施建筑时，应该严格执行本规范。但养老设施建筑是一个系统工程，毕竟本规范不能也无法囊括建筑设计的所有内容。对本标准未作明确规定的，应按国家现行其他相关标准执行。例如，本规范对养老设施建筑的总体布局和单体设计作了相关规定。但养老设施建筑还应符合城乡总体规划与居住区规划的要求，养老设施建筑的总体平面布局、建筑造型特色要与周围环境相协调。同时，本规范对养老设施建筑的结构、消防、热工、节能、隔声、照明、给水排水、安全防范、设施设备等设计，也必须符合国家现行有关标准的规定，如《建筑抗震设计规范》GB 50011、《建筑设计防火规范》GB 50016、《无障碍设计规范》GB 50763、《公共建筑节能设计标准》GB 50189、《老年人社会福利机构基本规范》MZ 008等标准的规定。

2.2　术语

本规范从养老设施建筑和老年人的特点出发，主要规定了9条术语。

2.0.1　养老设施　elderly facilities

为老年人提供居住、生活照料、医疗保健、文化娱乐等方面专项或综合服务的建筑通称，包括老年养护院、养老院、老年日间照料中心等。

【要点解析】　养老设施是专项或综合服务的养老服务设施建筑的通称。为满足不同层次、不同身体状况的老年人的需求，根据养老设施的床位数量、设施条件和综合服务功能，养老设施建筑包括老年养护院、养老院、老年日间照料中心等，并相应分级分类进行建筑设计。

2.0.2～2.0.4　老年养护院（nursing home for the aged）、养老院（home for the aged）、老年日间照料中心（day care center for the aged）

老年养护院：为介助、介护老年人提供生活照料、健康护理、康复娱乐、社会工作等服务的专业照料机构。

养老院：为自理、介助和介护老年人提供生活照料、医疗保健、文化娱乐等综合服务的养老机构，包括社会福利院的老人部、敬老院等。

老年日间照料中心：为以生活不能完全自理、日常生活需要一定照料的半失能老年人为主的日托老年人提供膳食供应、个人照顾、保健康复、娱乐和交通接送等日间服务的设施。

【要点解析】　为使术语反映时代特点，并与相关标准表述内容一致，规定了各类养老设施建筑的内涵。

老年养护院是以接待患病或健康条件较差，需医疗保健、康复护理的介助、介护老年人为主。这也与《老年养护院建设标准》（建标144—2010）中的表述："老年养护院是指为失能老年人提供生活照料、健康护理、康复娱乐、社会工作等服务的专业照料机构"是一致的。

养老院是为自理、介助、介护老年人提供集中居住和综合服务，它包括社会福利院的老人部和荣军部、敬老院等。各级民政部门、老龄委批准和管理的老年公寓，也包括在这里考虑。

老年日间照料中心通常是设置在居住社区中，例如社区的日托所、老年日间护理中心（托老所）等，是一种适合介助老年人的"白天入托接受照顾和参与活动，晚上回家享受家庭生活"的社区居家养老服务新模式。与《社区老年人日间照料中心建设标准》（建标143—2010）："社区老年人日间照料中心是指为以生活不能完全自理、日常生活需要一定照料的半失能老年人为主的日托老年人提供膳食供应、个人照顾、保健康复、娱乐和交通接送等日间服务的设施"的内容一致。

2.0.5 养护单元 (nursing unit)

为实现养护职能、保证养护质量而划分的相对独立的服务分区。

【要点解析】 为便于老年人养护及管理，在老年养护院和养老院中，将老年人养护设施分区设置，划分为相对独立的护理单元。养护单元内包括老年人居住用房、餐厅、公共浴室、会见聊天室、心理咨询室、护理员值班室、护士工作室等用房。从消防与疏散角度考虑，养护单元的设立最好结合防火分区进行设计。

2.0.6 亲情居室 (living room for family members)

供入住老年人与前来探望的亲人短暂共同居住的用房。

【要点解析】 为了体现对失能老年人的人文关怀，满足入住失能老年人与前来探望的子女短暂居住，共享天伦之乐，感受家庭亲情需要的居住用房。通常养老院和老年养护院设置亲情居室。

2.0.7～2.0.9 自理老人 (self-helping aged people)、介助老人 (device-helping aged people)、介护老人 (under nursing aged people)

自理老人：生活行为基本可以独立进行，自己可以照料自己的老年人。

介助老人：生活行为需依赖他人和扶助设施帮助的老年人，主要指半失能老年人。

介护老人：生活行为需依赖他人护理的老年人，主要指失智和失能老年人。

【要点解析】 老年人是一个特殊群体，由于年龄老化，体能降低，常常会出现视力衰退、腰腿疾患、肢体活动不灵、智力障碍等衰老现象或常常伴有多种慢性疾病。在心理上还多有冷落感、孤独感，甚至厌世和恐惧感，需要社会关怀理解和环境支持。从老年人体能变化、行为特征与心理需要出发，将老年人按自理老人，介助老人（半失能）和介护老人（失能、失智）等行为状态区分，以科学地、动态地反映老年人的体能变化及行为障碍状态，充分尊重和关爱老年人，力求建筑设计充分体现适老性。

2.3 基本规定

3.0.1 各类型养老设施建筑的服务对象及基本服务配建内容应符合表3.0.1的规定。其中，场地应包括道路、绿地和室外活动场地及停车场等；附属设施应包括供电、供暖、给排水、污水处理、垃圾及污物收集等。

表3.0.1 养老设施建筑的服务对象及基本服务配建内容

养老设施	服务对象	基本服务配建内容
老年养护院	介助老人、介护老人	生活护理、餐饮服务、医疗保健、康复娱乐、心理疏导、临终关怀等服务用房、场地及附属设施
养老院	自理老人、介助老人	生活起居、餐饮服务、医疗保健、文化娱乐等服务用房、场地及附属设施
老年日间照料中心	介助老人	膳食供应、个人照顾、保健康复、文化娱乐等日间托老服务用房及场地

【要点解析】 本条主要是界定养老设施建筑的服务对象和基本服务配建内容。

本规范明确的养老设施建筑根据服务对象分为老年养护院、养老院、老年日间照料中心三种类型，以及其基本服务配建内容。其他老年人建筑的功能性设施可按本标准相对应部分执行。

《城镇老年人设施规划规范》GB 50437对市（地区）级、居住区（镇）级、小区级的各级老年人设施基本配建内容、要求及指标作出了原则规定。本规范根据城乡社会发展要求和保证老年人生活基本质量，按照养老设施服务对象的功能需要对各类养老设施的基本服务配建内容作出了具体规定。并增加了场地及附属设施的配建要求。由于各地的区域环境、经济发展、城乡人口规模差异较大，养老设施服务对象的规模、比例亦不相同，所以养老设施基本服务配建的内容、规模、数量应根据其具体的服务对象规模、比例等因素确定。此外，养老设施目前还多属公益设施，养老设施的服务配置应在适应超前、预留发展、因地制宜的原则指导下，在满足服务功能和社会需求基础上，充分利用社会公共设施。如养老设施基本服务配建中的场地和附属设施，可以在城乡规划建设中与社区其他公共建筑配套设施同步规划，同步建设，共同使用。达到养老设施与社区资源共享、绿色发展、和谐共赢的目标。

根据《国务院关于加快发展养老服务业的若干意见》国发［2013］35号对加快养老服务设施的建设提出的要求。民政部、住房城乡建设部联合发文的《关于加强养老服务设施规划建设工作的通知》（以下简称《通知》），对养老服务设施建设实施作出了强制性的规定。

《通知》明确，今后凡新建城区和新建居住（小）区，必须按人均用地不小于0.1平方米的标准配套建设。依据规划要求，确定养老服务设施布局和建设标准，分区分级规划设置养老服务设施。配套建设的养老服务设施应与住宅同步规划、同步建设，同步交付使用。

也就是说，如果开发商建设可住一万人的住宅项目，就应拿出1000m^{2}的土地同步建设养老设施。《通知》的目标是“使符合标准的日间照料中心、老年人活动中心等服务设施覆盖所有城市社区，90%以上的乡镇和60%以上的农村社区建立包括养老服务在内的社区综合服务设施和站点，全国社会养老床位数达到每千名老年人35～40张”。因此，应根据不同地区老年人口构成、规模等因素，按照养老设施建筑的服务对象及对应的基本配建内容，合理确定养老服务设施类型、布局和规模，实现养老服务设施的均衡配置。

注：依据的相关标准：《城镇老年人设施规划规范》GB 50437；《老年养护院建设标准》（建标144—2010）；《社区老年人日间照料中心建设标准》（建标143—2010）。

3.0.2 养老设施建筑可按其配置的床位数量进行分级，且等级划分宜符合表3.0.2的规定。

表3.0.2 养老设施建筑等级划分

规模 设施 / 等级	老年养护院（床）	养老院（床）	老年日间照料中心（人）
小型	≤100	≤150	≤40
中型	101～250	151～300	41～100
大型	251～350	301～500	—
特大型	>350	>500	—

【要点解析】 本条综合考虑《老年养护院建设标准》（建标 144—2010）、《社区老年人日间照料中心建设标准》（建标 143—2010）和民政部颁布的现行行业标准《老年人社会福利机构基本规范》MZ 008，各类养老设施可按配建类型和设施规模划分等级，规定了老年人居养和护理床位数分级，及各级各类养老机构配置人员、设施和服务要求。

《城镇老年人设施规划规范》GB 50437 是根据人口规模按照市（地区）级、居住区（镇）级、小区级规定各级老年人设施的设置等级，同时还规定了各级各类养老设施的人均建筑面积和人均用地指标。本规范根据养老设施建筑用房配置要求将养老设施中的老年养护院和养老院按其床位数量分为小型、中型、大型和特大型四个等级，主要限定建筑设计的最低技术指标。

老年日间照料中心按《社区老年人日间照料中心建设标准》（建标 143—2010），根据社区人口规模分为小型（人口规模 10,000～15,000 人）、中型（人口规模 15,000～30,000 人）和大型（人口规模 30,000～50,000 人）三个等级，再按 2015 年全国老龄化水平预测值 15.3％计算各类社区相应老年人口数，社区老年人日间照料中心的建筑面积分别按照大型、中型和小型的老年人人均房屋建筑面积 0.26m^2、0.32m^2、0.39m^2 进行估算，则三类的面积规模分别为 400～600m^2、700～1400m^2、1800～3000m^2。根据现行国家标准《城镇老年人设施规划规范》GB 50437 中对托老所的配建规模及要求，托老所不应小于 10 床位，每床建筑面积不应小于 20m^2。综合以上因素，考虑到老年人日间照料中心多为社区层面的养老设施，且应与其他养老设施的等级划分相协调，因此本规范将老年日间照料中心确定小型和中型两个等级，分别为小于等于 40 人的小型和 41～100 人中型两种。

根据以上原则分级，配合规划形成的养老设施网络能够基本覆盖城镇各级居民点，满足老年人使用的需求；其分级的方式也能够与现行国家标准《城市居住区规划设计规范》GB 50180 取得良好的衔接，利于不同层次的设施配套；在实际运作中也可以和现有民政系统的老年保障网络相融合，如大型、特大型养老设施与市（地区）级要求基本相同，中型养老设施则相当于规模较大辐射范围较广的区级设施，而小型养老设施则与居住区级的街道和乡镇规模相一致，这样便于民政部门的规划管理。

注：依据的相关标准：《城镇老年人设施规划规范》GB 50437；《城市居住区规划设计规范》GB 50180；《老年养护院建设标准》（建标 144—2010）；《社区老年人日间照料中心建设标准》（建标 143—2010）；《老年人社会福利机构基本规范》MZ 008。

3.0.3 对于为居家养老者提供社区关助服务的社区老年家政服务、医疗卫生服务、文化娱乐活动等养老设施，其建筑设计宜符合本规范的相关规定。

【要点解析】 本条主要是明确相关养老设施与本规范的关系。

本规范中的老年养护院、养老院和老年日间照料中心是社会养老机构设施。为适应我国“以家庭养老为基础，以社区养老为依托，以机构养老为支撑”的养老发展模式，根据养老服务体系建设“十二五”规划要求，社会养老服务设施建设要发挥市场在资源配置中的基础性作用，打破行业界限，开放社会养老服务市场，可以采取公建民营、民办公助、政府购买服务、补助贴息等多种模式，引导和支持社会力量兴办各类养老服务设施，鼓励城乡自治组织参与社会养老服务。2012 年 12 月 28 日第十一届全国人民代表大会常务委员会第三十次会议修订通过的《中华人民共和国老年人权益保障法》第六十一条规定：

“各级人民政府在制定城乡规划时，应当根据人口老龄化发展趋势、老年人口分布和老年人的特点，统筹考虑适合老年人的公共基础设施、生活服务设施、医疗卫生设施和文化体育设施建设。”因此，在社区中设立为居家养老者提供长期照料、护理康复、文体活动和日间照料等社区关助服务的养老设施，如老年家政服务站、老年康复活动室、老年医疗卫生服务站、社区老年学园等，在独立设置或与社区服务中心（站）、社区活动中心（站）、社区医疗服务中心（站）、老年学园（大学）等社区配套公共建筑配套合建的情况下，其建筑设计可以按本规范执行。

3.0.4　养老设施建筑基地应选择在工程地质条件稳定、日照充足、通风良好、交通方便、临近公共服务设施且远离污染源、噪声源及危险品生产、储运的区域。

【要点解析】　本条主要是规定养老设施建筑选址的基本原则。

养老设施建筑基地选择，一方面要考虑到老年人的生理和心理特点，即活动迟缓、心里害怕孤单，对日照、朝向、通风、绿化等自然条件要求较高，对气候、风向及周边生活环境敏感度较强等；另一方面还应考虑到老年人出行方便和子女探望的需要，更应考虑养老设施建筑的安全及防灾。因此基地要选择在工程地质条件稳定、日照充足、通风良好、交通方便、临近公共服务设施及远离污染源、噪声源及危险品生产、储运的区域。

养老设施建筑基地进行规划设计时，应该了解当地的地理位置和气候条件。并应考虑养老设施建筑与周边其他功能空间之间的相互关系及影响。养老设施建筑基地应选择空气清新、水源质量好、设施齐全的区位。

工程地质条件的稳定性直接影响到养老设施建筑的安全以及整个工程项目的投资量和建设进度，因此，养老设施建筑基地设计必须考虑建设项目对地基承载力和地层稳定性的要求。同时，养老设施建筑基地不应建在有崩塌、滑坡、断层、岩溶等地段。

养老设施建筑周边的商业、餐饮娱乐、污水污物处理设施、交通道路等虽也是公共配套设施，但都会对环境产生干扰和污染。这些污染源主要包括废气、污水、噪声、眩光、振动、固体废物及粉尘等，故养老设施建筑基地规划设计时都应给予充分考虑。

3.0.5　养老设施建筑宜为低层或多层，且独立设置。小型养老设施可与居住区中其他公共建筑合并设置，其交通系统应独立设置。

【要点解析】　本条主要是规定养老设施建筑的基本体量及与周边公建的关系。

考虑到老年人特殊的体能与行为特征，在高层建筑中上下楼较为困难，另外，紧急状况下，老人的疏散和逃生也存在困难。从安全和便利的角度来看，养老设施建筑宜设计为低层或多层，以便在紧急情况下组织救助与疏散。考虑到在一些受规划及用地条件限制的地方，故本规范没有使用“应”，但当养老设施建筑无法设计为低层或多层时，则在设计时必须考虑老年人的行动特征，充分满足建筑的防灾和应急疏散的要求。

社区内的小型养老设施主要是指小型老年人日间照料中心或提供社区老年家政服务、医疗康复服务等设施。受用地等条件所限，在无法独立设置或已纳入社区规划，可以与其他公共设施建筑合并设置。

但考虑到老年人体能与行动能力，这些与其他公共设施建筑合并设置的养老设施建筑应该具备独立的出入口及垂直交通系统，以减少干扰，保证老人的安全通行和应急疏散。

3.0.6 养老设施建筑中老年人用房的主要房间的采光窗洞口面积与该房间楼（地）面面积之比宜符合表3.0.6的规定。

表3.0.6 老年人用房的主要房间的采光窗洞口面积与该房间楼（地）面面积之比

房间名称	窗地面积之比
活动室	1∶4
起居室、卧室、公共餐厅、医疗用房、保健用房	1∶6
公用厨房	1∶7
公用卫生间	1∶9

【要点解析】 本条主要规定了老年人用房的采光最低要求。

老年人用房设计合适的窗地面积比例很重要。老年人一般喜欢向阳通风、光线明亮的房间。

老年人活动室由于老人们在室内驻留和活动的时间长，采光和通风要好，窗地面积比例取1∶4，其他老年人用房窗地面积比取1∶6。

3.0.7 二层及以上楼层设有老年人的生活用房、医疗保健用房、公共活动用房的养老设施应设无障碍电梯，且至少1台为医用电梯。

【要点解析】 本条是强制性条文。

本条的制定是根据国家标准《无障碍设计规范》GB 50763中规定养老设施建筑应设置无障碍电梯，且医疗建筑与老人建筑宜选用病床专用电梯。

养老设施的二层及以上楼层设有老年人用房时，考虑到老年人由于身体机能的衰退，往往无法承受步行上下楼的运动量及生理反应，同时还考虑使用轮椅老人上下楼的安全与方便，所以应该设置无障碍电梯作为垂直交通设施。

规定至少1台电梯能兼作医用电梯，主要是考虑养老设施中需要介助和介护的老年人多，老年人健康状况差，患病救治的概率高，当老年人无法行动或患病急救时医用床进出电梯的要求。

本规范规定电梯的额定速度不宜大于1.5m/s。

医疗建筑与老人建筑宜选用轿厢深度不小于2200mm的病床专用电梯。

对于无障碍电梯的设置，应满足《无障碍设计规范》GB 50763规定：

1. 无障碍侯梯厅的宽度不宜小于1800mm；按钮高度宜为900～1100mm；电梯门洞外口宽度不宜小于900mm；厅内应设电梯运行显示和抵达音响装置；电梯入口处应设提示盲道。

2. 无障碍电梯轿厢门（电梯门）开启净宽度不应小于800mm。门开闭的时间间隔不应小于15s，门扇关闭时应有光幕感应安全措施。

3. 无障碍电梯轿厢侧壁上应设高900～1100mm且带盲文的选层按钮。轿厢三面壁上应设高850～900mm扶手；轿厢上下运行时，应有清晰显示和报层音响；电梯运行显示屏的规格不应小于50mm×50mm。

4. 轿厢正面高900mm处至顶部应安装镜子或采用由镜面效果的材料。

3.0.8 养老设施建筑的地面应采用不易碎裂、耐磨、防滑、平整的材料。

【要点解析】 本条主要是针对老年人行走安全的保障措施。

为保证老年人的行走安全及方便，养老设施建筑中的地面应采用不易碎裂、耐磨、防滑、平整的材料。并根据老年人用房不同的使用要求，选用不同材质和类型的地面材料，防止老年人滑倒引起的人身伤害。

例如，老年人居室和通道可以铺设木质地板或复合木地板，木地板弹性较好、平整防滑、易于清洁；

老年人卫浴和餐厅可以铺设防滑地砖，其平整耐磨、易于清洁。

3.0.9 养老设施建筑应进行色彩与标识设计，且色彩柔和温暖，标识应字体醒目、图案清晰。

【要点解析】 本条强调养老设施建筑的标识设计，确保行动安全。

色彩不仅是创造视觉效果、调整气氛和心境表达的重要因素，而且具有光线的调节、空间的调整等功能。合理运用色彩和谐的配置，常常会使人感受并且保持一种轻松愉悦的心情和饱满的精神状态。色彩环境对于人的精神状态的影响是很重要的，也应该是设计师们所关注的。

由于老年人的视力及对光线反应能力不断衰退，强调养老设施色彩和标识设计非常必要。养老设施的标识系统应连续完整、清晰醒目，容易引起老年人注意与识别，可以选用对比强烈、比较鲜亮的色彩，标识的字和图案都要比一般场所的要大，要清晰，方便识别。标识设置的位置应该能够明确地指引使用者找到所需要到达的场所或所需使用的设施。

老年人的思维和记忆会有所变化。对现实社会新变化的接受能力越来越弱，往往根据以往自己生活的老经验来解读现在发生的事情。老年人还有个特点，记忆不是连续的，而是碎片式的。记住一些片段，但往往又不自觉地把破碎的片段用自己的逻辑联系起来。因此，在设计养老设施色彩和标识时，要考虑到老年人的这些特点，便于老人辨认和记忆。

老年人功能用房的色彩宜柔和温暖、明亮，既提高老年人的感受能力，也给老人心理上营造一种温馨和安全感。为了实现色彩和谐的配置效果，可以通过装饰材料的选择、室内陈设的色彩设计和光源的利用，包括对日光源和人工光源的合理利用等，满足营造环境氛围和赏心悦目的视觉效果，并且与人的感觉达成和谐和认同。

3.0.10 养老设施建筑中老年人用房建筑耐火等级不应低于二级，且建筑抗震设防标准应按重点设防类建筑进行抗震设计。

【要点解析】 本条强调养老设施建筑的防火及结构方面的安全问题。

《建筑设计防火规范》GB 50016 对民用建筑的耐火等级是根据建筑的火灾危险性和重要性等确定的，防火规范规定设计单层、多层重要公共建筑，裙房和二类高层建筑的耐火等级不应低于二级。其建筑构件的耐火极限和燃烧性能应符合防火规范的规定。本规范规定养老设施建筑是重要公共建筑，耐火等级不应低于二级。养老设施建筑的防火间距、防火分区、防火构造、安全疏散也应符合《建筑设计防火规范》GB 50016 的有关规定。

根据《建筑工程抗震设防分类标准》GB 50223 进行建筑抗震设计时，按建筑物遭遇地震破坏后产生的社会影响和经济损失大小、行业特点、企业规模、使用功能失效后对全局的影响范围、使用功能恢复的难易程度划分建筑抗震设防类别。本规范规定养老设施建筑的抗震设防标准应按重点设防类建筑进行抗震设计。

重点设防类是指地震时使用功能不能中断或需尽快恢复的生命线相关建筑，以及地震时可能导致大量人员伤亡等重大灾害后果，需要提高设防标准的建筑。重点设防类建筑的抗震设防标准，应按高于本地区抗震设防烈度一度的要求加强其抗震措施；但抗震设防烈度为 9 度时应按比 9 度更高的要求采取抗震措施；地基基础的抗震措施，应符合有关规定。同时，应按本地区抗震设防烈度确定其地震作用。

注：依据的相关标准：《建筑设计防火规范》GB 50016；《建筑抗震设计规范》GB 50011；《建筑工程抗震设防分类标准》GB 50223。

3.0.11 养老设施建筑及其场地均应进行无障碍设计，并应符合现行国家标准《无障碍设计规范》GB50763 的规定，无障碍设计具体部位应符合表 3.0.11 的规定。

表 3.0.11 养老设施建筑及其场地无障碍设计的具体部位

室外场地	道路及停车场	主要出入口、人行道、停车场
	广场及绿地	主要出入口、内部道路、活动场地、服务设施、活动设施、休憩设施
建筑	出入口	主要出入口、入口大厅
	过厅和通道	平台、休息厅、公共走道
	垂直交通	楼梯、坡道、电梯
	生活用房	卧室、起居室、休息室、亲情居室、自用卫生间、公用卫生间、公用厨房、老年人专用浴室、公用沐浴间、公共餐厅、交往厅
	公共活动用房	阅览室、网络室、棋牌室、书画室、健身室、教室、多功能厅、阳光厅、风雨廊
	医疗保健用房	医务室、观察室、治疗室、处置室、临终关怀室、保健室、康复室、心理疏导室

【要点解析】 本条强调养老设施建筑的无障碍设计除了应执行本规范，还应符合现行国家标准《无障碍设计规范》GB 50763 的规定。本规范只给出原则，细节要求见《无障碍设计规范》。

对养老设施及其场地进行无障碍设计，是养老设施建筑设计以人为本设计指导思想的体现，老年人由于身体机能衰退活动不便，行动需要靠扶手、轮椅等扶助，让老年人尽可能建立正常生活，方便参与社会交往活动，这也是对老人的关爱。因此，新建及改扩建养老设施的建筑和场地都需要进行无障碍设计，本规范对养老设施相应用房设置提出了进行无障碍设计的具体位置，以方便设计与提高养老设施建筑的安全性。

养老设施的无障碍设计包括室外场地与建筑。养老设施的室外场地道路人行道的纵坡不宜大于 2.5%。当人行道有台阶时，应设轮椅坡道。主要出入口的人行道应设缘石坡道。各类活动、休息场地的入口、通道地面应平缓防滑。休息座椅旁应设轮椅停留位置。停车场应设置无障碍停车泊位、轮椅通道和无障碍标志。公共厕所应设无障碍厕位、低位小便器。公共厕所入口应设轮椅坡道。养老设施建筑室内通道应为无障碍通道，走道两侧墙面应设置扶手，室外的连通走道应选用平整、耐磨、防滑的材料并宜设防风避雨设施。老年人居室内宜留有直径不小于1.5m的轮椅回转空间。

注：依据的相关标准：《无障碍设计规范》GB 50763。

3.0.12　养老设施建筑应进行节能设计，并应符合现行国家相关标准的规定。夏热冬冷地区及夏热冬暖地区老年人用房地面应避免出现返潮现象。

【要点解析】　本条主要针对建筑节能的设计原则。

我国《节约能源法》规定，建筑物的设计和建造应当依照有关法律、行政法规的规定，采用节能型的建筑结构、材料、器具和产品，提高保温隔热性能，减少采暖、制冷、照明的能耗。为了实现全社会节约能源，降低建筑使用能耗，提高能源利用率，保护环境，改善建筑功能和室内热环境，建筑节能已在全国得到前所未有的重视与发展。对居住建筑而言，建筑节能的重点在于围护结构，即提高建筑围护结构的保温和隔热性能，在确保改善室内热环境的前提下，减少室内制冷或取暖用能的损失。

目前，我国建筑节能应用最为广泛的是外墙外保温。具有保温隔热性能优良、能消除结构性热桥、保护主体结构、不影响室内装修、便于既有建筑节能改造等众多优点。此外，在保证舒适、健康的基础上，采取各种有效有节能措施改善建筑环境。同时最大限度地利用自然资源，如采用遮阳措施、植物绿篱、太阳能热水器等减少电能消耗。

养老设施建筑的节能设计，应符合现行国家标准《公共建筑节能设计标准》GB 50189、《夏热冬冷地区居住建筑节能设计标准》JGJ 134或《夏热冬暖地区居住建筑节能设计标准》JGJ 75等规定的要求。外墙外保温的复合墙体的热工和节能设计应符合《外墙外保温工程技术规程》JGJ 144的规定，墙体、屋面保温材料、门窗构件的性能指标根据《建设工程勘察设计管理条例》（国务院令第293号）规定，设计文件中选用的材料、构配件、设备，应当注明其规格、型号、性能等技术指标，其质量要求必须符合国家规定的标准。

夏热冬冷地区及夏热冬暖地区过度季节气候的温差、湿度较大，地面会出现凝露湿滑的返潮现象，不但对老年人行动造成不便，还会对室内家具、衣物等造成霉变和损坏。因此，本规范特意强调养老设施建筑设计时应采取措施，防止老年人摔伤。

2.4　总平面

4.0.1　养老设施建筑总平面应根据养老设施的不同类别进行合理布局，功能分区、动静分区应明确，交通组织应便捷流畅，标识系统应明晰、连续。

【要点解析】　本条主要针对总平面设计时在总体上应注意的问题。

养老设施建筑的总平面设计是指对养老建筑的总体空间布局，包括建筑物布置、道路构架、绿地、运动休息场地和配套公用设施的规划设计。养老设施建筑一般由生活居住、医疗保健、休闲娱乐、辅助服务等功能区组成，在总平面布置时应注意到规划结构完整，功能分区明确。特别是要避免辅助建筑（如锅炉房、水泵房、洗衣房、厨房等）的噪声及废气对主要生活建筑的影响。使养老设施建筑各项功能设计更加合理，居住者更加舒适和方便，以满足老年人的需要。

合理组织基地内的各种交通流线（车流、人流、货流），使流线顺畅，方便快捷。既要满足建筑的功能需求，还要满足因老年人腿脚不便，活动能力受限等造成的安全、疏散等要求。

由于老年人存在视力减退、听力下降等生理障碍，所以强调了在老年人通行的路径上应设置明显、连续的标识和引导系统，以方便老年人识别。

4.0.2 老年人居住用房和主要公共活动用房应布置在日照充足、通风良好的地段，居住用房冬至日满窗日照不宜小于2h。公共服务配套设施宜与居住用房就近设置。

【要点解析】 本条是针对室内舒适度的基本要求，包括日照、通风等。

由于老年人的生理机能、生活规律及其健康状况决定了其活动范围的局限性和对环境的特殊要求。老年人特别喜爱阳光和清新空气。因此，现行国家标准《城镇老年人设施规划规范》GB 50437、《城市居住区规划设计规范》GB 50180及《民用建筑设计通则》GB 50352对老年人住宅、养老设施等建筑均有规定。

本条规定居住用房冬至日满窗日照不宜小于2h。所谓冬至日满窗日照有效时间是指上午九时至下午三时时段中的日照时长。

公共配套服务用房与居住用房宜就近设置，可以方便为老年人的日常生活提供良好的服务。

注：依据的相关标准：《城镇老年人设施规划规范》GB 50437；《城市居住区规划设计规范》GB 50180；《民用建筑设计通则》GB 50352；《住宅建筑规范》GB 50368。

4.0.3 养老设施建筑的主要出入口不宜开向城市主干道。货物、垃圾、殡葬等运输宜设置单独的通道和出入口。

【要点解析】 本条是针对基地主出入口的设置提出的要求。

养老设施基地主要出入口的位置，要避开交通繁忙、车速较快的城市主干道，同时也应远离城市道路的交叉口。以避免车辆出入影响城市交通，或因老年人反应迟钝而发生交通意外。

养老设施内货物、垃圾、殡葬等运输通道，最好设置良好的隔离和视线遮挡，或设置单独的通道和出入口，以免对老年人生理或心理造成不良影响。

4.0.4 总平面内的道路宜实行人车分流，除满足消防、疏散、运输等要求外，还应保证救护车辆通畅到达所需停靠的建筑物出入口。

【要点解析】 本条是总平面内对交通设置的要求。

养老设施建筑总平面内道路设计应考虑有利交通通畅和老年人的出行安全，其次还应方便来访车辆的通行和停放。为方便老年人外出和到室外休闲健身等安全以及应对老年人突发意外急救，养老设施基地内的道路设计要尽量做到人车分流，车行道路应方便消防车、救护车进出和方便救护车快速到达所需停靠的建筑物的出入口，其单车道宽度不小于4m，双车道宽度不小于7m。

养老设施建筑总平面内道路设计应该避免过境车辆的穿行，并应设置明显的标志和导向系统，限制车速，保证养老设施基地内的安全和安静。

4.0.5　总平面内应设置机动车和非机动车停车场。在机动车停车场距建筑物主要出入口最近的位置上应设置供轮椅使用者专用的无障碍停车位，且无障碍停车位应与人行通道衔接，并应有明显的标志。

【要点解析】　本条是停车场内设置无障碍停车位要求。

养老设施建筑总平面内，应设置机动车和非机动车的停车场。机动车停车场的停车方式，应根据地形条件，以占地面积小，疏散方便，保证安全为原则。主要停车方式有平行式、斜列式和垂直式三种。不论哪种形式，宜满足一次进出停车的要求。

机动车停车场的出入口应设在基地内部道路上，并应符合内部交通组织的需要。机动车和非机动车停车场的出入口应分开设道，出入口净距不宜小于5m。

考虑介助老年人的需要，在机动车停车场距建筑物主要出入口最近的位置上设置供轮椅使用者专用的无障碍停车位，并标以明显的标志，以起到强化提示的功能。

非机动车的停车方式可采用斜列式和垂直式两种。车辆横向间距不应小于0.5m。

注：依据的相关标准：《汽车库（场）建筑设计规范》JGJ 100；《无障碍设计规范》GB 50763；《汽车库、修车库、停车场设计防火规范》GB 50067。

4.0.6　除老年养护院外，其他养老设施建筑的总平面内应设置供老年人休闲、健身、娱乐等活动的室外活动场地，并应符合下列规定：

1　活动场地的人均面积不应低于1.20m²；

2　活动场地位置宜选择在向阳、避风处，场地范围应保证有1/2的面积处于当地标准的建筑日照阴影线之外；

3　活动场地表面应平整，且排水畅通，并采用防滑措施；

4　活动场地应设置健身运动器材和休息座椅，并应布置在冬季向阳、夏季遮荫处。

【要点解析】　本条是活动场地设置的要求。

养老设施室外活动场地包括集中绿地、室外老人活动场地和其他的绿地等，根据国家标准《城市居住区规划设计规范》GB 50180，居住区集中绿地的总指标，按居住人口规模计算，街坊不少于0.5m²/人，小区（含街坊）不少于1m²/人，居住区（含小区及街坊）不少于1.5m²/人。本规范为满足老年人室外活动需求，室外活动场地总面积按人均面积不低于1.20m²计算，且保证场地1/2的面积有日照并避风，场地表面应平整、满足不积水、防滑等条件。根据老年人活动特点进行动静分区，一般将运动项目场地作为动区，设置健身运动器材，并与休憩静区保持适当距离。在静区根据情况进行园林设计，并设置亭、廊、花架、座椅等设施，座椅布置在冬季向阳、夏季遮阴处，确保老年人使用场地的舒适性。

由于老年养护院住养的主要是丧失活动能力的失能、失智老人，因此，对室外活动场地可不作规定，但是仍应按规划要求设置一定面积绿地。可以使老人能在较好的自然环境下静养休息。

养老设施室外活动场地的入口、通道地面应平缓防滑；当地面有高差时应设轮椅坡道。休息座椅旁应设轮椅停放位置。

4.0.7 总平面布置应进行场地景观环境和园林绿化设计。绿化种植宜乔灌木、草地相结合，并应以乔木为主。

【要点解析】 本条是对场地环境景观和绿化的要求。

环境是养老机构的基础，也是老年人及其家属选择养老机构的主要条件之一。安全、干净、整洁、舒适是大部分老年人对环境的基本要求，但作为服务单位不仅要满足老年人的基本要求，还应尽其所能为老年人营造宽松、愉悦、宁静、祥和的人文环境。一株株葱郁的树木、一簇簇芳香的花草、一声声欢快的鸟鸣都能使老年人的心情变得舒畅愉悦。

为创造良好的景观环境，养老设施总平面需要进行庭院景观绿化设计。努力创造舒适、安全、有益老年人身心健康、平衡生态型的景观环境，绿化种植宜乔、灌、草结合，乔木和灌木之比为1∶3～1∶6，草皮面积（乔、灌木投影范围除外）不高于绿地总面积的30％，植物种类应丰富多彩。不宜种植带刺、有毒、根茎易于露出地面的植物，对于可进入的绿化区域，树冠与地面2.00m范围内，不应有蔓生枝条，以防老年人被枝条绊倒摔伤。保护基地内原有绿地和植被，提倡屋顶绿化，形成立体生态绿化。不仅可增加有效绿化面积，而且对减少屋面的传热系数和建筑节能也大有裨益。

4.0.8 总平面内设置的观赏水景的水池水深不宜大于0.6m，并应有安全提示与安全防护设施。

【要点解析】 本条是对观赏水景的水池水深及安全防护的要求。

观赏水池是老年人较喜爱的室外活动空间，老年人低头观察事物，易发生头晕摔倒事件。因此，为保障老年人的人身安全，养老设施建筑总平面中观赏水景的水深不宜超过0.60m，此外，因为景观水体流动性较差，如果不能定时补充和净化水体，池水极易造成死水、污水，不仅有碍景观，还会污染环境。从节约用水和便于清理水池的角度，观赏水池也不宜太深。水池周边需要设置栏杆、格栅等防护设施，防止老年人跌入水池。

香港《安老院实务守则》规定安老院的所有窗户、露台、阳台、楼梯、平台或与毗邻高度距离超过0.6m的任何地方，均应安装安全护栏，以尽量减少个人或物件由高处坠下的危险；围栏的高度应不少于1.1m，即栏杆高度不应低于人弯腰时的重心高度。其结构应能防止超过0.1m宽度的物体在最窄处穿过。

观赏水池的设计及水质应符合《建筑给水排水设计规范》GB 50015和《地表水环境质量标准》GB 3838的有关规定。

4.0.9 老年人集中的室外活动场地附近应设置公共厕所，且应配置无障碍厕位。

【要点解析】 本条是室外公厕的设置原则及要求。

养老设施应该在老年人集中的室外活动场地附近设置便于老年人使用的独立式公共厕所，公共厕所卫生设施数量的确定应符合《城市公共厕所设计标准》CJJ14的规定，公共厕所应适当增加女厕的建筑面积和厕位数量。

厕所男蹲位与女蹲位的比例宜为1∶1～2∶3。并根据老年人的生理特点，设置无障碍厕位以满足轮椅使用者的使用需要。

4.0.10 总平面内应设置专用的晒衣场地。当地面布置困难时，晒衣场地也可布置在可上人屋面上，并应设置门禁和防护设施。

【要点解析】 本条是晒衣场的设置要求。

为保证老年人身体健康，满足老年人衣服、被褥等清洗晾晒要求和保持室外视觉环境的整洁性，建筑总平面布置时需要设置专用晾晒场地。

当室外地面晾衣场地设置困难时，可利用上人屋面作为晾衣场地，但需要在入口处设置门禁系统，防止老年人误入。并设置栏栅、防护网等安全防护设施。

《住宅设计规范》GB 50096 中规定，阳台临空栏杆的净高不应小于 1.05m，中高层、高层住宅的栏杆高度不应低于 1.10m；栏杆设计应防止人员或物体坠落，垂直杆件间净距不应大于 0.11m。

随着衣服、被褥等原料性能的改变，日常生活中的衣物干燥方式也已从要求强晒，向晾干或烘衣机烘干方向转化，不再强调室外晒衣。因此，当养老设施配置有烘衣机等设备时，晾衣场地可以适度缩减。

晾衣场地应避免固定式晾晒衣架对室外建筑的视觉环境和建筑整体环境的影响。

2.5 建筑设计

2.5.1 用房设置

5.1.1 养老设施建筑应设置老年人用房和管理服务用房，其中老年人用房应包括生活用房、医疗保健用房、公共活动用房。不同类型养老设施建筑的房间设置宜符合表 5.1.1 的规定。

表 5.1.1 不同类型养老设施建筑的房间设置

用房配置 \ 养老设施 房间类别				养老设施类型			备注
				老年养护院	养老院	老年日间照料中心	
老年人用房	生活用房	居住用房	卧室	□	□	○	—
			起居室	—	○	△	
			休息室	—	—	□	—
			亲情居室	△	△	—	附设专用卫浴、厕位设施
		生活辅助用房	自用卫生间	△	□	○	—
			公用卫生间	□	□	□	—
			公用沐浴间	□	—	□	附设厕位
			公用厨房	—	△	—	—
			公共餐厅	□	□	□	可兼活动室，并附设备餐间
			自助洗衣间	△	△	—	—
			开水间	□	□	□	—
			护理站	□	□	○	附设护理员值班室、储藏间，并设独立卫浴
			污物间	□	□	○	—
			交往厅	□	□	○	—
		生活服务用房	老年人专用浴室	—	△	—	附设厕位
			理发室	□	□	△	—
			商店	△/○	△/○	—	中型及以上宜设置
			银行、邮电、保险代理	△/○	△/○	—	大型、特大型为宜设置

续表

房间类别			用房配置	老年养护院	养老院	老年日间照料中心	备注
老年人用房	医疗保健用房	医疗用房	医务室	□	□	○	—
			观察室	△	△	—	中型、大型、特大型应设置
			治疗室	△	△	—	大型、特大型宜设置
			检验室	△	△	—	大型、特大型宜设置
			药械室	□	□	—	—
			处置室	□	□	—	—
			临终关怀室	△	△	—	大型、特大型应设置
		保健用房	保健室	□	△	△	—
			康复室	□	△	△	—
			心理疏导室	△	△	△	—
	公共活动用房	活动室	阅览室	○	△	△	—
			网络室	○	△	△	—
			棋牌室	□	□	□	—
			书画室	○	△	△	—
			健身室	—	□	△	—
			教室	○	△	△	—
		多功能厅		△	△	○	—
		阳光厅/风雨廊		△	△	—	—
管理服务用房	总值班室			□	□	—	—
	入住登记室			□	□	△	—
	办公室			□	□	□	—
	接待室			□	□	—	—
	会议室			△	△	○	—
	档案室			□	□	△	—
	厨房			□	□	□	—
	洗衣房			□	□	△	—
	职工用房			□	□	□	可含职工休息室、职工沐浴间、卫生间、职工食堂
	备品库			□	□	△	—
	设备用房			□	□	□	—

注：表中□为应设置；△为宜设置；○为可设置；—为不设置。

【要点解析】 本条主要不同类型养老设施建筑的房间配置。

本规范将养老设施建筑房间类别分为老年人用房和管理服务用房两类。同时，也参照了《老年养护院建设标准》（建标 144—2010）；《社区老年人日间照料中心建设标准》（建标 143—2010）；《老年人社会福利机构基本规范》MZ 008 中的有关规定。

老年人用房是指老年人日常生活活动需要使用的房间。根据不同功能又可划分为三类：即生活用房、医疗保健用房、公共活动用房。

1. 生活用房是老年人的生活起居及为其提供各类保障服务的房间，包括居住用房、生活辅助用房和生活服务用房。

1）居住用房包括卧室、起居室、休息室、亲情居室等；

2）生活辅助用房包括自用卫生间、公用卫生间、公用沐浴间、公用厨房、公共餐厅、自助洗衣间、开水间、护理站、污物间、交往厅等；

3）生活服务用房指为老年人提供服务，如：专用浴室、理发室、商店和银行、邮电、保险代理等房间。

2. 医疗保健用房分为医疗用房和保健用房。

1）医疗用房指为老年人提供必要的诊察和治疗，如医务室、观察室、治疗室、检验室、药械室、处置室和临终关怀室等房间；

2）保健用房则具有为老年人提供康复保健和心理疏导服务功能，包括保健室、康复室和心理疏导室等。

图 2.5.1　餐厅兼多功能厅、阳光厅

3. 公共活动用房是为老年人提供文化知识学习和休闲健身交往娱乐的房间，包括活动室、多功能厅和阳光厅（风雨廊）。其中活动室包括阅览室、网络室、棋牌室、书画室、健身室和教室等房间。

管理服务用房是养老设施建筑中工作人员管理服务的房间，主要包括总值班室、入住登记室、办公室、接待室、会议室、档案室、厨房、洗衣房、职工用房、备品库、设备用房等房间。

所有公共活动用房在不影响相应使用功能的前提下可以合并设置使用。房间起到多功能的作用，充分发挥其效能（图 2.5.1）。

5.1.2　养老设施建筑各类用房的使用面积不宜小于表 5.1.2 的规定。旧城区养老设施改建项目的老年人生活用房的使用面积不应低于表 5.1.2 规定，其他用房的使用面积不应低于表 5.1.2 规定的 70%。

表 5.1.2　养老设施建筑各类用房最小使用面积指标

面积指标 \ 养老设施 用房类别		老年养护院（m^2/床）	养老院（m^2/床）	老年日间照料中心（m^2/人）	备　注
老年人用房	生活用房	12.0	14.0	8.0	不含阳台
	医疗保健用房	3.0	2.0	1.8	—
	公共活动用房	4.5	5.0	3.0	不含阳光厅/风雨廊
管理服务用房		7.5	6.0	3.2	

注：对于老年日间照料中心的公共活动用房，表中的使用面积指标是指独立设置时的指标；当公共活动用房与社区老年活动中心合并设置时，可以不考虑其面积指标。

【要点解析】 本规范根据《城镇老年人设施规划规范》GB 50437、《老年养护院建设标准》(建标 144—2010)及《老年养护院建设标准》(建标 144—2010)规定的每床建筑面积指标，又结合了对各地调研数据的认真分析和总结，综合确定了养老设施建筑各类用房最小使用面积标准。

养老设施建筑各类用房的最小使用面积指标对老年养护院、养老院是按每床使用面积规定的，老年日间照料中心是按每人使用面积规定。

最小使用面积与其功能内容密切相关，养老设施中不同类型的老人和建筑空间使用人数影响着生活用房空间功能内容和相应的基本家具配置。合理确定养老设施建筑各类用房最小使用面积标准，是为了保证各类用房空间的适用性，避免由于面积过小，造成不能满足各类用房功能活动的需求。

根据不同类型的养老设施建筑，使用面积指标也不同，相互之间面积指标可调节。

老年日间照料中心的使用面积指标是参照《社区老年人日间照料中心建设标准》建标 143—2010 中规定的各类用房使用面积的比例综合确定的。

5.1.3 老年养护院、养老院的老年人生活用房中的居住用房和生活辅助用房宜按养护单元设置，且老年养护院养护单元的规模宜不大于 50 床；养老院养护单元的规模宜为 50～100 床；失智老年人的养护单元宜独立设置，且规模宜为 10 床。

【要点解析】 本条为养护单元的规模设定。

为便于为养老设施中的老年人提供各项服务和有效的管理，合理配置养护管理人员和设备，养老院、老年养护院的老年人生活用房中的居住用房和生活辅助用房宜分单元设置。

养老设施中护理人员与老人的养护比是保证为老年人提供各项服务的基础，也是配置养护功能设施和设备的依据。我国目前尚无统一的各类养老设施养护比标准。例如，根据 2011 年制定的《杭州市养老机构分级护理服务标准》规定，养老机构的养护比，对于健康老人为 1∶8～1∶14，轻度依赖照护的老人为 1∶6～1∶10，中度依赖照护的老人为 1∶4～1∶8，重度依赖照护的老人为 1∶1～1∶5。《哈尔滨市社会办养老机构服务标准（暂行)》规定，养老机构的养护比，对自理老人为 1∶5～1∶10；介助（半自理）老人为 1∶3.5～1∶5；介护（不能自理）老人为 1∶2.5～1∶3.5；失能老人为 1∶1.5～1∶2.5。但从现有资料来看，我国民办养老设施通常的养护比为 1∶15～1∶20，与政府颁布的标准比较，相差较大，更是远远低于国际上 1∶4.5 的标准。这样就会由于护理人员不足造成一些为老人服务功能缺失。

通过对国内外大量养老设施建筑的调研，养老设施中设置的能够有效照料和巡视自理老年人的养护单元规模不宜超过 100 人。

根据《老年养护院建设标准》(建标 144—2010）规定，老年养护院的养护单元规模宜为 50 床～100 床。因为对于老年护理院，可以从与之相近的医院护理设置规模看，目前我国医院普通护理单元通常在 30～50 床，病床与护士的比例是按 1∶0.4 配备的。这个标准还是 26 年前制定的，但在实际护理中，很多医院还达不到这个标准。而在欧美等发达国家，病床与护士的比例达到 1∶2 甚至 1∶3。原卫生部曾调查显示：全国 696 所三级综合医院平均一位病房护士最少护理 10～14 名患者，最多甚至超过 30 名患者。而在美国，一位注册护士只需负责 6 至 8 名病人。在日本，对不能自理的老人养护比为 1∶3～1∶1.5。考虑到老年养护院中住养的大部分老年人为介护老年人，护理工作中直接护理时间几乎占到 90%，其每个养护单元的老年人数量宜适当减少。例如，香港《安老院实务守则》就规定中度照顾或高度照顾安老院的养护单元的老年人数量分别为 60 人和 40 人。因此本条确定老年养护院养护单元的规模宜不大于 50 床。

介护老年人中的失智老年人，因为护理与服务方式较为特殊，其养护单元宜独立设置，参照国内外有关资料，本规范规定规模宜为 10 床。

在国外，养护员已列入医护人员系列。在美国，护理人员中有最高等级的护理经理（类似于我国的护士长），下面一个等级是认证护士，专门负责给护士下达医嘱，告诉护士该怎么做、做什么。认证护士下面是通过护士执照考试的注册护士，他们负责打针、发药等技术性强的治疗护理。再下面一个等级是护理助手，就是我国的护理员，负责生活类的护理。在美国的医院和养护院里，护理助手的数量是最多的。而在我国的老年护理院，不但缺少护士，还缺少护理助手。

2.5.2　生活用房

5.2.1　老年人卧室、起居室、休息室和亲情居室不应设置在地下、半地下，不应与电梯井道、有噪声振动的设备机房等贴邻布置。

【要点解析】　本条是强制性条文。

居住用房是老年人久居的房间，强调本条主要考虑老年人居住用房设置在地下、半地下，必然天然采光和自然通风条件不佳，且在火灾等紧急状态下烟气不易排除，救生及疏散也存在困难。对老年人的身体健康和人身安全带来较大危害。《民用建筑设计通则》GB 50352也规定，严禁将老年人生活用房设置在地下、半地下。因此，本规范强调养老设施建筑中，老年人居住用房不应设置在地下室、半地下室。

噪声振动对老年人的心脑功能和神经系统有较大影响，因此，老年人居住用房远离噪声源布置，有利于老年人身心健康。

5.2.2　老年人居住用房应符合下列规定：

1　老年养护院和养老院的卧室使用面积不应小于 6.00m^2/床，且单人间卧室使用面积不宜小于 10.00m^2，双人间卧室使用面积不宜小于 16.00m^2；

2　居住用房内应设每人独立使用的储藏空间，单独供轮椅使用者使用的储藏柜高度不宜大于 1.60m；

3　居住用房的净高不宜低于 2.60m。当利用坡屋顶空间作为居住用房时，最低处距地面净高不应低于 2.20m，且低于 2.60m 高度部分面积不应大于室内使用面积的 1/3；

4　居住用房内宜留有轮椅回转空间，床边应留有护理、急救操作空间。

【要点解析】　本条是对老年人用房的规定。

据调查现在国内养老设施中老年人居住用房使用面积普遍偏小，不利于老人的活动和生活。在制定本规范时，参考了国内外的设计标准，如日本老年看护院标准单人间卧室为 10.80m^2，香港安老院标准为每人 6.50m^2 等，由于老年人动作迟缓，准确度降低以及使用轮椅和方便护理的需要。本规范参照国内外标准综合确定了居住用房面积指标（图 2.5.2-1、图 2.5.2-2）。

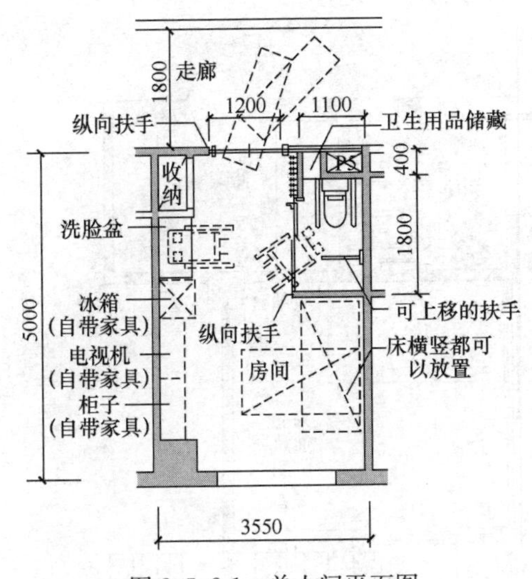

图 2.5.2-1 单人间平面图

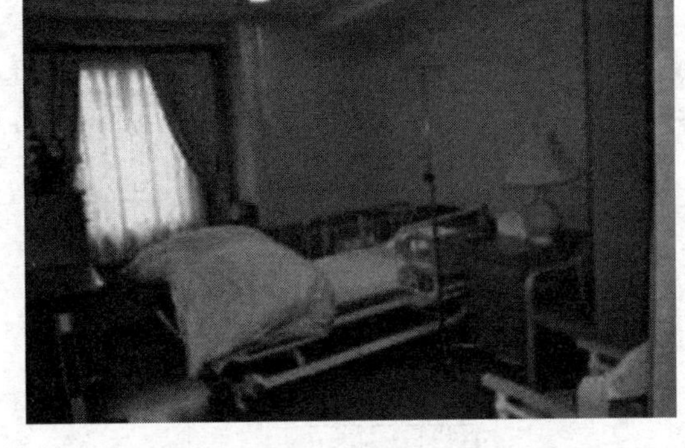

图 2.5.2-2 标准单人间卧室

老年人居住用房应设置独立使用的储藏柜，供轮椅使用者应设置中部储藏柜，高度不宜大于 1.60m。

居住用房内应留有轮椅回转的空间，直径不小于 1500mm。

5.2.3 老年养护院每间卧室床位数不应大于 6 床；养老院每间卧室床位数不应大于 4 床；老年日间照料中心老年人休息室宜为每间 4 人～8 人；失智老年人的每间卧室床位数不应大于 4 床，并宜进行分隔。

【要点解析】 本条是对养老设施每间卧室床位数的规定。

本规范是根据目前国内国民经济发展程度和各地现有养老院调查情况，规定每卧室的最多床位数标准。其中规定失智老人的床位进行适当分隔，是为了避免相互影响及发生意外损伤（图 2.5.2-3）。

5.2.4 失智老年人用房的外窗可开启范围内应采取防护措施，房间门应采用明显颜色或图案进行标识。

【要点解析】 本条是对失智老年人用房安全措施的规定。

为防止介护老年人中失智老年人发生高空坠落等意外发生，本条规定失智老年人养护单元用房的外窗可开启范围内应设置防护措施。房间门区域应采用明亮凸显的颜色或图案加以显著标识，以便于引发失智老年人的记忆使其容易辨识（图 2.5.2-4）。

5.2.5 老年养护院和养老院的老年人居住用房宜设置阳台，并应符合下列规定：

1 老年养护院相邻居住用房的阳台宜相连通；

2 开敞式阳台栏杆高度不低于 1.10m，且距地面 0.30m 高度范围内不宜留空；

3 阳台应设衣物晾晒装置；

4 开敞式阳台应做好雨水遮挡及排水措施。严寒及寒冷地区、多风沙地区宜设封闭阳台；

5 介护老年人中失智老年人居住用房宜采用封闭阳台。

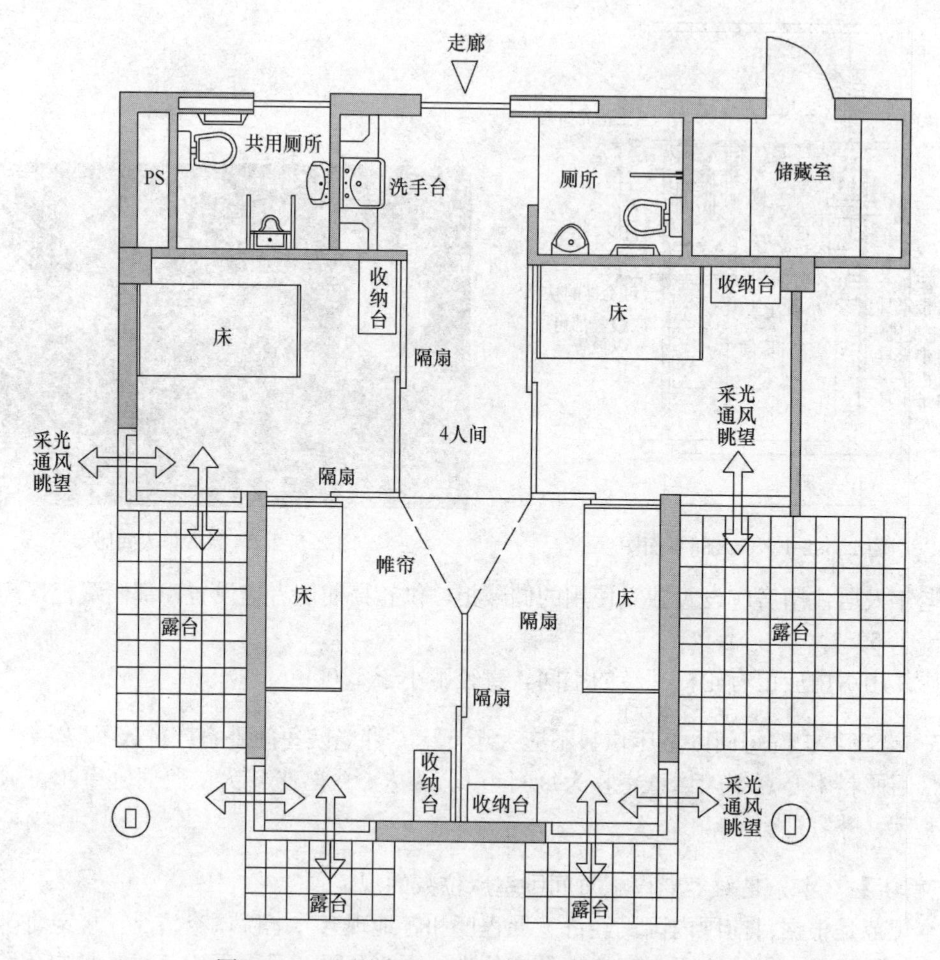

图 2.5.2-3　失智老年人居住单元床位分隔方案图

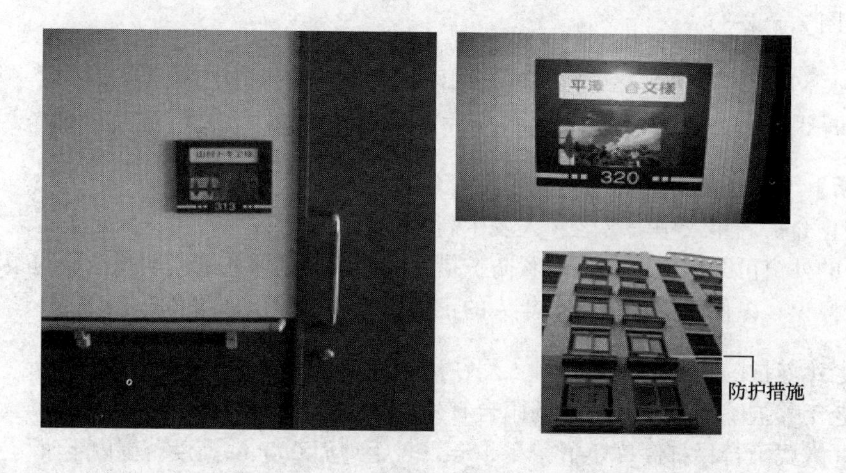

图 2.5.2-4　失智老年人养护单元防护措施

【要点解析】　本条是阳台设置的要求。

阳台一般位于向阳的居室外，是室内外空间的过渡空间，也是老人较喜爱的半室外活动空间，即可在阳台休息晒太阳又可以在阳台上健身、种植花卉，与大自然密切交流。

低层、多层的养老设施建筑可以设计敞开式阳台，阳台净深不应小于1.3m。

老年养护院相邻居室的阳台设置分户活动隔板，平时可分开使用，紧急情况下可以连通，以便于紧急状态下疏散与施救。开敞式阳台的栏杆净高的确定是根据人体工程学原理，成人在依靠栏杆时栏杆高度不应低于人弯腰时的重心高度约为1.05m，再考虑到老人恐高因素，因而栏杆高度不低于1.10m，距地面0.30m高度范围不留空是为防止老人出现拐杖落空及轮椅碰撞需求。开敞式阳台应设置雨篷，做好雨水遮挡和排水措施，以保证老年人舒适和安全。

香港《安老院实务守则》规定安老院的所有窗户、露台、阳台、楼梯、平台或与毗邻高度距离超过0.6m的任何地方，均应安装安全护栏，以尽量减少个人或物件由高处坠下的危险；围栏的高度应不少于1.1m，其结构应能防止超过0.1m宽度的物体在最窄处穿过。国家强制性标准《住宅设计规范》GB 50096中规定，阳台临空栏杆的净高不应小于1.05m，中高层、高层住宅的栏杆高度不应低于1.10m；栏杆设计应防止人员或物体坠落，垂直杆件间净距不应大于0.11m。

考虑地域特征，寒冷地区、多风沙地区，阳台应该封闭，并设防寒防沙尘的设置。介护老年人中失智老年人居室的阳台应采用封闭式设置，以便于管理，和保证老人安全。

5.2.6 老年人自用卫生间的设置应与居住用房相邻，并应符合下列规定：

1 养老院的老年人自用卫生间应满足老年人盥洗、便溺、洗浴的需要，老年养护院、老年日间照料中心的老年人自用卫生间应满足老年人盥洗、便溺的需要，卫生洁具宜采用浅色；

2 自用卫生间的平面布置应留有助厕、助浴等操作空间；

3 自用卫生间宜有良好的通风换气措施；

4 自用卫生间与相邻房间室内地坪不应有高差，地面应选用防滑耐磨材料。

【要点解析】 本条规定各类卫生间的设置要求。

由于老年人体质较差，患肠胃及泌尿系统疾病较普遍，自用卫生间位置与居室相邻设置，可方便老年人使用。养老院自理老年人使用的自用卫生间应满足老年人盥洗、便溺、洗浴的需要，而老年养护院、老年日间照料中心的多为介护或介助老人，自用卫生间满足老年人盥洗、便溺即可。卫生洁具浅色最佳，不仅感觉清洁而且易于随时发现老年人排泄物的病理变化。卫生间的平面布置要考虑可能有护理员协助操作，留有助厕、助浴空间。自用卫生间需要保证良好的通风换气、防潮、防滑等条件，以提高环境卫生质量（图2.5.2-5、图2.5.2-6）。

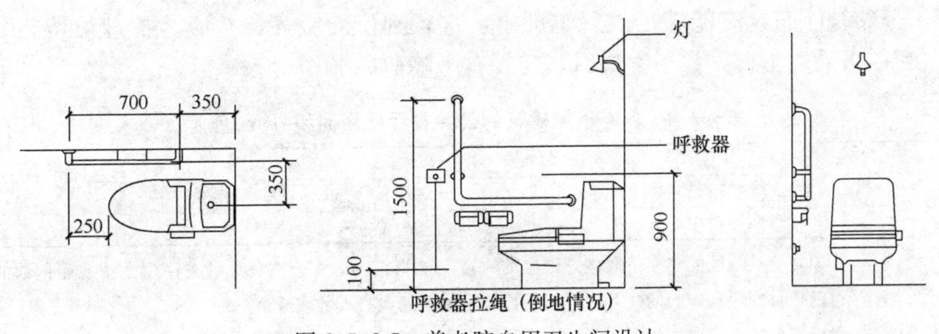

图2.5.2-5 养老院自用卫生间设计

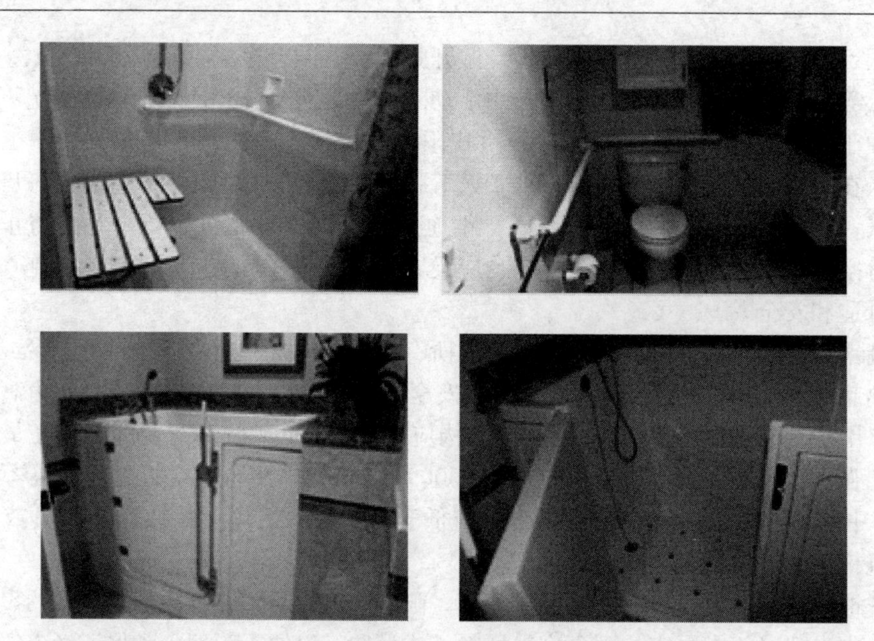

图 2.5.2-6　洛杉矶老年公寓卫生间设计

5.2.7　老年人公用厨房应具备天然采光和自然通风条件。

【要点解析】　本条是对老年人公用厨房采光、通风的要求。

公共厨房室内采光、通风要求。养老设施建筑的公用厨房，应有直接对外的采光通风窗，可以帮助公共厨房在烹调过程中产生的油烟、蒸汽和异味的排放，并能降低室温。自然光照对空气还有一定的杀菌作用。因此，公用厨房直接采光和自然通风可以提高室内的光环境、空气环境和热环境质量。

厨房的窗地比应达到 1/7，厨房开窗形式和位置应有效组织室内空气流通，以确保厨房有良好的自然通风。

设计时应注意通风开口大小不等于窗户的面积。窗的开启形式要确保通风口的面积，不小于国家标准规定厨房地板面积的 1/10，且不得小于 0.6m^2。

5.2.8　老年人公共餐厅应符合下列规定：

1　公共餐厅的使用面积应符合表 5.2.8 的规定；

2　老年养护院、养老院的公共餐厅宜结合养护单元分散设置；

3　公共餐厅应使用可移动的、牢固稳定的单人座椅；

4　公共餐厅布置应能满足供餐车进出、送餐到位的服务，并应为护理员留有分餐、助餐空间；当采用柜台式售饭方式时，应设有无障碍服务柜台。

表 5.2.8　养老设施建筑的公共餐厅使用面积（m^2/座）

老年养护院	1.5～2.0
养老院	1.5
老年日间照料中心	2.0

注：1　老年养护院公共餐厅的总座位数按总床位数的 60%测算；养老院公共餐厅的总座位数按总床位数的 70%测算；老年日间照料中心的公共餐厅座位数按被照料老人总人数测算。

2　老年养护院的公共餐厅使用面积指标，小型取上限值，特大型取下限值。

【要点解析】 本条是公共餐厅设置及面积要求。

用餐是老年人日常生活必不可少的重要活动。大多数老年人多依赖于公共餐厅就餐，本规范参照《老年养护院建设标准》建标（144—2010）中的相关标准，规定最低配建面积标准。老年养护院和养老院的公共餐厅可结合养护单元分散设置，与老年人生活用房的距离不宜过长，便于介助、介护老年人就近用餐。对于自理老人为主的老年养老院可集中设置。

老年人的就餐习惯、体能心态特征各异，且行动不便，因此公共餐厅需使用可移动的单人座椅。在空间布置上为护理员留有分餐、助餐空间，且应设有无障碍服务柜台，以便于更好的为老年人就餐服务。

有的养老设施建筑公共餐厅除了考虑用餐功能空间，可以结合多功能使用要求，考虑满足合理布置家具和其他空间功能的要求（图 2.5.2-7）。

图 2.5.2-7 老年人服务台、公共餐厅设计

5.2.9 老年人公用卫生间应与老年人经常使用的公共活动用房同层、邻近设置，并宜有天然采光和自然通风条件。老年养护院、养老院的每个养护单元内均应设置公用卫生间。公用卫生间洁具的数量应按表 5.2.9 确定。

表 5.2.9 公用卫生间洁具配置指标（人/每件）

洁具	男	女
洗手盆	≤15	≤12
坐便器	≤15	≤12
小便器	≤12	—

注：老年养护院和养老院公用卫生间洁具数量按其功能房间所服务的老人数测算；老年日间照料中心的公用卫生间洁具数量按老人总数测算，当与社区老年活动中心合并设置时应相应增加洁具数量。

【要点解析】 本条是公用卫生间的要求。

养老设施建筑中除自用卫生间外，还需在老年人经常活动的生活服务用房、医疗保健用房、公共活动用房等设置公用卫生间，且同层、临近设置。卫生间有异味和水蒸气，为改善卫生间的空气环境，应考虑直接采光、自然通风条件。

老年养护院、养老院的每个养护单元内均应设置公用卫生间，以方便老年人、探视人员使用。

5.2.10 老年人专用浴室、公用沐浴间设置应符合下列规定：

1 老年人专用浴室宜按男女分别设置，规模可按总床位数测算，每15个床位应设1个浴位，其中轮椅使用者的专用浴室不应少于总床位数的30%，且不应少于1间；

2 老年日间照料中心，每15～20个床位宜设1间具有独立分隔的公用沐浴间；

3 公用沐浴间内应配备老年人使用的浴槽（床）或洗澡机等助浴设施，并应留有助浴空间；

4 老年人专用浴室、公用沐浴间均应附设无障碍厕位。

【要点解析】 本条是老年人专用浴室、公用沐浴间的设置要求。

养老设施建筑中除自用卫生间外，还需设置老年人专用浴室、公用沐浴间，满足老人洗浴、助浴需要。

专用浴室主要为自理和介助老年人设置，按男女分别设置，应配置淋浴器、无障碍坐便器等设施。介助老年人多有助浴需要，应留有助浴空间。当用地紧张时，小型养老设施的老年人专用浴室，可男女合并设置分时段使用。

公用沐浴间是指专为介护老人提供服务的浴室，公用沐浴间内应配备老年人使用的浴槽（床）或洗澡机等助浴设施。公用沐浴间一般需要结合养护单元设置，规模可按总床位数测算。

老年人专用浴室、公用沐浴间均应附设无障碍厕位，满足老年人需求（图2.5.2-8、图2.5.2-9）。

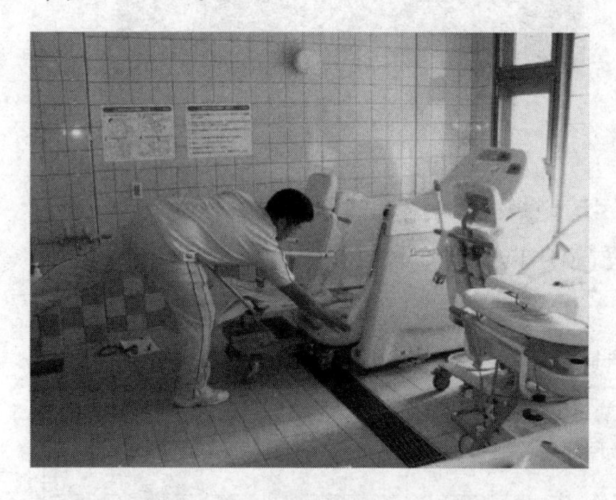

图2.5.2-8 老年人公用沐浴间

图2.5.2-9 老年人专用浴间

5.2.11 老年养护院和养老院的每个养护单元均应设护理站，且位置应明显易找，并宜适当居中。

【要点解析】 本条是护理站的设置要求。

护理站是护理员值守并为老年人提供护理服务房间。规定每个养护单元均设护理站，是为了方便和及时为介助和介护老年人服务。

护理站一般设在养护单元的适中位置，便于护理员观察各居室住养老人的活动情况，缩短护理老人往返的距离，有利于护理员与老人的联系。护理站除一般办公、护理用品外，应设有护理监测管理平台、紧急报警呼叫（或信号灯）系统和音视频对讲平台，能够随时掌握单元中各位老人的信息情况，并可以和每个居室的老人通话联系。

5.2.12 养老设施建筑内宜每层设置或集中设置污物间，且污物间应靠近污物运输通道，并应有污物处理及消毒设施。

【要点解析】 本条是污物间设置要求。

为了便于收集处置垃圾污物，养老设施建筑内可视养护单元不同情况，可每层设置也可隔层设置污物间，小型养老设施可以集中设置污物间。污物间设置应和老人生活用房保持一定距离，集中设置的污物间应靠近污物运输通道，便于清运和控制污染。

污物间内应有搁置污物处置箱（桶）的位置，并应有冲洗水池和浸泡消毒设施。

5.2.13 理发室、商店及银行、邮电、保险代理等生活服务用房的位置应方便老年人使用。

【要点解析】 本条是生活服务用房的设置要求。

购物、取钱、邮寄等是老年人日常生活中必不可少的，也是老人与外界保持沟通的重要媒介。因此，商店、银行、邮电及保险代理等用房，应靠近老人用房设置，以方便老年人生活。或者充分利用社区资源，也增加与社区居民的接触。例如，浙江万科在杭州养老项目随园嘉树和良渚文化村里，就试着让建筑和规划给社区带来人际关系的改变。杭州良渚文化村社区配套，都被集中到十字形的中心布局上，让社区所有人更频繁地到公共空间活动，增加老人和其他居民接触的机会，邻里的互动也会更容易。这里建筑和服务除了解决老人的生活需求，还关照了老人社会交往和心理感受。

2.5.3 医疗保健用房

5.3.1 医疗用房中的医务室、观察室、治疗室、检验室、药械室、处置室，应按现行行业标准《综合医院建筑设计规范》JGJ 49 执行，并应符合下列规定：

1 医务室的位置应方便老年人就医和急救；

2 除老年日间照料中心外，小、中型养老设施建筑宜设观察床位；大型、特大型养老设施建筑应设观察室。观察床位数量应按总床位数的1%～2%设置，并不应少于2床；

3 临终关怀室宜靠近医务室且相对独立设置，其对外通道不应与养老设施建筑的主要出入口合用。

【要点解析】 本条是医疗用房设置要求。

由于老年人疾病发病率高、突发性强，因此养老设施建筑均需要具有必要的医疗设施条件，并根据不同的服务类别和规模等级进行设置。

医务室及观察室是医生对患病老人进行诊疗，留置观察的工作室。设1～2张病床。并备有急救器材（如氧气装置、除颤器等）；急救药品，空气消毒设备。

治疗室是护士进行治疗准备、药液配置的专用工作室，室内分清洁区和半污染区，应设有洗手池和空气消毒、器械浸泡消毒设备，护理器材、用具。

检验室、药械室，除备有检测器材、药品试剂柜外、应设有洗手池和空气消毒、器械浸泡消毒设备。

医疗用房应按《综合医院建筑设计规范》JGJ 49 的相关规定设计，并尽可能利用社会资源为老年人就医服务。其中医务室宜位于建筑的底层并临近老人生活区，便于救护车的靠近和运送病人。临终关怀室宜靠近医务室设置，可以避免对其他老年人心理上产生不良影响。由于老年人遗体的运送相对私密隐蔽，因此其对外通道需要独立设置。

5.3.2 保健用房设计应符合下列规定：

1 保健室、康复室的地面应平整，表面材料应具弹性，房间平面布局应适应不同康复设施的使用要求；

2 心理疏导室使用面积不宜小于 10.00m^2。

【要点解析】 本条是保健用房设置要求。

养老设施建筑的保健用房包括保健室、康复室和心理疏导室等。其中保健室和康复室是老年人进行日常保健和借助各类康复设施进行康复训练的房间，房间地面平整、表面材料具有一定弹性，可以防止和减轻老年人摔倒所引起的损伤，房间的平面形式应考虑满足不同保健和康复设施的摆放和使用要求。不同类型等级的养老设施保健、康复用房应该根据住养老人的情况和养护比合理配置。

根据调查，养老设施住养的大部分老人有孤独、焦躁、忧虑、抑郁等精神心理疾患。对老人的心理护理已经成为养老护理工作的重要内容之一。因此，为了缓解老年人的紧张和焦虑的心理情绪，满足老年心理护理的要求，养老设施应设置心理疏导室。

2.5.4 公共活动用房

5.4.1 公共活动用房应有良好的天然采光与自然通风条件，东西向开窗时应采取有效的遮阳措施。

【要点解析】 本条是公共活动用房设置要求。

公共活动用房是老年人从事文化知识学习、休闲交往娱乐等活动的房间，需要具有良好的自然采光和自然通风（图 2.5.4-1）。

图 2.5.4-1 老年人公共活动用房

5.4.2 活动室的位置应避免对老年人卧室产生干扰，平面及空间形式应适合老年人活动需求，并应满足多功能使用的要求。

【要点解析】 本条是对活动室设置的要求。

活动室通常要相对独立于生活用房设置，以避免对老年人居室产生干扰。其平面及空间形式需充分考虑多功能使用的可能性，以适合老年人进行多种活动的需求（图 2.5.4-2）。

图 2.5.4-2 门厅兼活动室

5.4.3 多功能厅宜设置在建筑首层，室内地面应平整并设休息座椅，墙面和顶棚宜做吸声处理，并应邻近设置公用卫生间及储藏间。

【要点解析】 本条是多功能厅设置的要求。

多功能厅是为老年人提供集会、观演、学习等文化娱乐活动的较大空间场所，为了便于老年人集散以及紧急情况下的疏散需要，多功能厅通常设置在建筑首层。室内地面平整且具有弹性，墙面和顶棚采用吸音材料，可以避免老年人跌倒摔伤和噪声的干扰。在多功能厅邻近设置公用卫生间，便于老年人就近使用。多功能厅的作用就是增加老人之间接触的机会，邻里的互动更容易。

我国台湾的养护院的很多做法，都是尽力让养护院里有更丰富的社区关系。例如，让两个房间共享一个小客厅，小客厅外面有公共的地方可以吃饭看电视，每两三个客厅中间还会有连通起来的空间。这样坐在任何一个地方都可以看到几个区域，中间的空隙向外还可以看到对面的小孩、旁边的社区、周围的农民在耕种。老人会感觉好像生活在社会人群中。让养护院看起来更像一个社区（图 2.5.4-3）。

图 2.5.4-3 老年人多功能活动厅

5.4.4 严寒、寒冷地区的养老设施建筑宜设置阳光厅。多雨地区的养老设施建筑宜设置风雨廊。

【要点解析】　本条是阳光厅、风雨廊设置要求。

严寒地区和寒冷地区冬季时间较长，老年人无法进行室外活动，因此养老设施设置阳光厅，并保证其在冬季有充足的日照，以满足老年人日光浴的需要。夏热冬暖地区、温和地区和夏热冬冷地区（多雨多雪地区）降雨量较大，养老设施建筑设置风雨廊，以便于老年人进行室外活动（图 2.5.4-4）。

图 2.5.4-4　风雨廊

2.5.5　管理服务用房

5.5.1　入住登记室宜设置在主要出入口附近，并应设置醒目标识。

【要点解析】　本条是入住登记室设置要求。

入住接待登记室设置在主入口附近，且有醒目的标识，是为了便于老年人寻找或方便其家属咨询、办理入住登记手续。

5.5.2　老年养护院和养老院的总值班室宜靠近建筑主要出入口设置，并应设置建筑设备设施控制系统、呼叫报警系统和电视监控系统。

【要点解析】　本条是总值班室设置要求。

老年养护院和养老院由于住养老人多，来访探望人员也多，需要设置具有查询接待、保安巡值、应急处置等功能的总值班室。从管理与安保要求出发，总值班室应靠近建筑主入口设置，老年养护院和养老院总值班室可以和建筑设备设施中央控制室合并或分开设置，总值班室应有与建筑设备设施控制系统、呼叫报警系统和电视监控系统联网的信息平台，以便于及时发现和处置紧急情况。

对老年养护院和养老院的公共设施和设备的智能化管理是必不可少的内容。利用智能化技术手段节约能源，保护环境，提高养老设施自动化程度和设备运行可靠度，为住养老人提供舒适安全的良好生活环境，也是养老设施实现节能增效的必要手段。

老年养护院和养老院的智能化设施设备应根据其规模和管理要求进行配置。

建筑设备设施控制系统包括：采暖通风和空气调节管理系统；供排水管理系统；供配电管理系统；照明监控系统；电梯管理系统；可再生能源（含地/水源热泵、太阳能光伏电池发电系统）管理系统、太阳能集热系统、风力发电系统；建筑机电设施能耗计量与管理系统；纳入总控暨自成体系的机电单项设备监控系统；与集成功能关联的其他智能化系统；其他建筑设施监控与管理系统。

呼叫报警系统和电视监控系统是安全技术防范系统两个主要系统。安全技术防范系统还包括：火灾自动报警与消防联动系统；综合安全管理系统；入侵报警系统；出入口控制系统；电子巡查系统；访客对讲系统；停车场（库）管理系统及其他相关技防系统。

建筑设备设施控制系统、呼叫报警系统和电视监控系统的设计应符合《智能建筑设计标准》GB/T 50314、《安全防范工程技术规范》GB 50348 和《民用闭路监视电视系统工程技术规范》GB 50198 的有关规定。

5.5.3 厨房应有供餐车停放及消毒的空间，并应避免噪声和气味对老年人用房的干扰。

【要点解析】 本条是厨房设置的要求。

厨房应当便于餐车的出入、停放和消毒，设置在相对独立的区域，并采用适当的防潮、消声、隔声、通风、除尘措施，以避免蒸汽、噪声和气味对老年人用房的干扰。

5.5.4 职工用房应考虑工作人员休息、洗浴、更衣、就餐等需求，设置相应的空间。

【要点解析】 本条是职工用房设置要求。

职工用房应含职工休息室、职工沐浴间、卫生间、职工食堂等，宜独立设置，既方便工作人员使用，又可避免对老年人用房的干扰。

5.5.5 洗衣房平面布置应洁、污分区，并应满足洗衣、消毒、叠衣、存放等需求。

【要点解析】 本条是洗衣房设置要求。

洗衣房主要是护理服务人员为住养老年人清洁衣物和为其他老年人清洁公共被品等，为达到必要的卫生要求，平面布置需要做到洁污分区。洗衣房除具有洗衣功能外，还需要为消毒、叠衣和存放等功能提供空间。洗衣房的污水应通过暗埋管道排入污水井，不应直接排入地面水体，造成环境污染（图 2.5.5）。

图 2.5.5 洗衣房内部设计

2.6 安全措施

本章节规定了养老设施建筑设计的安全措施。

2.6.1 建筑出入口

6.1.1 养老设施建筑供老年人使用的出入口不应少于两个，且门应采用向外开启平开门或电动感应平移门，不应选用旋转门。

【要点解析】　《综合医院建筑设计规范》JGJ 49 规定医院出入口不应少于两个。医院的出入口是人流较为集中的地方，养老设施建筑的出入口也是老年人集中使用的场所，考虑到老年人的体能衰退和紧急疏散的要求，本条专门规定了老年人使用的出入口数量。

多出入口也能解决功能交叉的问题。多数养老设施都存在物品运输和暂时存放现象，以及不洁之物的运出。如果只有一个出口，显然易引起老年人的行动障碍和心理不适。而对于规模较小的养老设施，如老年日托中心，且与社区其他公建合建时，应设不少于两个独立出入口。

为方便轮椅出入及回转，外开平开门是最基本形式。如果条件允许，可以推荐选用电动推拉感应门。这一点应根据建设资金的具体程度来定，在全国范围来说，有些地方经济能力达不到这样的高标准。而就目前的建筑消防要求来说，有推拉门的地方也必须同时设有向外开启的平开疏散门，这一点应当注意。

6.1.2　养老设施建筑出入口至机动车道路之间应留有缓冲空间。

【要点解析】　建筑出入口至机动车道路之间应留出较大的避让缓冲空间，用于老年人离开机动车后换乘轮椅、撑伞、行走中对车辆的避让等等，由于老年人行动迟缓，反应较慢，留出一定的缓冲空间很有必要（图 2.6.1-1）。

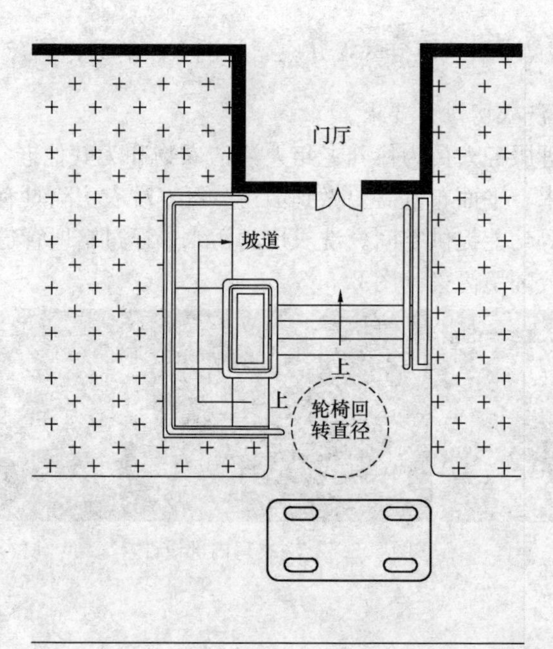

图 2.6.1-1　养老设施建筑出入口设计

6.1.3　养老设施建筑的出入口、入口门厅、平台、台阶、坡道等应符合下列规定：

1　主要入口门厅处宜设休息座椅和无障碍休息区；

2　出入口内外及平台应设安全照明；

3　台阶和坡道的设置应与人流方向一致，避免迂绕。

【要点解析】 老年人在主出入口门厅会有一些等候行为，如等候办理出入手续、等候亲人探视、等候递送物品、等候伙伴出游等等。照顾到老年人的体力不佳，提供休息条件是必要的，也是很人性化的。

老年人普遍视力衰退，出入口内外及平台设置安全照明，是为了安全和减少通行风险。

在常见的建筑设计中，坡道设计常常会隐于一旁，这对行走蹒跚的老年人来说是个负担（图 2.6.1-2）。

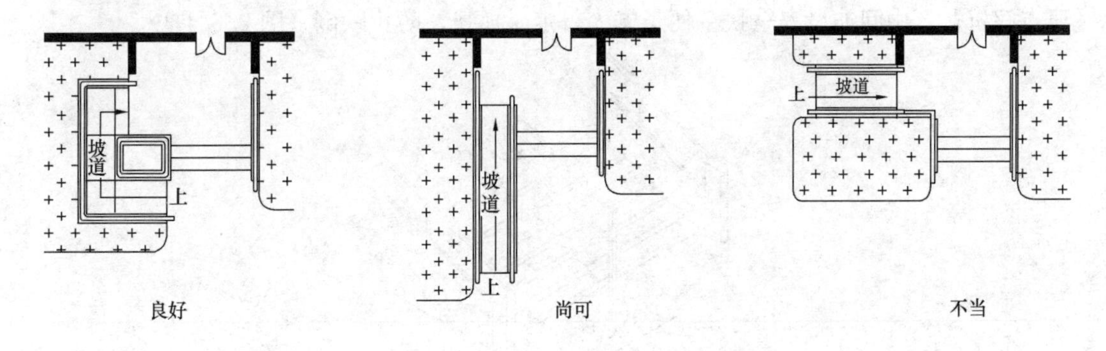

图 2.6.1-2 养老设施建筑出入口处台阶与坡道处理方法

4 主要出入口上部应设雨篷，其深度宜超过台阶外缘 1.00m 以上。雨篷应做有组织排水；

【要点解析】 雨篷伸出主要入口台阶最下面的一步不少于 1m。因为雨篷的标高，出挑直接影响着遮雨效果，同时应考虑停车下客时不被淋雨的需求（图 2.6.1-3）。

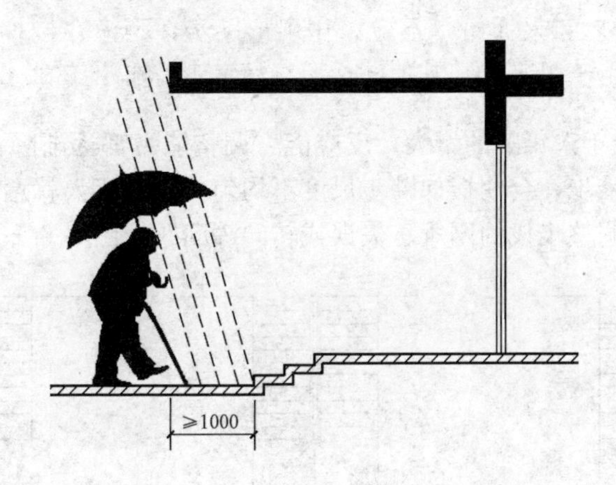

图 2.6.1-3 养老设施建筑出入口处雨棚设计

5 出入口处的平台与建筑室外地坪高差不宜大于 500mm，并应采用缓步台阶和坡道过渡。缓步台阶踢面高度不宜大于 120mm，踏面宽度不宜小于 350mm。坡道坡度不宜大于 1/12，连续坡长不宜大于 6.00m，平台宽度不应小于 2.00m；

【要点解析】 出入口门厅、平台、台阶、坡道等设计的各项参数和要求均取适老标准，目的是降低通行障碍，以方便多数老年人的使用。

建筑出入口的平台是人们通行的集散地带，特别是养老设施建筑更为突出，入口门厅、平台要方便轮椅通行和回转，保证老年人的安全，还应给其他人的通行和停留带来便利和安全。因此，限定建筑入口平台的最小宽度显得十分必要。

6　台阶的有效宽度不应小于1.50m；当台阶宽度大于3.00m时，中间宜加设安全扶手。当坡道与台阶结合时，坡道有效宽度不应小于1.20m。且坡道应作防滑处理。

【要点解析】　中间加设安全扶手便于老人行走时抓扶，防止跌倒（图2.6.1-4）。

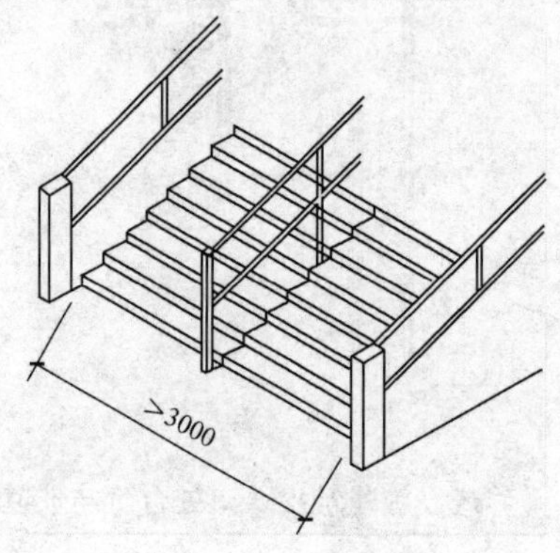

图2.6.1-4　台阶中间加设安全扶手

2.6.2　竖向交通

6.2.1　供老年人使用的楼梯应符合下列规定：

1　楼梯间应便于老年人通行，不应采用扇形踏步，不应在楼梯平台区内设置踏步。主楼梯梯段净宽不应小于1.50m，其他楼梯通行净宽不应小于1.20m；

【要点解析】　随着老年人年龄的增大，反应能力调整能力都逐渐降低。楼梯采用扇形踏步或楼梯平台区设置踏步，会使楼梯踏步尺度不均匀。对老年人就意味着踏步尺寸的不确定，存在行走楼梯时调整步伐的困难、失误或转向等问题（图2.6.2-1）。

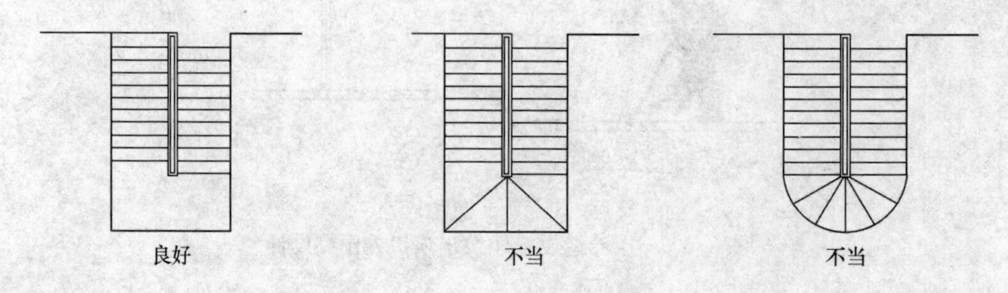

图2.6.2-1　楼梯形式选取方法

2　踏步前缘应相互平行等距，踏面下方不得透空；

【要点解析】　对于拄杖老年人而言，踏面下方透空，容易造成失控或摔伤（图2.6.2-2）。

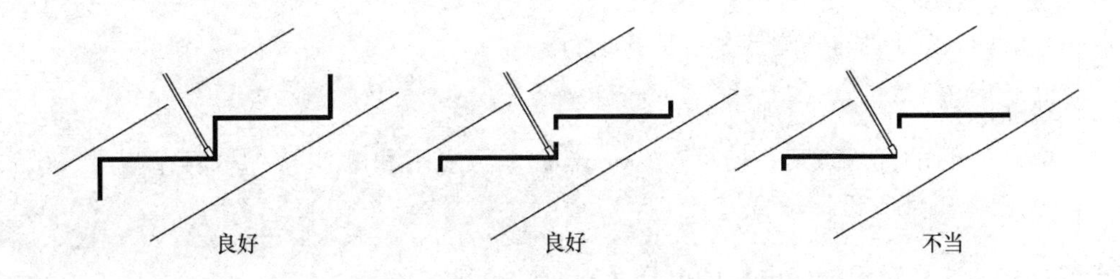

图 2.6.2-2 楼梯踏步前缘处理方法

3 楼梯宜采用缓坡楼梯。缓坡楼梯踏面宽度宜为 320mm～330mm，踢面高度宜为 120mm～130mm；

【要点解析】 与第 6.1.3 条中的台阶不同，室内的缓坡楼梯所取的计算步距为 570～580mm，略小于室外台阶 600mm。这是因为室内楼梯步数较多，老年人上楼比较吃力，所以按小步距设计，比较符合多数老年人的行走要求。

4 踏面前缘宜设置高度不大于 3mm 的异色防滑警示条。踏面前缘向前凸出不应大于 10mm；

【要点解析】 本条是针对老年人使用的楼梯踏步的细节设计。强调异色警示条安装在踏步前缘，通过色彩对比，提示过往的弱视老年人注意。

踏步的前缘凸出过多容易对楼梯上行的老年人刮鞋绊脚，造成事故（图 2.6.2-3）。

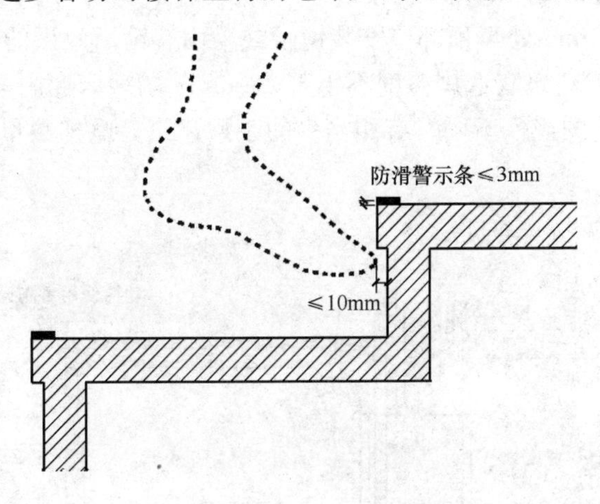

图 2.6.2-3 楼梯踏步细节设计

5 楼梯踏步与走廊地面对接处应用不同颜色区分，并应设有提示照明；

【要点解析】 在水平交通和垂直交通的交界处，通过色彩和照明的提示，提示过往的弱视老年人注意，可以提高通行安全的保障力。

6 楼梯应设双侧扶手。

【要点解析】 楼梯双侧设有扶手，当然不是为了一个老年人同时使用它们，而是当老年人在楼梯间相遇时的相互避让，双侧扶手就方便安全多了。同时由于老年人双臂用力习惯不同，会选择自己习惯的一侧扶手，抓扶助行。

6.2.2 普通电梯应符合下列规定：

1 电梯门洞的净宽度不宜小于 900mm，选层按钮和呼叫按钮高度宜为 0.90m～1.10m，电梯入口处宜设提示盲道。

【要点解析】 这是对无障碍电梯的电梯厅和入口的基本规定。

2 电梯轿厢门开启的净宽度不应小于 800mm，轿厢内壁周边应设有安全扶手和监控及对讲系统。

【要点解析】 这是对无障碍电梯的轿厢的基本规定。

根据《无障碍设计规范》GB 50763 的规定：

1. 无障碍侯梯厅的宽度不宜小于 1800mm；按钮高度宜为 900～1100mm；电梯门洞外口宽度不宜小于 900mm；厅内应设电梯运行显示和抵达音响装置；电梯入口处应设提示盲道。

2. 无障碍电梯轿厢门（电梯门）开启净宽度不应小于 800mm。门开闭的时间间隔不应小于 15s，门扇关闭时应有光幕感应安全措施。

3. 无障碍电梯轿厢侧壁上应设高 900～1100mm 且带盲文的选层按钮。轿厢三面壁上应设高 850～900mm 扶手；轿厢上下运行时，应有清晰显示和报层音响；电梯运行显示屏的规格不应小于 50mm×50mm。

4. 轿厢正面高 900mm 处至顶部应安装镜子或采用有镜面效果的材料。

5. 医疗建筑与老人建筑宜选用深度不小于 2000mm 的病床专用电梯轿厢。

由于养老设施建筑的规模不同，有相当多的小型建筑，电梯数量的设置会按实际需求考虑（图 2.6.2-4）。

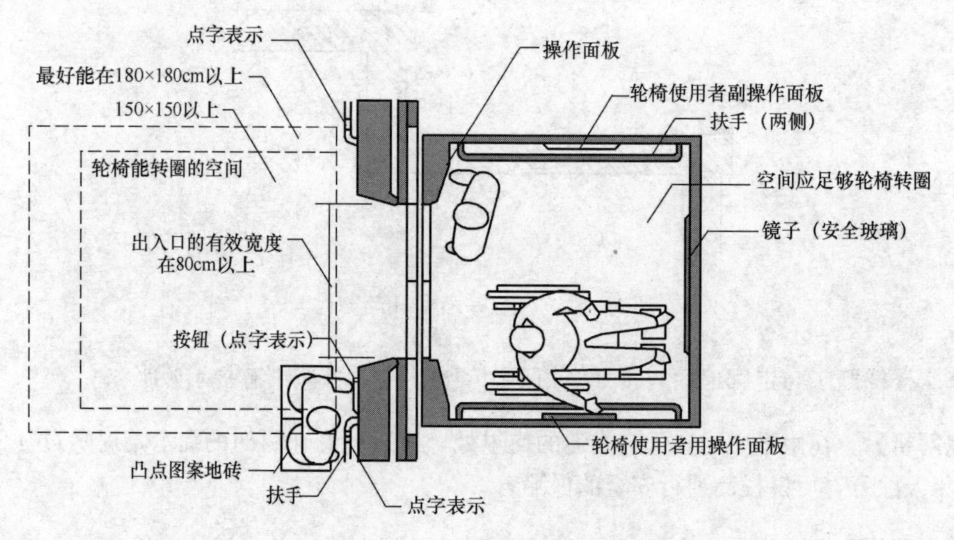

图 2.6.2-4　无障碍电梯平面图

3 电梯运行速度不宜大于 1.5m/s，电梯门应采用缓慢关闭程序设定或加装感应装置。

【要点解析】 电梯设定运行速度为 1.5m/s 以下时，其启停速度不会太快。目的在于减少患有心脏病、高血压等症的老年人搭乘电梯时的不适感。

电梯门关闭速度过快，容易惊吓或夹伤老年人，对无伴出行的老年人是件很焦虑、很麻烦的事。特别是对于乘坐轮椅和使用助行器的老年人，关门太快经常会夹碰他们的轮椅或助行器，这令他们往往感到不安。

2.6.3 水平交通

6.3.1 老年人经过的过厅、走廊、房间等不应设门槛，地面不应有高差，如遇有难以避免的高差时，应采用不大于 1/12 的坡面连接过渡，并应有安全提示。在起止处应设异色警示条，临近处墙面设置安全提示标志及灯光照明提示。

【要点解析】 俗话说人老先老脚，此话虽然不能说明老年人的全部衰老真相，但反映了肢体运动能力降低的那部分老年人的真实表现。这部分老人在彻底不能行动之前，会两脚不离地拖行好几年，如果他们不能留意高差的存在，会有绊倒的危险，所以门槛是绝对不能设的。

水平交通中可能会存在难以消除的一些高差，主要出现在一些改扩建项目中，两个部分的衔接处，或者因为功能需要，因层高不同引起的高差。当然只要措施得当，还是能够保障老年人通行安全条件的。

应当注意两侧高差衔接时的构造处理，并设有明显的提示。如果衔接处正遇建筑变形缝，最好将变形缝设在水平地面上，盖缝材料的硬度和粗糙度与相邻地面接近（图 2.6.3-1）。

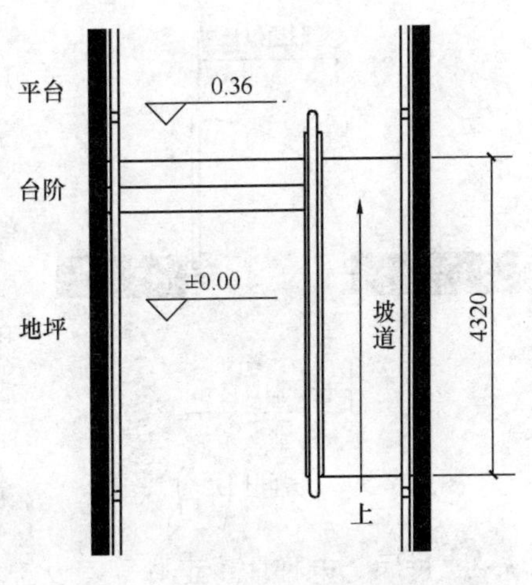

图 2.6.3-1 水平交通的高差处理方法

为何在空间和高差变化之处，需要用色彩及照明加以提示呢？

老年人的衰老是一个过程，随着年龄的变化，呈现不同的老化状态。在建筑设计中，我们遇到大量的无障碍设计，其中就有盲道一项，这是应对“视觉残疾化”的极端状态而采用的措施，即服务于盲人。而对老年人群中大量的视弱存在，我们往往不够在意。

视弱的老年人可能其他方面并无大碍，如肢体运动尚好。在我们鼓励老年人积极参与活动的态度下，帮助这部分老年人独自出行是可以做到的。这样我们的建筑手段就派上了用场。解决视弱老年人的核心问题是将视觉对象清晰化，我们可以用色彩对比和照明亮度来提高建筑环境清晰度。这就是为什么要到处设警示条，到处加照明提示的原因。

6.3.2 养老设施建筑走廊净宽不应小于 1.80m。固定在走廊墙、立柱上的物体或标牌距地面的高度不应小于 2.00m；当小于 2.00m 时，探出部分的宽度不应大于 100mm；当探出部分的宽度大于 100mm 时，其距地面的高度应小于 600mm。

【要点解析】　走廊的净宽尺寸应当绝对保证。在墙面上，高度2.00m以下范围内的固定凸出物都不得计入走廊净宽。如管道井、消火栓、柱子、灯箱等等。特别强调：安全扶手凸出墙面的部分可以计入走廊净宽（图2.6.3-2）。

当房门向外开向走廊时，需要留有缓冲空间，保证走廊净宽，防止阻碍交通（图2.6.3-3）。

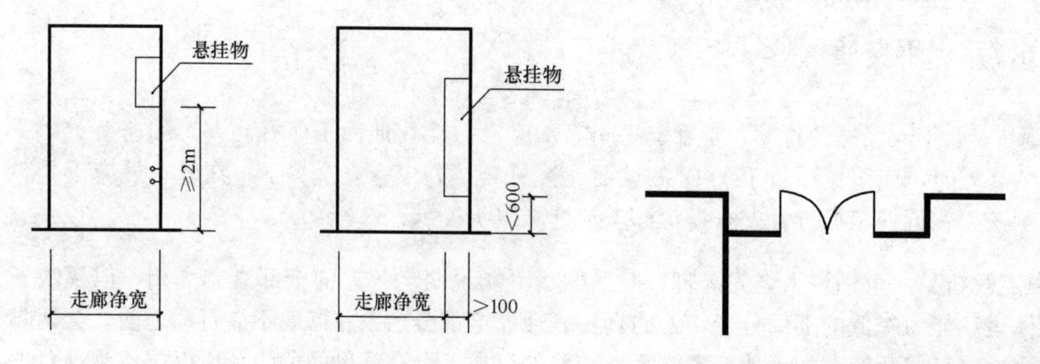

图2.6.3-2　走廊的净宽尺寸要求　　图2.6.3-3　房门开向走廊需留有缓冲空间

6.3.3　老年人居住用房门的开启净宽不应小于1.20m，且应向外开启或为推拉门。厨房、卫生间的门的开启净宽不应小于0.80m，且选择平开门时应向外开启。

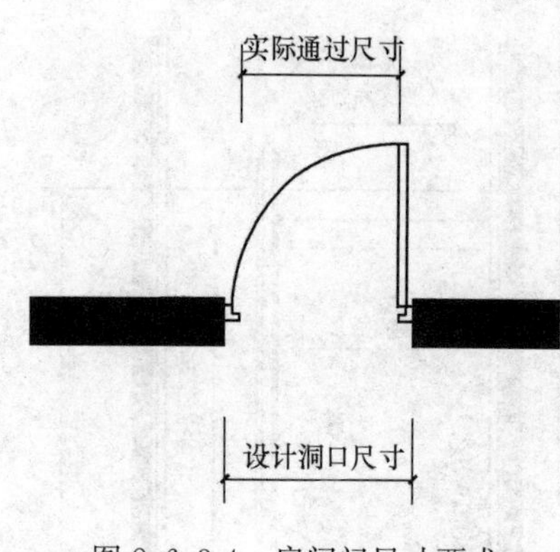

图2.6.3-4　房间门尺寸要求

【要点解析】　房间门的尺寸是考虑轮椅进出且门扇开启后的净空尺寸。如果平面设计时以洞口尺寸选当净宽尺寸，其后果是严重的。

在水平交通中既要保证老年人无障碍通行，又要保证担架全程进出所有老年人用房。

老年养护院居住用房的特点：老年人居住用房门的开启净宽能满足推床的要求。可以设计成大小门扇形式，平日打开大扇通行轮椅，需要时打开小扇可以推床。建议：①1.20m是最小限值。②若真设计1.20m宽，应开大小扇，严禁开2扇600宽的门（图2.6.3-4）。

6.3.4　过厅、电梯厅、走廊等宜设置休憩设施，并应留有轮椅停靠的空间。电梯厅兼作消防前室（厅）时，应采用不燃材料制作靠墙固定的休息设施，且其水平投影面积不应计入消防前室（厅）的规定面积。

【要点解析】　老年人体能在随时间逐渐减弱，他们的活动间歇也在明显加密。在老年人的活动和行走场所，增加休息座椅和轮椅停靠处，对缓解疲劳，帮助体能恢复大有裨益。

同时养老设施中老年人之间的相互交往，成为他们重要的日常活动。这些休息点也提供了老年人随机相遇时互相交流的机会，利于老年人的身心健康。而在消防前室（厅）设休息座椅时，不能以降低消防前室（厅）的安全度为代价。首先，休息椅必须是用不燃材料制作的，保证了前室（厅）没有可燃物。其次，休息椅必须是固定的，防止椅子翻倒，阻碍交通和疏散。再次休息椅的水平投影面积不应计入消防前室（厅）的规定面积，以满足消防的刚性标准。

关于在过厅、电梯厅、走廊中增加的休息点，它们之间是否有间距要求？

目前没有要求，但不排除以后会增加。因为老年人的活动能力千差万别，我们很难规定出一个统一的标准。有人会行走自如，有人会一步一喘。

休息点的间距越小说明休息点的密度越大，对老年人的使用舒适度越高。反之则舒适度越低。

这里有一个建筑成本投入的问题，影响着我们建筑师的人文精神的发挥。但是如果草率对待休息点的设置，那就另当别论了（图 2.6.3-5）。

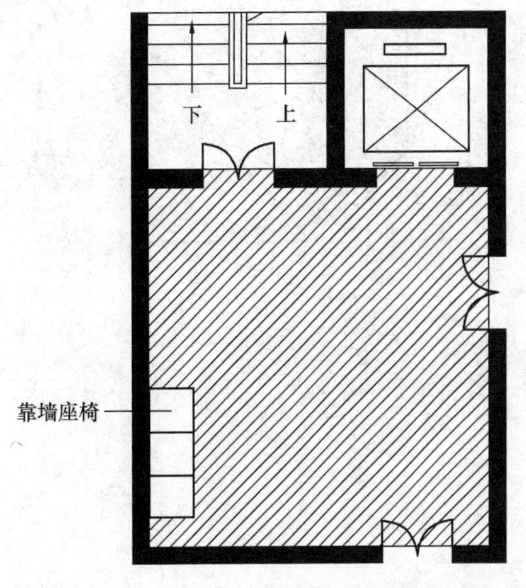

图 2.6.3-5　过厅、电梯厅、走廊等宜设置休憩设施

2.6.4　安全辅助措施

6.4.1　老年人经过及使用的公共空间应沿墙安装安全扶手，并宜保持连续。安全扶手的尺寸应符合下列规定：

1　扶手直径宜为 30mm～45mm，且在有水和蒸汽的潮湿环境时，截面尺寸应取下限值；

2　扶手的最小有效长度不应小于 200mm。

【要点解析】　老年人因身体衰退，在经过公共走廊、过厅等处时，常常需要借助安全扶手等扶助措施来通行。安全扶手应当尽可能连续设置，且必须沿着墙面随形就弯，不要随意取直走“捷径”。如果两个相邻门洞口之间的间墙有足够的尺寸，比如大于 200mm，就应当加装安全扶手。

有些不作为通行的门洞口（如设备间管道井检修洞口）如果开口过宽，可以考虑在门扇上加装安全扶手，提高扶手的连续长度，方便老年人使用。

在有水和蒸汽的环境中，安全扶手的表面容易凝水湿滑。扶手半径取较细的值是保证老年人有相对足够的握力，避免滑脱。

6.4.2　养老设施建筑室内公共通道的墙（柱）面阳角应采用切角或圆弧处理，或安装成品护角。沿墙脚宜设 350mm 高的防撞踢脚。

【要点解析】　老年人行为的控制力和动作的准确性都降低了，容易被墙（柱）面阳角磕碰刮伤，所以应对阳角转角进行钝化处理。

沿墙面的防撞踢脚，与前述的意义不同。它解决的是防止轮椅和推行担架对建筑墙面的损坏并影响室内整洁美观（图 2.6.4-1）。

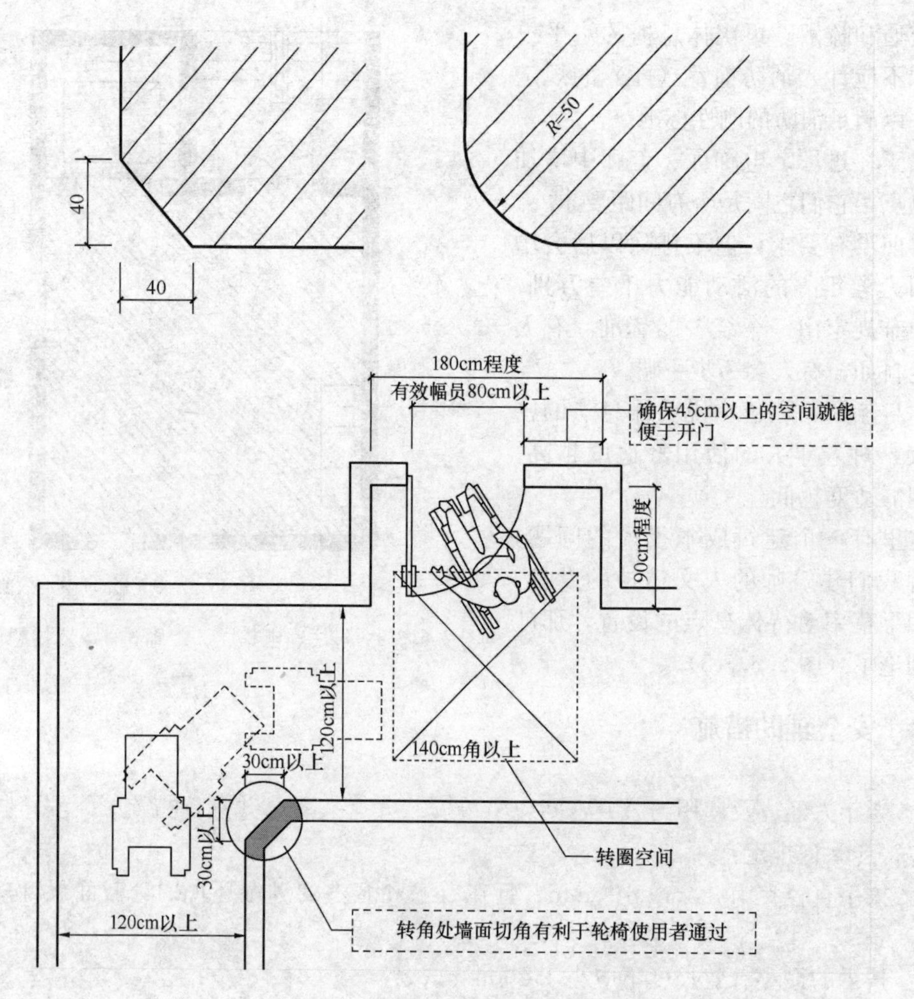

图 2.6.4-1　养老设施建筑室内公共通道的墙（柱）面阳角处理方法

6.4.3　养老设施建筑主要出入口附近和门厅内，应设置连续的建筑导向标识，并应符合下列规定：

1　出入口标志应易于辨别。且当有多个出入口时，应设置明显的号码或标识图案；

2　楼梯间附近的明显位置处应布置楼层平面示意图，楼梯间内应有楼层标识。

【要点解析】　本条是为了确保老年人行走安全设置的。

建筑的导向标识系统是养老设施里的必要措施。对于记忆和识别能力逐渐衰退的老年人来说，导向标识系统是他们精神世界指导现实生活的“另一根拐杖”。对能自理行走的老年人，在导向标识系统的帮助下，可以“走得出，回得来”。

结合防火疏散指示标识，老年人可以预先熟悉自身所处位置和疏散路线的关系，为选择理想安全的逃生路线和方式做好心理准备，有效地减少遇险时的慌乱。

各导向标识之间应有相互说明的作用，有比较强的关联性，让老年人可以“按图索骥”而不会走失迷路，这就是导向标识系统的意义。

近年来，建筑的导向标识系统开始广泛应用在各种不同的公共建筑和场所，为人们方便快捷易于使用这些建筑与场所提供了有效帮助。因此在养老设施建筑中，运用导向标识系统不仅仅是实现帮助老年人出行这一功能，对于养老设施中的住养老年人来说还有两个不同于其他人的方面：一是环境陌生，二是记忆衰退。

在养老设施中安度晚年不是大多数老年人原有的生活设定，因此养老设施建筑对他们存在相当多的陌生感。区别于常人的是，由于老年人对过往生活的深刻记忆难以排遣，对初来乍到的新环境，需要较长时间的适应。建筑的导向标识系统是他们使用新环境的一页"指导书"，因此应给与足够的重视。

不同于一般残疾人，老年人会在记忆上发生比较明显的功能衰退。利用建筑的导向标识系统的视觉表达，重复视觉刺激，可以让老年人一定程度的保持记忆。这样可以时刻提醒老年人不会遗忘，不会迷失。

需要注意的是，还有一种隐性的"导向标识"系统的存在，应当引起我们在设计上的重视。那就是环境的细节处理，会帮助我们完善这个"系统"。在老年人经过的场所陈设一些能唤起他们记忆的物品，是一个好的方法。如一件家具、一个摆件、一幅装饰画等等，放在固定的位置，这也是一个"导向标识"系统，而且更具有家的氛围。当然，这种方法也需要注意使用上的局限：切忌重复和模糊。尤其要避免在不同生活和护理单元中的雷同！

6.4.4 其他安全防护措施应符合下列规定：

1 老年人所经过的路径内不应设置裸放的散热器、开水器等高温加热设备，不应摆设造型锋利和易碎的饰品，以及种植带有尖刺和较硬枝条的盆栽。易与人体接触的热水明管应有安全防护措施；

【要点解析】 不同于以往规范对安全的清晰解释，本章"安全措施"更多的是力图摒除容易对老年人造成人身意外伤害的因素，很明显我们的内容编写中有诸多关于方便老年人的措施。

日常疏忽是导致老年人发生意外伤害的很大一部分。在养老设施建筑里，通过建筑的手段减少对老年人潜在的不安全因素，这就是编写本条的用意。

老年人都会走入行动迟缓、反应较慢、控制力弱及视力衰退的阶段，我们必须极力避免由此而引发的各种意外伤害。沿老年人行走的路线，做好各种安全防护处理，以防烫伤、扎伤、擦伤等。

2 公共疏散通道的防火门扇和公共通道的分区门扇，距地 0.65m 以上，应安装透明的防火玻璃。防火门的闭门器应带有阻尼缓冲装置；

【要点解析】 防火门扇和分区门扇上设有透明的玻璃，便于对老年人的行动观察与突发事件的救助。分区门扇上设安全玻璃，是防止被老年人的助行器或拐杖意外击碎而造成伤害。

按防火规定要求防火门应当是常闭的，而且有顺序闭门器影响着门扇的开合。如果设有阻尼缓冲装置，可以避免在门扇关闭时夹碰轮椅或拐杖，造成惊吓和伤害（图 2.6.4-2）。

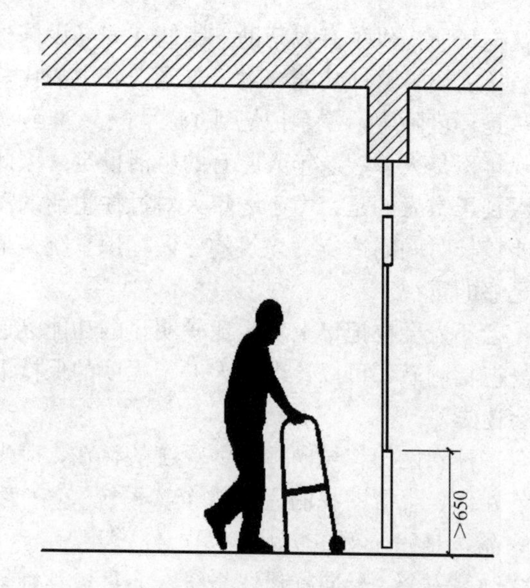

图 2.6.4-2　防火门扇和分区门扇设计要求

3　养老设施建筑的自用卫生间、公用卫生间门宜安装便于施救的插销，卫生间门上宜留有观察窗口；

【要点解析】　本款规定主要是针对老年人在进行较为隐蔽的私密行为时，如果发生意外，能被管护人员和周围其他人及时发现，便于施救。

4　每个养护单元的出入口应安装安全监控装置；

【要点解析】　养护单元中老年人行为自控能力差，其中还存在失智的可能。在单元出入口设置感应报警等安全措施，尽最大限度的防止老年人走失。

老年人遇有突发情况时，报警按钮的作用功效就是建筑中的“SOS”，最直接最迅速的将险情发生地通知管理者和施救人。

问题是所有老年人遇有突发疾病时都可以自主有效地利用报警按钮么？事实与愿望出入很大。我们的报警按钮设置点的数量是有限的，且主要在床头、坐便器和公共场所明显位置处布置。对报警按钮就近的老年人来说，有比较高的报警保障率。如夜间休息时，老年人感觉呼吸困难可以报警。坐便器上老年人便秘，用力排便引发高血压、脑溢血可以报警。外出活动回来，在门厅感觉中暑可以报警。在健身房运动突然跌倒可以报警……

但离开这些地点较远的老年人如遇突发情况怎么办？还有一个很现实的问题：老年人在发生这些险情时往往伴有意识不清和犹豫不决的状态！不知报警器在那儿。

在现实调查中我们发现，在一些情况下的报警按钮只起到服务召唤器的作用，因为这是老年人容易做到的。在突发病情的时候，有很多是别人帮助报警的。所以我们要把关注点不是更多地放在报警按钮的设置上，而是如何利用上。这方面我们建筑师应当重视，也有发挥空间。

一是在管理和护理人员巡更时，提供更多直观了解老年人生活状态的可能。如门扇上的观察窗，减少视线遮挡的室内布局，公共区域内避免视线死角等等。如有可能还需要其他仪器手段来帮助老年人脱离危险，如GPS定位、心律监控、翻身记录等等。

二是增加老年人相互沟通的几率，这是老年人相互帮助的“显规则”。譬如小生活单元划分、共用的起居室和卫生间等等。

以上两条都是利用建筑手段，增加老年人与其他人之间的接触机会，从而充分利用他人的发现，完成遇险报警的任务。

5 老年人使用的开敞阳台或屋顶上人平台在临空处不应设可攀登的扶手。供老年人活动的屋顶平台女儿墙的护栏高度不应低于1.20m；

【要点解析】 供老年人活动的屋顶平台（上人屋面），女儿墙护栏高度不能低于1.20m，以防意外失足或发生轻生事件。

应特别提出，在无障碍设计中，经常有双层扶手的使用需要，这在养老设施建筑的阳台和屋顶平台上的临空处是绝对禁止的。目的是防止老年人攀爬失足，发生意外。因此，双层（包括多层）扶手以及水平栏杆都不能在此误用。

6 老年人居住用房应设安全疏散指示标识，墙面凸出处、临空框架柱等应采用醒目的色彩或采取图案区分和警示标识。

【要点解析】 本条有两个层面的意思。

在老年人居住用房内设有安全疏散指向图标，老年人平日里熟悉了解，更便于在发生火灾时有序疏散自救，以及有效地配合外部救援。

而在疏散过程中，考虑到老年人视力较差，并且心态慌张，需要在特殊位置和空间变化处加以显著标识提示。增强辨识度和安全警示，防止在疏散过程中再发生意外。

2.7 建筑设备

2.7.1 给水与排水

7.1.1 养老设施建筑宜供应热水，并宜采用集中热水供应系统。热水配水点出水温度宜为40℃～50℃。热水供应应有控温、稳压装置。有条件采用太阳能的地区，宜优先采用太阳能供应热水。

【要点解析】 本条是热水供应的要求。

在寒冷、严寒、夏热冬冷地区，由于气候因素，养老设施应提供热水满足老人日常洗浴需求，为方便老年人使用，一般情况下宜采用集中热水供应系统，并保证集中热水供应系统出水温度适合、操作简单、安全。其余地区可酌情考虑是否设置集中热水供应，也可采用局部热水供应系统，即加热设备采用燃气热水器、电热水器或太阳能热水器。

因为老年人对水温的要求较高，过低或过高的水温都有可能诱发感冒等呼吸系统疾病，或使原有心脏病、脑血管病加重。一般成年人洗澡温度约为（35～38）℃，而老年人洗澡温度约为（38～40）℃，水温不能超过40℃，最好与体温接近为好。老年人由于感觉功能的衰退，对水温冷热变化的感觉变得不敏感，在洗浴过程中容易因为操作错误等造成意外伤害的发生，故老年人在使用热水过程中还需要提供防止误操作的附加保护功能。可采用诸如自力式平衡压力恒温混水阀，以及内部带有温控装置的混合式水嘴，并设定供水温度约为40℃。有条件且能满足给水卫生标准时，可采用开式热水供应系统。

有条件的地方应优先采用太阳能热水器，既方便使用，也符合绿色、节能的理念，而且也能减少由于燃烧等产生的废气对大气的污染，刺激老年人的呼吸系统。但是太阳能热水器，受气候和环境因素影响较大，当采用太阳能热水供热系统时，应设置辅助热水供应设施以保证热水的正常供应（图2.7.1-1）。

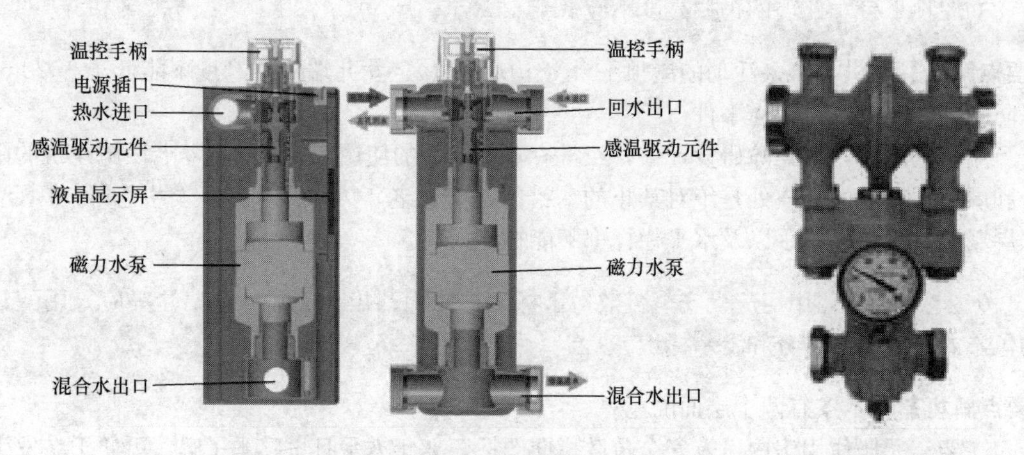

图2.7.1-1 自力式平衡压力恒温混水阀

7.1.2 养老设施建筑应选用节水型低噪声的卫生洁具和给排水配件、管材。

【要点解析】 本条是节水低噪声卫生洁具和给排水配件、管材的设置要求。

世界卫生组织（WHO）研究了接触噪声的极限，比如心血管病的极限，是长期在夜晚接受50dB（A）的噪声；而睡眠障碍的极限较低，是42dB（A）；更低的是一般性干扰，只有35dB（A）。老年人大多患有心脏病、高血压、抑郁症，神经衰弱等疾病，对噪声很敏感，尤其是65dB（A）以上的突发噪声，将严重影响患者的康复，甚至导致病情加重。

《老年人建筑设计规范》JGJ 122－99第5.0.3条要求老年人居住建筑居室之间应有良好隔声处理和噪声控制。允许噪声级不应大于45dB，空气隔声不应小于50dB，撞击声不应大于75dB。因此，需选用流速小，流量控制方便的节水型、低噪声的卫生洁具和给排水配件、管材。

在卫生洁具方面国家也有标准，如坐便器冲洗噪声为55dB，峰值不超过65dB（GB/T 6952－1999）。降低卫生洁具噪声的设计方法是采用低噪声坐便器，虹吸式坐便器是依靠虹吸作用将污物引出坐便器，噪声比较小，在虹吸式中，虹吸涡旋式冲水方式同时利用虹吸和涡旋原理，产生的噪声在各种冲水方式中最小，一般都在35db以下。

在排水管方面，以往由于采用铸铁管，质量大、不易振动、噪声较小。由于噪声很大一部分是因为水流直接冲击管壁产生，轻质管如PVC管材质量轻、振动大，噪声也大。因此，对轻质管材应进行降噪处理，如对轻质排污管进行包覆，可用玻璃棉、矿棉等作包覆内层材料，还有一种以氯乙烯树脂单体为主，经挤压成型的内壁有数条凸出三角形螺旋肋的消音塑料管。设计时尽可能选择内螺旋消音塑料管、夹芯层发泡管或者隔音空壁管等隔声塑料排水管材，可在一定程度上降低噪声。排水静音管的噪声为42.5dB（A），UP-VC管的噪声为53dB（A），铸铁管的噪声为46.5dB（A）。

给水管方面可通过适当放大管径，控制生活给水管道内的水流速度，给水管道支架采用弹性吊架或弹性托架和隔振支架以减少震动，并在各供水立管顶设自动排气阀等措施来降低噪声。

卫生间排水系统采用同层排水系统也可有效的减少噪声产生。在卫生间内洁具的合理布置和安装也能有效降低噪声，例如尽量把坐便器布置在与卧室不相邻的墙壁一侧，选择密度大的卫生洁具，坐便器、浴盆等卫生设备固定在地板上时，在设备底面铺设弹性橡胶绝缘层等。

7.1.3 养老设施建筑自用卫生间、公用卫生间、公用沐浴间、老年人专用浴室等应选用方便无障碍使用与通行的洁具。

【要点解析】 本条是选用无障碍洁具的要求。

为符合无障碍要求，方便轮椅的进出，公用沐浴间、老年人专用浴室、自用卫生间、公用卫生间等可以选用悬挂式洁具且下水管尽可能的进墙暗敷或贴墙敷设。以便老人有更大的活动空间和可达性，并便于老人扶持，防止磕碰，提高安全性。

卫生洁具设计成悬挂式洁具且下水管尽可能的进墙或贴墙，可以更好的适应老年人使用卫生间的时间较长，动作幅度较大的使用习惯；并可以在摔倒时抓握悬挂式洁具，避免磕碰外露的下水管，造成意外伤害；也利于老年人的轮椅移动，方便了老年人由轮椅上移动到坐便器上，洗脸台面下也留有放膝盖的空间，便于老人长时间使用洗面台。

坐便器的座高应与轮椅座面高度接近，这既便于无法行走老人从轮椅上移动到坐便器上，也便于步行困难者站起。为防止冬季冰凉的坐圈对老年人的刺激，可采用带加热功能的坐便器。

老年人最好使用白色的卫生洁具，这既感觉清洁并易于随时发现老年人排泄物的病理变化（图2.7.1-2、图2.7.1-3）。

图2.7.1-2 悬挂式面盆

图2.7.1-3 悬挂式坐便器

7.1.4 养老设施建筑的公用卫生间宜采用光电感应式、触摸式等便于操作的水嘴和水冲式坐便器冲洗装置。室内排水系统应畅通便捷。

【要点解析】 本条是公用卫生间洁具选用和排水系统设置要求。

由于老年人行动不便及记忆力衰退，需要选用具有自控、便于操作的水嘴和卫生洁具。卫生设备清楚的方向性和明确的标志系统，可为记忆力减退的老年人提供操作上的方便以及更好的安全保障。

老年人握力下降，应选择便于操作的脚踏式、长柄式、杠杆式、触摸式或感应式水嘴及可抽出式花洒。

热水水嘴应用明显色彩进行标识，以免老年人因操作不当而烫伤。

室内排水系统的畅通，能够避免室内地面积水湿滑而造成的摔倒等意外伤害（图2.7.1-4、图2.7.1-5）。

图2.7.1-4 脚踏式水嘴

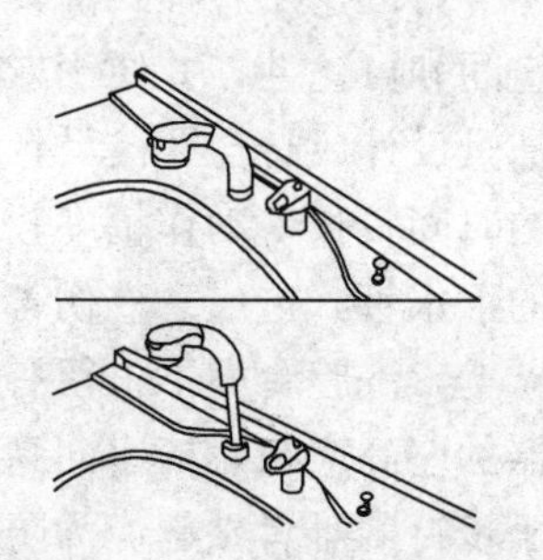

图2.7.1-5 可抽出式花洒

2.7.2 供暖与通风空调

7.2.1 严寒和寒冷地区的养老设施建筑应设集中供暖系统，供暖方式宜选用低温热水地板辐射供暖。夏热冬冷地区应配设供暖设施。

【要点解析】 本条是集中供暖系统规定。

“集中供暖”的定义有多种多样，但是万变不离其宗，其核心内容还是指的是热源，集中供暖的热源主要有城市热网、区域热网、区域锅炉房、小区自建锅炉房等，近些年有着较大发展的热泵技术和地热等都可以作为集中供暖的热源考虑。

“集中供暖”从节能、供暖质量及供暖稳定性、环境保护等因素来看，是供暖方式的主流，严寒和寒冷地区应用尤为普遍；技术比较成熟、安全、可靠，使用价格较便宜这些条件都符合中国目前的节能主题，尤其是使用价格上，较分户式供暖的使用费用可以降低20％～30％，这样既节能又节财。

集中供暖技术发展至今已过百年历史，通过持续不断的改进，该项技术目前已相当完善，且稳定性良好；城市热网、区域热网的热源一般来自热电厂或其他工业余热、废热，作为发电或其他工业项目的衍生品，充分利用了其价值而又不需要额外的环保投资，区域锅炉房在产热过程中虽有烟气产生，不利于环保，但是由于其相对集中，便于集中处理和高空排放，相比分散不加处理的分户式采暖热源其环保优越性可大大体现。

从供暖舒适度及安全保护等角度出发，考虑使用低温热水地板辐射供暖系统，对养老设施的适用性和实用性是比较好的。低温热水地板辐射供暖系统的供暖原理：是通过埋设于地面下的加热管均匀向室内辐射热量而达到供暖效果。其优点在于：供暖舒适度高，室温自下而上逐渐递减，热源活动区域内温度均匀，尤其是地面温度较高，使老年人感觉更为舒适。

与散热器供暖方式相比，低温热水地板辐射供暖系统较为节能，在同样舒适度的情况下，由于其计算温度可以降低两度，所以节能幅度约为10%；由于室内没有散热器等供暖设施，因此更有利于室内装修，增加室内使用面积，提高室内美观度，更为重要的是提高了老年人使用的安全度；同时由于地板供暖系统的楼面垫层厚度较厚，更有利于楼板隔声。因此低温热水地板辐射供暖系统是老年设施内供暖方式的首选。但应符合《民用建筑供暖通风与空气调节设计规范》GB 50736－2012 第5.4.6条“热水地面辐射供暖塑料加热管的材质和壁厚的选择，应根据工程的耐久年限、管材的性能以及系统的运行水温、工作压力等条件确定”的规定。

本条对于夏热冬冷地区的供暖系统形式未作明确规定，主要是考虑这些地区基本可以设置分体空调或多联中央空调来解决夏季供冷，冬季供热的问题。在经济发达的长三角地区的一些城市，老年设施采用中央空调也是可行的。对于使用分体空调或多联中央空调供暖的说法目前很不统一，其供暖的主要缺点是舒适度较差，室内空气过于干燥。生活常识告诉我们，人在进入老年以后皮脂分泌量大大减少，因此老年人的皮肤常常看上去是比较粗糙，这时如果空气有比较干燥，对老年人来说可能是雪上加霜，必然会对老年人的生活带来一定的负面影响。

因此如果采用分体空调或多联中央空调供暖，建议室内应同时配置空气加湿设备来提高室内的舒适度，让老年人能够更好的享受生活。随着经济的发展和生活水平的提高，在有条件实现集中供暖的地区我们建议采用上文提到的供暖方式来解决老年设施的供暖问题。对于经济条件更好的地区，则可以采用全空气中央空调系统，这样老年人活动空间的温湿度就都能保证了。更高级的空调系统，如温湿度独立控制系，如果经济条件允许我们也不反对使用。

图2.7.2-1 安装于活动大厅的加湿器

我们在日本考察期间发现，由于日本的能源短缺，养老设施的供暖模式基本采用多联中央空调的模式，为了解决空气干燥的问题，基本的功能房间都配有加湿器。加湿器分散布置，和环境相得益彰，既改善了人居环境的舒适度，又有很好的美观效果（图2.7.2-1）。

7.2.2 养老设施建筑集中供暖系统宜采用不高于95℃的热水作为热媒。

【要点解析】 本条是供暖温度的要求。

高温热水和蒸汽作为热媒的供暖系统一般只在特定才场合下使用，由于高温热水和蒸汽的温度和压力较常规系统高，故对供暖设备的要求也相对较高，或者仅对固定设备可以采用，同时由于供暖设备的表面温度较高，管理不善很容易出现烫伤事故，加之供暖设备表面积灰在高温环境下会出现异味和产生飞尘，这样对老年人的健康非常不利。根据《民用建筑供暖通风与空气调节设计规范》GB 50736－2012 第 5.3.10 条规定幼儿园、老年人和特殊功能要求的建筑的散热器必须暗装或加防护罩。因此对采用集中供暖的养老设施建筑，我们推荐采用的供暖系统形式为低温热水地板辐射供暖系统，就是因为其供水温度不超过 60℃，供暖舒适度高，卫生条件好，安全程度高而得到广大设计师同行的认可。以高温热水或者蒸汽作为热源，由于其压力和温度均较高，系统运行故障发生时不便于排除，以不高于 95℃ 的热水作为供暖热媒，从节能、温度均匀、卫生和安全等方面，均比直接采用高温热水和蒸汽合理。除此之外，《民用建筑供暖通风与空气调节设计规范》GB 50736－2012 第 5.3.1 条的规定散热器供暖系统应采用热水作为热媒；散热器集中供暖系统宜按 75/50℃连续供暖进行设计，且供水温度不宜大于 85℃，供回水温差不宜小于 20℃。因此在实际执行时还应参照《民用建筑供暖通风与空气调节设计规范》GB 50736－2012 执行。

7.2.3 养老设施建筑应根据地区的气候条件，在含沐浴的用房内安装暖气设备或预留安装供暖器件的位置。

【要点解析】 本条是安装暖气设备的要求。

由于我国地域辽阔，南北纬度跨越非常大，建筑气候分区较多，共分为严寒地区、寒冷地区、夏热冬冷地区、夏热冬暖地区和温和地区，当养老设施设有集中供暖系统时，公用沐浴间、老年人专用浴室设置供暖设施不会有任何困难。对于不设集中供暖系统的养老设施，公用沐浴间、老年人专用浴室究竟采用何种供暖方式，这是灵活多变的，无论采用何种供暖方式，均需在设计阶段充分考虑供暖所需的条件，需留有安装供暖设备的空间，在预留条件时应充分考虑当地的实际情况确定公用浴室供暖方案。

值得一提的是随着多联中央空调的推广和应用，在广大的夏热冬冷地区使用该方式解决冬季供暖已成为趋势，但冬季浴室内有人淋浴时此供暖方式会有较强的吹风感，因此对使用分体空调或多联中央空调供暖的老年设施内的公用沐浴间、老年人专用浴室，在沐浴期间关闭空调时可以辅助其他供暖设施，要求仅在沐浴期间开启用以辅助供暖，其他时间利用空调供暖（图 2.7.2-2）。

图 2.7.2-2　日本福祉在浴室内设置的辅助电热辐射供暖设施

7.2.4 养老设施建筑有关房间的室内冬季供暖计算温度不应低于表7.2.4的规定。

表7.2.4 养老设施建筑有关房间的室内冬季供暖计算温度

房间	居住用房	生活辅助用房	含沐浴的用房	生活服务用房	活动室多功能厅	医疗保健用房	管理服务用房
计算温度（℃）	20	20	25	18	20	20	18

【要点解析】 本条是有关房间室内冬季供暖计算温度的规定。

在《民用建筑供暖通风与空气调节设计规范》GB 50736－2012第3.0.1条中，对室内的设计温度有着明确的规定，同时明确了严寒地区和寒冷地区的供暖室内设计温度略有不同。老年人对温度的感应比较迟钝，在室内着衣过少容易感冒，过多则不利于其活动，因此适当提高了老年建筑有关房间的室内设计温度，这样既提高了老年人居住及生活空间的舒适度，又不至于因过高的室内温度设定而带来了能源浪费。

同时根据养老设施建筑的使用特点，本条专门强调了有关房间的室内供暖计算温度。走道、楼梯间、阳光厅/风雨廊的室内供暖计算温度可以按18℃计算。考虑到老年人理发的需要，生活服务用房中的理发室可按20℃计算。

7.2.5 养老设施建筑内的公用厨房、自用与公用卫生间，应设置排气通风道，并安装机械排风装置，机械排风系统应具备防回流功能。

【要点解析】 本条是公用厨房、自用与公用卫生间排气、通风设计规定。

养老设施建筑的公用厨房和自用、公用卫生间的排气和通风，是老年人生活保障、个人卫生的重要需求。设置机械排风设施有利于室内污浊空气的快速排除。对于公用厨房的机械通风应按以下原则考虑：首先全面通风和局部通风应分开考虑，在没有厨房厨具设备布置及局部排风量要求不明确的情况下，排风量可以参考《全国民用建筑工程设计技术措施》暖通空调动力分册P57中职工餐厅厨房的排风量考虑。

公用卫生间的排风量按10次/h换气量考虑，自用卫生间的排风量按5次/h换气量考虑。以上排风量均按《全国民用建筑工程设计技术措施》暖通空调动力分册要求排风量的下限风量设置，主要是考虑到老年设施内的卫生间使用人数变化不及其他公共场所的变化大，适当降低排风量还有利于节能。

7.2.6 严寒、寒冷及夏热冬冷地区的公用厨房，应设置供房间全面通风的自然通风设施。

【要点解析】 本条是严寒寒汽及夏热冬冷地区公用厨房自然通风的要求。

严寒、寒冷及夏热冬冷地区的公用厨房，冬季关闭外窗和非炊事时间排气机械不运转的情况下，应有向室外自然排除燃气或烟气的通路。设置有避风、防雨构造的外墙通风口或通风器等可做到全面通风。此条规定在住宅设计规范中也有提及，但目前国内付诸实施的情况不多，在我们考察日本福祉的时候见到了很多这样的做法，此做法使用的设备相对简单，但通风效果不错。

但这里安装和使用一定要注意，根据我国气候分区，在严寒和寒冷地区因冬季室外外度过低，尤其是严寒地区，冬季昼夜气温都在0℃以下，自然通风口经常出现结冰堵塞的现象，所以须采取必要的防冻和保温措施（图2.7.2-3）。

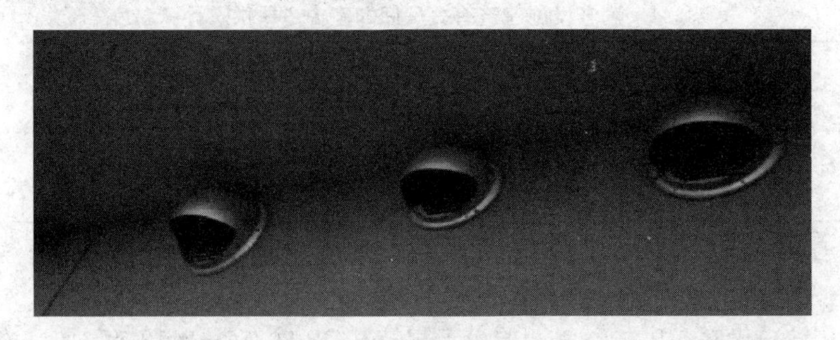

图2.7.2-3　自然通风设施

7.2.7　严寒、寒冷及夏热冬冷地区的养老设施建筑内，宜设置满足室内卫生要求的机械通风，并宜采用带热回收功能的双向换气装置。

【要点解析】　本条是机械通风设置要求。

严寒、寒冷及夏热冬冷地区的养老设施建筑，冬季往往长时间关闭外窗，且门窗的密封性能较好，这对室内环境的空气质量极为不利。老年人又长期生活在室内，其中不少老年人体弱多病，抵抗力较差，因此他们非常需要更多的新鲜空气和更好的通风换气环境。为实现这一点，所以在经济条件许可的条件下宜在设施内设置机械通风系统，从节能的角度出发，推荐使用带热回收功能的双向换气装置。

关于通风量的计算，通常通风换气量以使用单元体积为基础，按不低于1.5次/h的换气量为宜。根据《民用建筑供暖通风与空气调节设计规范》GB 50736－2012第3.0.6条，公共建筑主要房间每人所需最小新风量应符合表2.7.2的规定。

公共建筑主要房间每人所需最小新风量［m^3/（h·人）］　　**表2.7.2**

建筑房间类型	新风量
办公室	30
客房	30
大堂、四季厅	10

以规范中第5.2.2条单人间卧室使用面积不宜小于10.00m^2为例，假设房间净高为2.6m，则房间体积为26m^3，则房间的通风量为39m^3/h，对于双人间卧室使用面积不宜小于16.00m^2；则通风量应为62.4m^3/h；以上均能满足《民用建筑供暖通风与空气调节设计规范》GB 50736－2012中对客房新风量的要求，此条标准在国内目前的经济水平情况下略高，同发达国家相比相差不大。

图2.7.2-4　壁挂式新风换气机

新风换气系统目前在国内已采用多年，过去多用于一些公共建筑的通风换气及热回收，随着我国经济的快速发展，人们的生活水平已有了较大的提高，新风换气系统也越来越多的出现在我们的生活当中，下图就是一款壁挂式新风换气机，此款新风换气机的通风量仅为 $100m^3/h$，既美观又实惠（图 2.7.2-4）。

7.2.8 最热月平均室外气温高于 25℃地区的养老设施建筑，应设置降温设施。

【要点解析】 本条是降温设施设置要求。

随着人们生活水平的提高，空调的普及率越来越高，作为老年人活动的重要场所，老年设施内设置各种类型空调似乎已是司空见惯的事了，可是考虑到我国东西部地区经济发展和环境的差异比较大，有些地区目前还不能配置空调作为降温设施，故本条没有直接要求设置空调，但是经济较发达的地区在养老设施内配置空调还是必要的，对于我国的西北地区、西南地区等地可以考虑因地制宜的采用其他冷源措施来达到降温效果。总之，要尽可能的提高养老设施在夏季的室内舒适性。

7.2.9 养老设施建筑内的空调系统应设置分室温度控制措施。

【要点解析】 本条是空调系统分室温度控制要求。

虽然我国经济的总体水平已有很大的提高，人们的生活日益富裕，但与发到国家相比，我国的人均占有资源还是少的可怜，因此节能是我们永恒的主题。采用分室温度控制，既能满足我们对舒适度的要求，又可以及时调控室内的温度，达到节能的目的。养老设施内设置空调的目的主要是提高老年人生活环境的舒适性，室温控制是保证舒适性的前提。

采用分室温度控制，可根据采用的空调方式确定。一般集中空调系统的风机盘管可以方便地设置室温控制设施，分体式空调器（包括多联机）的室内机也均具有能够实现分室温控的功能。对于全空气空调系统来说，实现分室温控会有一定难度，设备初期投资相对较大，在经济不许可的条件下不推荐使用。

7.2.10 养老设施建筑内的水泵和风机等产生噪声的设备，应采取减振降噪措施。

【要点解析】 本条是水泵和风机减振降噪措施要求。

科学研究认为 40dB 是正常的环境声音，在此以上就是有害的噪声。老年人的生理特点有许多，其中之一就是嗜睡，睡眠是人类消除疲劳、恢复体力、维持健康的一个重要条件。但环境噪声会使人不能安眠或被惊醒，在这方面，老人和病人对噪声干扰更为敏感。当睡眠被干扰后，老人的心情和健康都会受到影响。因此，对各种设备所产生的噪声和其他干扰，需特别强调避免。

例如，水泵选型时为了满足隔振降噪的要求，应选用低噪声水泵。一般情况下：低转速水泵噪声低于高转速水泵；立式水泵噪声低于卧式水泵；单机泵噪声低于多级泵；离心泵噪声低于活塞泵、柱塞泵；变频泵噪声低于工频泵；水冷泵噪声低于风冷泵；优质泵噪声低于劣质泵。风机风速快、风压高，其产生的噪声也大。也要做好消声隔振。

2.7.3 建筑电气

7.3.1 养老设施建筑居住用房及公共活动用房宜设置备用照明，并宜采用自动控制方式。

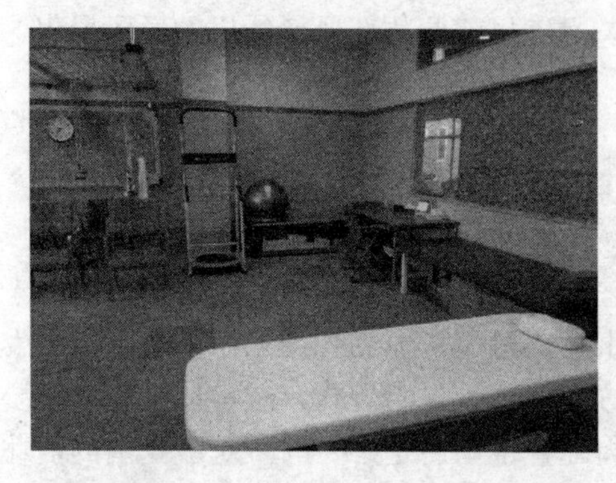

图 2.7.3-1　公共活动房的应急照明灯

【要点解析】　本条是对居住用房及公共活动用房备用照明设置要求。

本条的提出主要是对老年人身安全及应急处置的保障。多数老年人的视觉较差且行动不便，照明停电会给老年人带来诸多不便，容易发生摔坠或碰撞等意外事故，特别在发生紧急情况进行疏散十分困难。设置应急备用照明是出于应急和防灾的功能考虑。一般老人居住用房可以采用自带蓄电池的灯具，应急时，可以自动点亮给老年人带来方便。公共走廊和公共活动用房的应急照明可以考虑与消防应急照明合并设置。消防应急照明的配电应按相应建筑的最高级别负荷电源供给，且应能自动投入（图 2.7.3-1）。

7.3.2　养老设施建筑居住、活动及辅助空间照度值应符合表 7.3.2 的规定，光源宜选用暖色节能光源，显色指数宜大于 80，眩光指数宜小于 19。

表 7.3.2　养老设施建筑居住、活动及辅助空间照度值

房间名称	居住用房	活动室	卫生间	公用厨房	公共餐厅	门厅走廊
照度值（lx）	200	300	150	200	200	100～150

【要点解析】　本条是居住活动及辅助空间照度值的规定。

本条是根据《建筑照明设计标准》GB 50034－2004 的规定，在贯彻国家节能政策的前提下，参照日本、欧美等国的部分养老院的实例，适当提高了养老设施中一些主要建筑空间的照度标准。主要是因为老年人视力衰退、光敏度下降，适当提高照度能够保证老人行动安全，便于老年人的生活。《建筑照明设计规范》GB 50034－2004 内规定的照度值列表如下所示，可以对比一下。

居住建筑照明标准值

房间或场所		照度标准（LX）	Ra	参考水平面
起居室	一般活动	75	80	0.75m
卧室	一般活动	75	80	0.75m
餐厅	一般活动	75	80	0.75m
厨房	一般活动	100	80	0.75m
	台面	150	80	台面
卫生间		100	80	0.75m

7.3.3　养老设施建筑居住用房至卫生间的走道墙面距地 0.40m 处宜设嵌装脚灯。居住用房的顶灯和床头照明宜采用两点控制开关。

【要点解析】　本条是对脚灯、顶灯和床头灯设置要求。

养老设施建筑居住用房至卫生间的走道墙面距地 0.4m 处宜设嵌装脚灯。主要是从功能及使用方便角度考虑的，设置脚灯的目的是为了方便老年人起夜时有灯照亮。居住用房的照明采用两点控制就是单灯双控（图 2.7.3-2）。

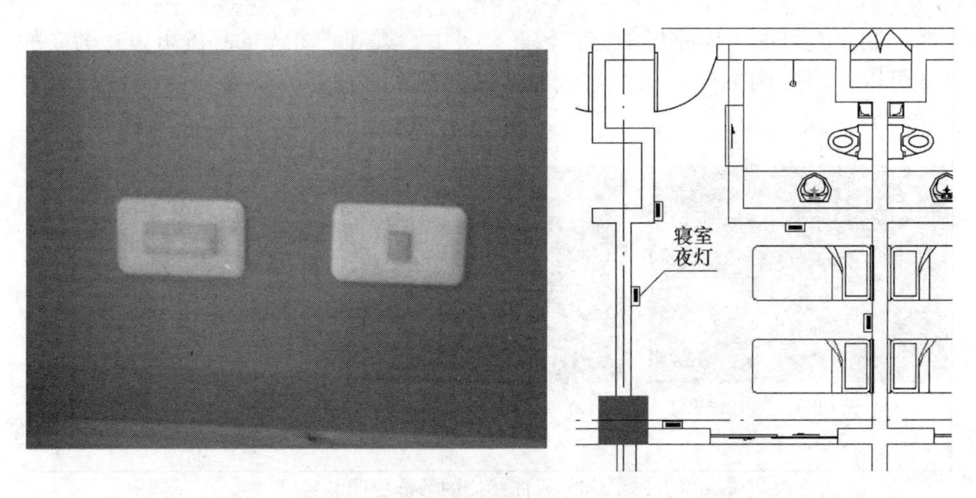

图 2.7.3-2 居住用房至卫生间的走道墙面嵌装脚灯

7.3.4 养老设施建筑照明控制开关宜选用宽板翘板开关，安装位置应醒目，且颜色应与墙壁区分，高度宜距地面 1.10m。

【要点解析】 本条是对照明控制开关的选用与安装的要求。

本条的提出是为开关与墙面容易识别，避免老年人视力不好造成的麻烦，1.10m 的高度的设置是根据无障碍设施设计要求，考虑老年人乘坐轮椅时可以很方便的触摸到。

7.3.5 养老设施建筑出入口雨篷底或门口两侧应设照明灯具，阳台应设照明灯具。

【要点解析】 本条是出入口雨篷、门口和阳台照明灯具设置要求。

养老设施建筑的出入口、阳台是老人的主要活动场所，为保证老人的活动安全，应该保证有适度的照明。

雨篷灯及阳台灯设置应考虑维修安全和方便。雨篷灯及阳台灯宜采用吸顶安装方式，当灯安装高度大于标准层高时，应采用吸壁安装。壁灯应有防触电和防溅措施。雨篷灯及阳台灯的开关如设在室外应有防溅措施。

另外，养老设施建筑的出入口、公共走道、楼梯间等老人的主要活动场所，为保证老年人安全，应设置应急照明灯具和应急标志灯具照明。

7.3.6 养老设施建筑走道、楼梯间及电梯厅的照明，均宜采用节能控制措施。

【要点解析】 本条是走道、楼梯间及电梯厅照明灯具设置要求。

本条参照国家强制性规范《住宅设计规范》GB 50096－2011 第 8.7.5 条“公共部位应设置人工照明，应采用高效节能的照明装置和节能控制措施。当应急照明采用节能自熄开关时，必须采取销方式应急点亮的措施”的规定。

目前国家已明令禁止在建筑照明中使用白炽灯，因此，照明灯具应采用节能光源，电子镇流器或节能型电感镇流器和高效灯具。照明控制采用节能自熄开关，不但符合国家节能政策，而且可以降低物业管理费用。避免建筑物的公共部位的灯常因不随手关灯而成为“长明灯”，造成电力浪费。

节能控制措施目前人体感应的方式较好，灵敏，柔和。灯光的亮度可以是渐变的，无人的时候可以把照度调整到很低，有人时，灯开启或恢复正常照度。让人觉得非常舒适（图 2.7.3-3）。

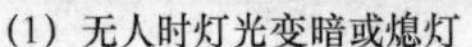
(1) 无人时灯光变暗或熄灯　(2) 来人时灯光变亮或开启　(3) 有人时灯光正常照明

图 2.7.3-3　人体感应的节能照明装置

养老设施建筑公共区域的照明设计及器件选择应该满足《建筑照明设计标准》GB 50034 对照度标准、统一光值、照明功率密度值（LPD）等指标要求。

另外，当建筑设置火灾自动报警系统时，上述公共部位的应急照明在火灾发生时应具备自动点亮的功能。

7.3.7　养老设施建筑的供电电源应安全可靠，宜采用专线配电，供配电系统应简明清晰，供配电支线应采用暗敷设方式。

【要点解析】　本条是养老设施供电电源的安全可靠要求。

养老设施建筑的供配电系统设计应符合国家标准《供配电系统设计规范》GB 50052 的规定。为保证养老设施住养的老年人人身安全，对养老设施供电的可靠性要求较高。按国家标准《供配电系统设计规范》GB 50052 的规定宜按一级负荷要求供电，对一级负荷，要求供电系统当线路发生故障停电时，仍保证其连续供电，即我们常说的双电源供电。因各地区的供电网情况不一样，因而提出宜，有条件应该专线供电，实在没条件，也可以与其他建筑串接电源。但应符合下列要求：①发生任何一种故障时，两个电源的任何部分应不致同时受到损坏；②发生任何一种故障且保护装置正常时，有一个电源不中断供电，并且在发生任何一种故障且主保护装置失灵以至两电源均中断供电后，应能在有人值班的处所完成各种必要操作，迅速恢复一个电源供电。

养老设施建筑供配电系统应简明清晰。根据国家强制性规范《住宅设计规范》GB 50096－2011 规定，电气线路应采用符合安全和防火要求的敷设方式配线。考虑到安全和防火要求，供配电支线应采用暗敷设方式。另外，对低层、多层的养老设施建筑，总负荷不大，采用铜导线穿管暗敷可以不设管道井，节省建筑面积，也较为经济合理。

7.3.8　养老院宜每间（套）设电能计量表，并宜单设配电箱，配电箱内宜设电源总开关，电源总开关应采用可同时断开相线和中性线的开关电器。配电箱内的插座回路应装设剩余电流动作保护器。

【要点解析】 本条是电能计算表设置要求。

本条的提出源于我们实际调研时所了解的情况。很多养老院的老人居室由于入住老人自行添置家用电器，所以，居室用电都是单独计量收费的。由于原来设计往往未考虑，院方在每个居室需另再安装电能计量表来进行计量计费，因此，本条提出养老设施建筑设计时宜事先予以考虑。

每间（套）宜单设配电箱，配电箱内宜设电源总开关，便于电气火灾发生时迅速切断电源，并且便于套内检修线路时断电操作。

配电干线上三相负荷不平衡时，中线上将产生对人体危害电位，应该同时段开箱先和中线，避免人体触电事故。电源总开关应采用可同时断开相线和中性线的断路器，不能采用熔断器式总开关。

配电箱内的插座回路应装设剩余电流动作保护器，主要是考虑人身安全和电气设备安全。电源插座经常接家用电器，当电气绝缘损坏时易引起电击伤亡事故，因此应设置剩余电流动作保护装置，以及时切断电源。根据《民用建筑电气设计规范》JGJ/T 16 规定，住宅建筑中家用电器宜用单独回路保护和控制，宜设剩余电流动作保护和欠电压保护。当住户配电箱内的总断路器具有剩余电流动作保护功能时，插座回路可以不装设剩余电流动作保护。

7.3.9 养老设施建筑的电源插座距地高度低于 1.8m 时，应采用安全型电源插座。居住用房的电源插座高度距地宜为 0.60m～0.80m；厨房操作台的电源插座高度距地宜为 0.90m～1.10m。

【要点解析】 本条是电源插座选用与安装的规定。

国家强制性规范《住宅设计规范》GB 50096 规定，住宅套内安装在 1.8m 及以下的插座，应采用安全型插座。

养老设施建筑居住用房的电源插座高度距地宜为 0.60～0.80m；厨房操作台的电源插座高度距地宜为 0.90～1.10m。主要是按照无障碍设施设计要求考虑。

目前居住用房的电源插座是按床头柜上的高度考虑的，厨房操作台的高度是按坐轮椅能操作的高度考虑的。

7.3.10 养老设施建筑的居住用房、公共活动用房和公共餐厅等应设置有线电视、电话及信息网络插座。

【要点解析】 本条是有线电视、电站及信息网络设置要求。

随着人民生活水平的不断提高，人们对老年人的生活质量、生存环境的改善有了更高的要求。养老设施不仅是具有为老年人提供住养护理的传统意义功能，还需能够为老人提供舒适安全、高品质的生活空间，电子信息化设施使住养的老人由原来被动静止的状态转变为自主能动的状态，养老设施为老人们提供全方位的信息交换功能，既让老人与外界保持密切联系，又丰富了老人的精神文化生活，优化了老年人的生活方式。

养老设施建筑内有线电视、电话及信息网络插座的设计和配置可按《住宅设计规范》GB 50096－2011、《民用建筑绿色设计规范》JGJ/T 229－2010、《住宅区和住宅建筑内光纤到户通信设施工程设计规范》GB 50846－2012、《住宅区和住宅建筑内通信设施工程验收规范》GB/T 50624－2010 等相关标准的规定执行。

7.3.11 养老设施建筑的公共活动用房、居住用房及卫生间应设紧急呼叫装置。公共活动用房及居住用房的呼叫装置高度距地宜为1.20m～1.30m，卫生间的呼叫装置高度距地宜为0.40m～0.50m。

【要点解析】 居住用房及公共活动用房的紧急呼叫按钮的高度稍有提高，是考虑坐轮椅普通人均方便使用的情况，卫生间呼叫按钮的高度是考虑老年人在卫生间跌倒时，伸手求救的情况（图2.7.3-4）。

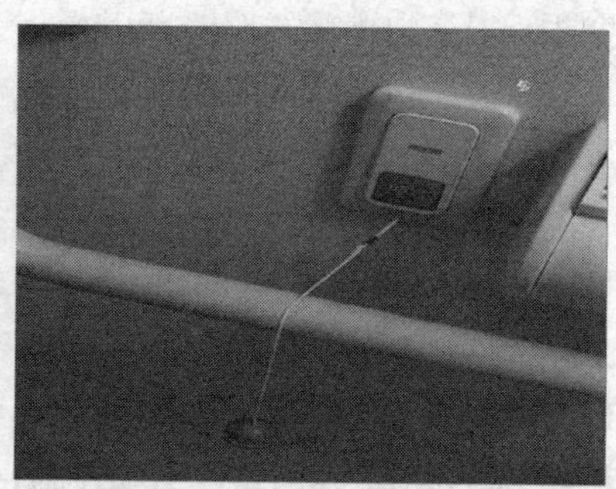

图2.7.3-4 紧急呼叫装置

7.3.12 养老设施建筑以及室外活动场所（地）应设置视频安防监控系统或护理智能化系统。在养老设施建筑的各出入口和单元门、公共活动区、走廊、各楼层的电梯厅、楼梯间、电梯轿厢等场所应设置安全监控设施。

【要点解析】 本条是安防监控、护理智能化系统设置要求。

本条提出主要是针对养老设施建筑的智能化设计。各地根据实际情况进行设计配置时应符合《民用建筑设计通则》GB 50352、《民用闭路监视电视系统工程技术规范》GB 50198、《视频安防监控系统工程设计规范》GB 50395、《安全防范工程技术规范》GB 50348、《入侵报警系统工程设计规范》GB 50394和《智能建筑设计标准》GB/T 50314等标准的有关规定。

在科技高速发展的今天，利用智能化物业管理手段，改变传统安全防范的方法，从单一封闭、被动性安全防范模式向多元化、综合化、智能化、网络化以及主动报警处理方向发展是现代安全防范的新模式。养老设施安全问题既包括建筑安全也包括人身安全，是利用智能化首先要解决的问题。养老设施应该根据规模、等级及管理要求建立可靠的安全防范系统。

养老设施建筑的安全防范系统包括：防盗报警系统、紧急呼叫对讲系统和中心控制室。

防盗报警系统由入侵探测器、紧急报警装置、防盗报警控制器、中心报警控制主机和传输网络组成。当入侵探测器探测到警情或按下紧急报警按钮时，信号传送至安保中心控制室，中心报警控制主机应准确显示警情发生的住户名称、地址、时间及报警类型。

中心控制室应配置中心报警控制主机，能监视和记录入网用户向中心发送的各种信息。该中心能实施对监控目标进行监视及图像切换、镜头光圈控制、焦距调整，并进行录像。中心控制室应配置能与报警显示同步的终端图形显示装置，能实时弹出和显示发生警情的区域、住户名称及报警类型。

中心控制室应安装与区域报警中心联网的紧急报警按钮，并应配有电话和无线对讲机。

中心控制室控制主机应具有编程和联网功能、具有显示、存储各种警情及发出报警声、光信号的功能、具有密码操作保护功能信息，报警信息应能存储 30 天以上。中心控制室应配置备用电源。备用电源的容量应满足控制主机 24h 正常工作。在养老设施建筑的区域周边、各出入口和单元门、停车场、车辆出入口、公共活动区、主要通道、楼层电梯厅及电梯轿厢应设置电视监控系统。

本规范第 5.5.2 条规定，老年养护院和养老院的总值班室宜靠近建筑主要出入口设置，并应设置建筑设备设施控制系统、呼叫报警系统和电视监控系统。因为养老设施的值班室还有个对外接待的窗口功能，而智能化的设备必须有一个封闭的空间保证运行。因此养老设施中心控制室最好能单独设置。但中心控制室可以和养老设施的其他设备控制室合并设置。

养老设施的智能护理系统应能记录护理区域巡视情况，并与紧急呼叫报警系统和电视监控系统实现互联互通。

护理站通过显示屏、报警控制器或电子地图及电子标签应能准确识别、反映护理对象的动态信息。并具有自动记录功能，在监测到异常情况时报警器能同时发出声光报警信号。

智能护理系统另一功能是能实现远程监测、监控护理仪器设备，目前由监护基站设备和 ZigBee 传感器节点构成的远程微型监护网络已经日趋成熟。对于需要医疗护理的老年人，可以通过传感器节点上使用中央控制器对需要监测的生命指标传感器进行控制并采集数据，通过 ZigBee 无线通信方式将数据发送至监护基站设备，并由该基站装置将数据传输至所连接的护理站电脑显示屏或者其他网络设备上，也可以通过 Internet 网络将数据传输至远程医疗监护中心，对老年人的病情进行诊断和提供医疗护理咨询。

7.3.13 安全防护

1 养老设施建筑应做总等电位联结，医疗用房和卫生间应做局部等电位联结；

2 养老设施建筑内的灯具应选用Ⅰ类灯具，线路中应设置 PE 线；

3 养老设施建筑中的医疗用房宜设防静电接地；

4 养老设施建筑应设置防火剩余电流动作报警系统。

【要点解析】 本条主要针对养老设施建筑电气安全防护提出要求。

养老设施建筑物应该做好防雷设计。关于养老设施建筑物的防雷分类应符合《建筑物防雷设计规范》GB 50057－2010 第三章的要求，并参照雷击风险评估报告。《建筑物防雷设计规范》GB 50057－2010 第 4.1.1 条的规定，各类防雷建筑物应设防直击雷的外部防雷装置，并应采取防闪电电涌侵入的措施。养老设施建筑物的电子信息系统则应按《建筑物电子信息系统防雷技术规范》GB 50343 的规定确定雷电防护等级。

总等电位是指所有进出建筑物的金属物（管道、构架、电缆金属外皮、弱电线缆的屏蔽层、光缆的加强筋）与总等电位端子相连。设置总等电位联结，可以降低建筑物内部的接触电压，消除沿电源线路及进户金属管道导入雷电流的危害。

局部等电位在设备机房、弱电机房、设洗浴设备的卫生间、冲淋间等潮湿场所、楼层、强弱电井等位置设置。因为在洗浴或潮湿环境下，人体皮肤阻抗下降，沿金属管道传来的较小电压即可引起电击伤害事故，卫生间等潮湿环境或放置电子仪器设备场所设置局部等电位联结，使其处于同一电位，防止出现危险的接触电压。

Ⅰ类灯具指除基本绝缘外，易触及的部分及外壳有接地装置，一旦基本绝缘失效时，不致发生危险。根据 GB 9089.2 电气设施防护要求的规定：保护导体（PE 导体）是为满足某些需要，用来与下列任一部件作电气连接的导体：外露可导电部分、外界可导电部分、主接地端子、接地极、电源接地点或人工接地点。可见，PE 线是和设备外壳相连接的地线，没有它，设备可能能够工作，但外壳可能带电；有了它可以防止触电事故发生。

静电是一种电能，它存留于物体表面，是正负电荷在局部范围内失去平衡的结果，是通过电子或离子的转换而形成的。静电现象是电荷在产生和消失过程中产生的电现象的总称。如摩擦起电、人体起电等现象。养老设施建筑中的医疗用房配置的医用仪器设备较多，使用过程中产生的高压静电场，容易对电子设备和人体产生静电放电现象，造成损害。为了消除和防止静电对设备和人体造成伤害，宜设置静电接地。静电接地设计应符合，《电子工程防静电设计规范》GB 50611 的相关规定。

剩余电流动作报警系统的主要作用是对建筑物内火灾漏电进行早期报警和截断电源。根据《民用建筑电气设计规范》JGJ 16－2008 规定，火灾自动报警系统保护对象分级为特级的建筑物的配电线路，应设置防火剩余电流动作报警系统。

根据《建筑设计防火规范》GB 50016，养老设施建筑属于特级和一级保护对象。一般情况下，养老设施建筑应设置消防控制室和火灾自动报警系统。养老设施建筑的消防监控和报警系统设计应符合相关国家标准的规定。

从消防设备的功能上可分为三类：第一类是灭火系统，包括各种介质如液体、气体、干粉的喷洒装置，是直接用于扑灭火灾的；第二类是灭火辅助系统，是用于限制火势、防止灾害扩大的各种设备；第三类是信号指示系统，是用于报警并通过灯光与声响来指挥现场人员的各种设备。

对应于这些消防设备需要有关的消防联动控制装置：室内消火栓系统的控制装置，自动喷水灭火系统的控制装置，卤代烷、二氧化碳等气体灭火系统的控制装置，电动防火门、防火卷帘等防火分割设备的控制装置，通风、空调、防烟、排烟设备及电动防火阀的控制装置，电梯的控制装置，断电控制装置，备用发电控制装置，火灾事故广播系统及其设备的控制装置，消防通信系统，火警电铃、火警灯等现场声光报警控制装置，事故照明装置等等。

在养老设施建筑消防工程中，消防联动控制系统可以由上述部分或全部控制装置组成。火灾自动报警系统为单独系统，但应留有接口，使其与建筑设备自动控制系统联网。实现火灾参数动态监测、自动报警、灭火、消防联动等各项功能。

第3章　典型设计案例

3.1　沈阳优年生活专护协护及失忆老人护理中心

总体特点：总建筑面积 61975m²。其中失忆老人护理楼建筑面积 8050m²，四层，护理床位数 252 床；专业护理楼建筑面积 21297m²，六层，护理床位数 552 床；协助护理楼建筑面积 32628m²，七层，护理床位数 1334 床。设计时间：2012 年。

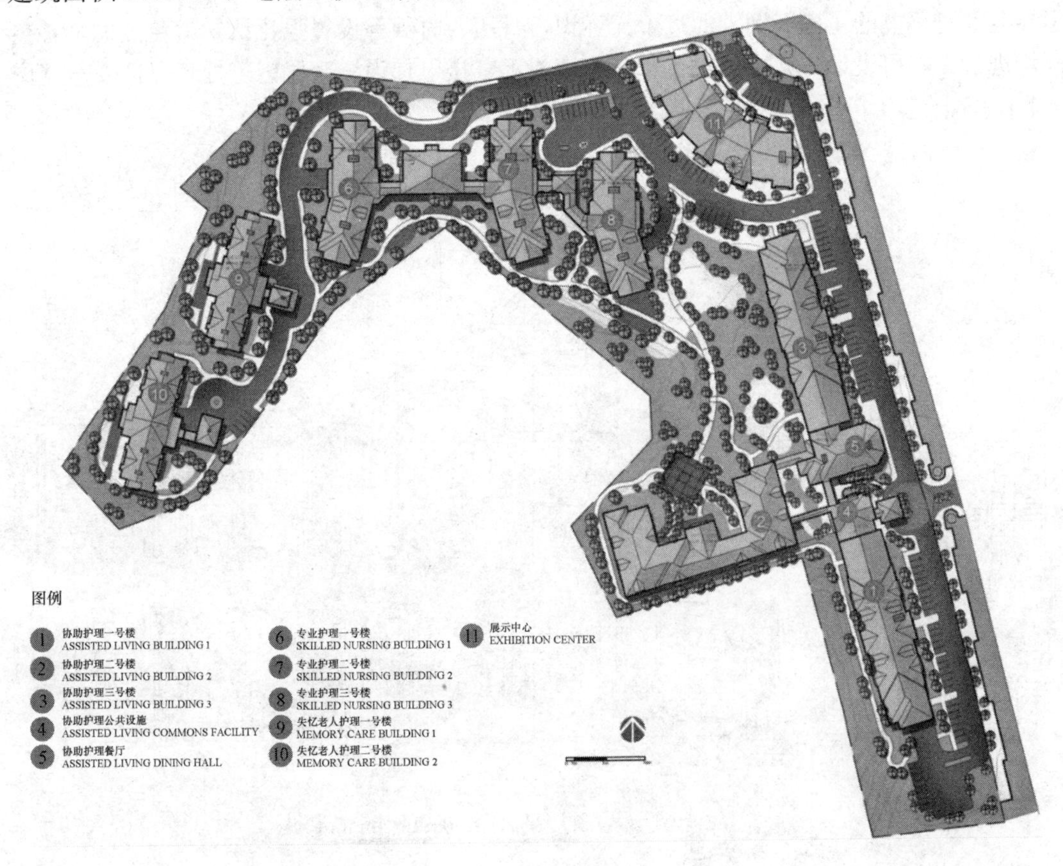

图 3.1　总平面图

保险资金投资建设的综合养老社区，养老社区实物对接养老保障险种。以养老社区为概念，根据老年人不同阶段的生理需要，配建了三个不同级别的护理楼：协助护理楼、专业护理楼、失忆护理楼。各单体根据定位服务于特定阶段的老人，共享后勤配套设施，形成一个完善的养老社区。

项目用地为不规则的山地，大量自然的坡度及老年建筑对日照及场地无障碍等的特殊要求使规划中结合地形高差采用了大量东西向布局，在保证日照要求的同时整个场地道路的最大坡度均控制在5%以内。

建筑造型以富于变化又古朴典雅的英式风格为主调，并与自然的山地地形相协调，立面构图中穿插运用平拱、老虎窗等建筑元素，创造典雅温馨的建筑形象。

3.1.1 失忆护理疗养楼

特点：作为专为失忆老人提供护理服务的建筑，设计围绕失忆老人的生理特点合理组织平面流线及功能。平面采用6～8个护理单元形成一个护理组团，每个护理单元设置两个床位，各护理组团均与公共服务空间连接，公共服务区中心处设置护士站，保证服务人员可以随时掌握各组团情况。

根据失忆老人生理和心理特点，设计中着重从环境、认知、安全、徘徊习惯等方面进行了针对性设计。强调建筑周边景观设计，让老人能感受景观的四季变化，通过灯光设计引导老人对昼夜的正确区别，通过单元标识，日历、时钟等设置强化认知避免焦虑，各空间均进行无障碍设计，并在通过色彩、防撞提示、楼电梯设置密码门等处理保证安全（图3.1.1-1、图3.1.1-2）。

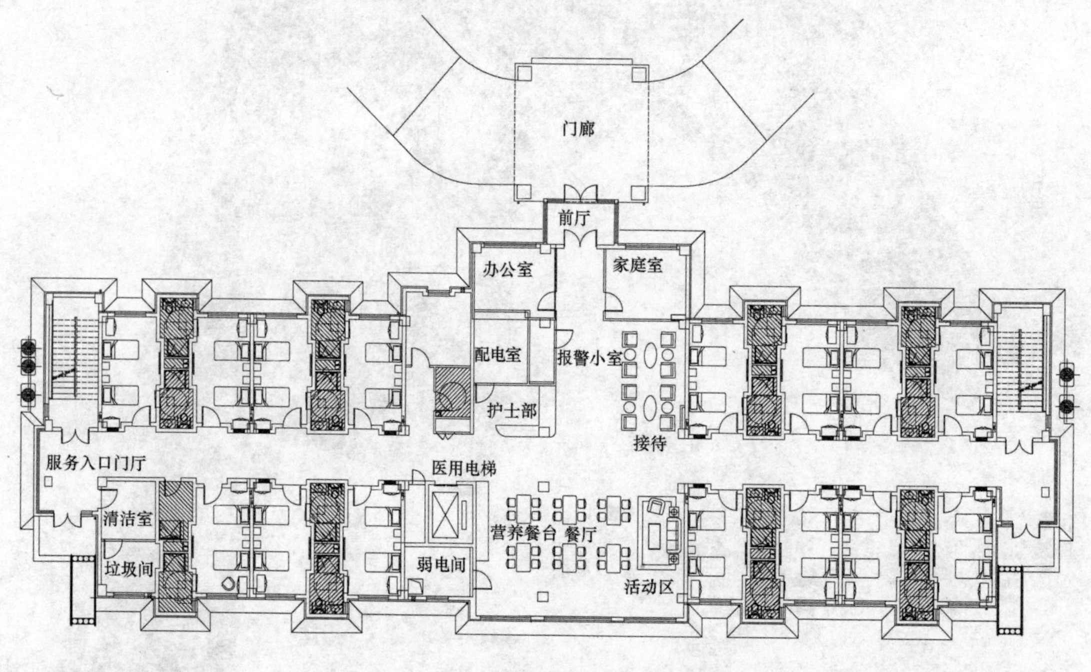

图3.1.1-1 失忆护理疗养楼首层平面图

3.1.2 专业护理楼

特点：专业疗养护理楼是合众优年生活护理单元的核心产品，其服务对象是有持续性护理需求的半失能及失能老人。

建筑由两大功能板块组成，一层为配套的营养厨房、接待大厅、康复训练中心等服务板块，并在一层设置后勤通道保证居住流线和服务流线分开。二层及以上为专业护理板

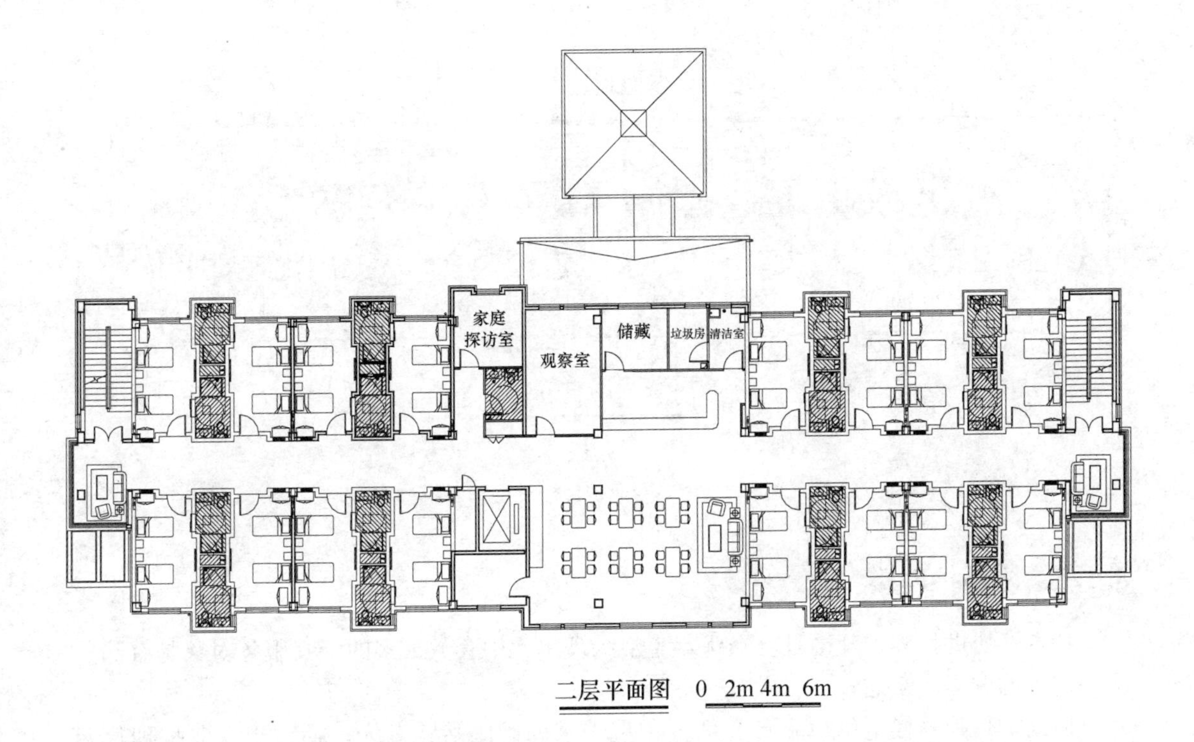

图 3.1.1-2　失忆护理疗养楼二层平面图

块。平面采用 8～10 个护理单元形成一个护理组团，每个护理单元设置两个床位，各护理组团均与公共服务空间连接，公共服务区中心处设置护士站、餐厅及休息活动区，清洁室、助浴间等服务设施。

针对失能及半失能老人的生理及心理特点，建筑功能上进行了全方位的适老化设计，首先整个建筑进行无障碍设计，并设置医用电梯。一层有供老人阅读及家属探望的接待大厅，供失能老人进行机能恢复的康复训练中心，由专业营养师负责管理的营养厨房。二层以上护理单元均设置紧急呼叫系统，室内各功能均根据老年人生理状况进行调整改良（图 3.1.2-1、图 3.1.2-2）。

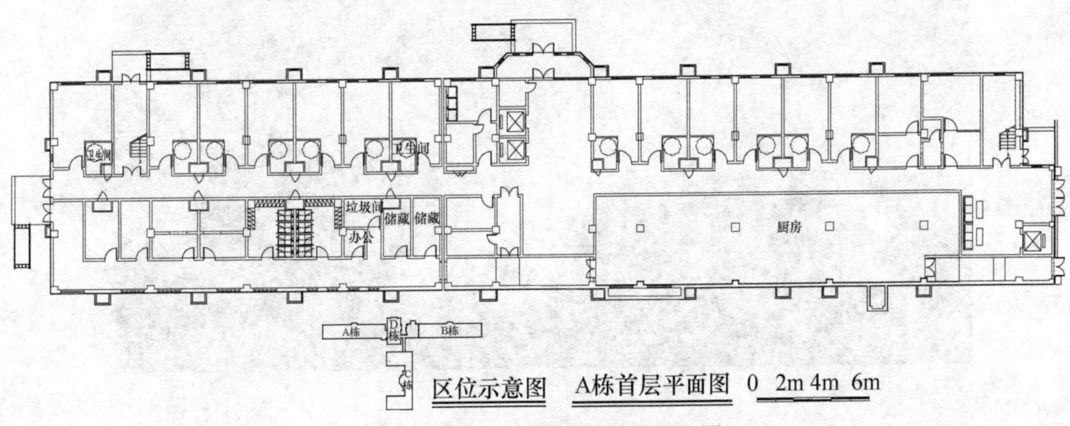

图 3.1.2-1　专业护理楼首层平面图

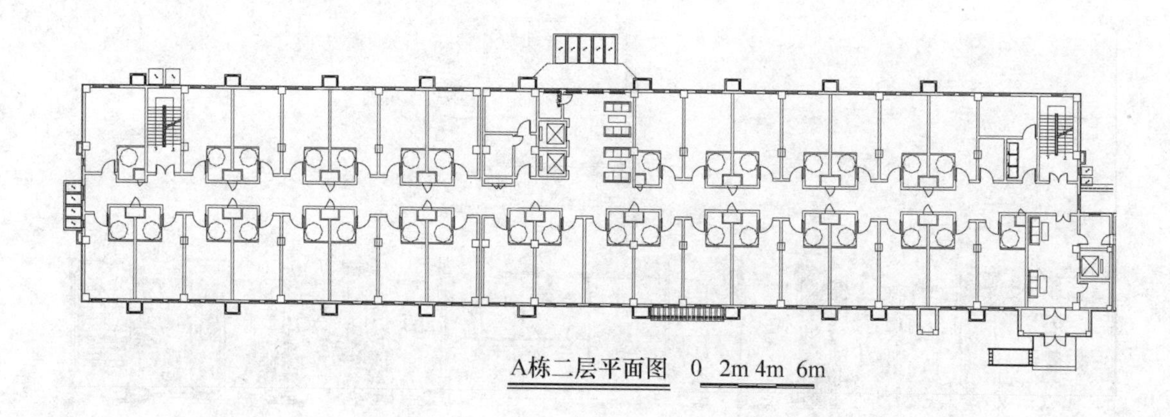

图 3.1.2-2　专业护理楼二层平面图

3.1.3　协助护理楼

特点：协助疗养护理楼是合众优年生活护理单元中套数最多的，其服务对象是有部分护理需求的健康活跃老人。

协助护理疗养楼定位为服务有部分护理需求的健康活跃老人，相对于专业护理疗养楼，协助护理疗养楼在满足基本的护理功能的前提下，注重结合活跃老人生理和心理状况提供针对性服务。

根据活跃老人的特点，协助护理疗养楼在完善的适老化设计的前提下，强化活跃老人的交流及活动空间。建筑首层设置有大型的适老餐厅，信报及阅读区、预留大型开敞多功能空间，洗衣房等。标准层在协助护理单元的基础上设置公共休息间、布草间及自助洗衣房。满足活跃老人的生活需求（图 3.1.3-1、图 3.1.3-2）。

图 3.1.3-1　协助护理楼效果图

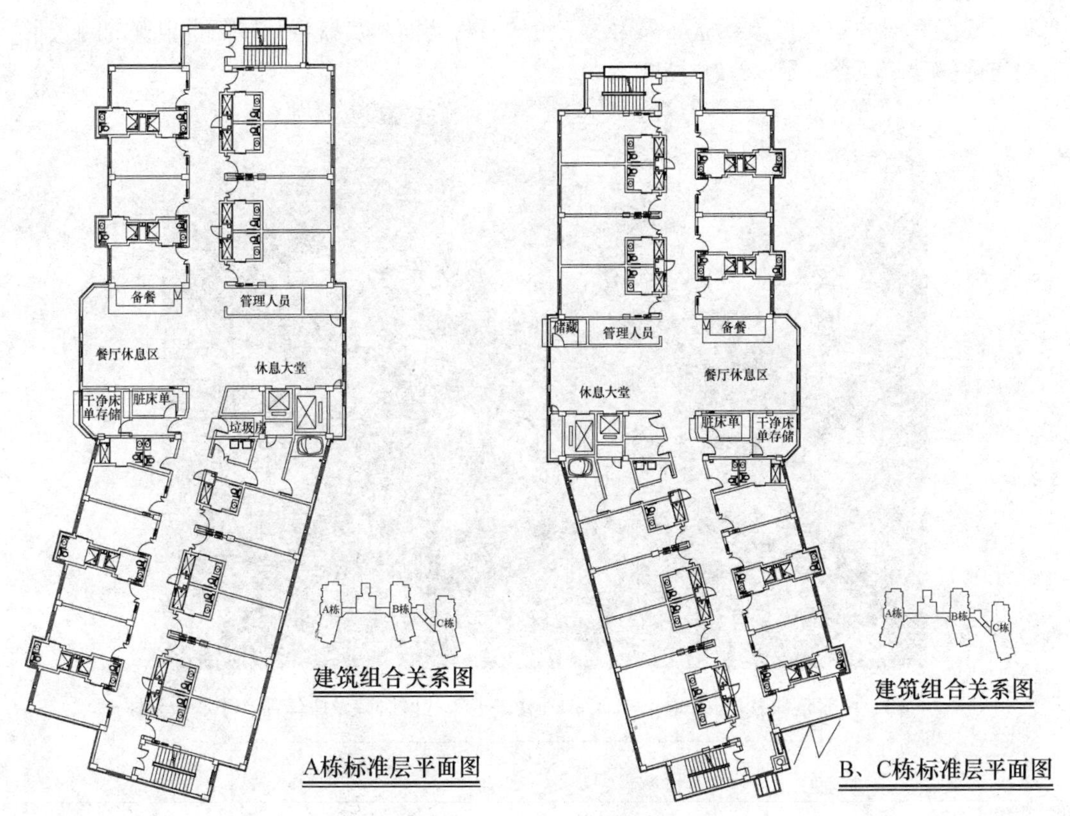

图 3.1.3-2　协助护理楼首层平面图

3.2　南宁健康社区(A地块)综合护理楼、老年社区医院及康体活动中心

特点：总建筑面积 1.65 万 m²，层数 5 层，护理床位数 280 床，方案设计时间：2014 年。

项目结合当地实际，定位于一个综合型的护理楼，并不单纯追求规模，而是寻求一种在一栋建筑内为不同护理阶段的老人提供持续的照料，并密切结合医疗设施的医养结合的养老护理模式。

规划布局由北向南依次为社区医院(3 层)、综合护理楼(5 层)和康体楼(3 层)。其中综护楼由南北两个“L”形体块组合而成，根据功能联系的密切程度及使用的频次，北侧为失忆生活单元及专业护士护理单元，与医院紧密结合；南侧为协助生活护理单元，与康体楼通过连廊层层联通。每层的两个护理单元通过设置管理门达到既有联系又分别管理的服务模式。护理单元的服务配套用房亦因护理等级的变化而有所增加，协护单元鼓励老人去康体中心集中用餐，因此每层的公共交流空间主要为老人的生活起居厅，尺度宜人；专护单元则需考虑老人在每层由服务人员送餐用餐，公共空间相应宽敞舒适，以便轮椅老人用餐，且相应的助浴等设施也更加完备。“L”形半围合的布局方式创造出 2 个开放程度不同的内院，封闭式的失忆花园和半围合的协护花园。入口大堂、协护花园及首层康体活动用房通过灵活的房间布置，通透的视觉空间、巧妙的功能穿插，为老人提供一个聚集交流的场所，创造一个温馨亲切的“家”。

建筑造型为浪漫的法式风格，穿插运用坡屋顶、老虎窗等风情造型手法，创造出高贵典雅、浪漫宜居的建筑形象。立面采用浅灰色的石材墙面和灰蓝色瓦屋面也很好的融入了南宁当地的建筑风格(图 3.2-1～图 3.2-3)。

图 3.2-1　南宁健康社区(A 地块)综合护理楼、老年社区医院及康体活动中心效果图

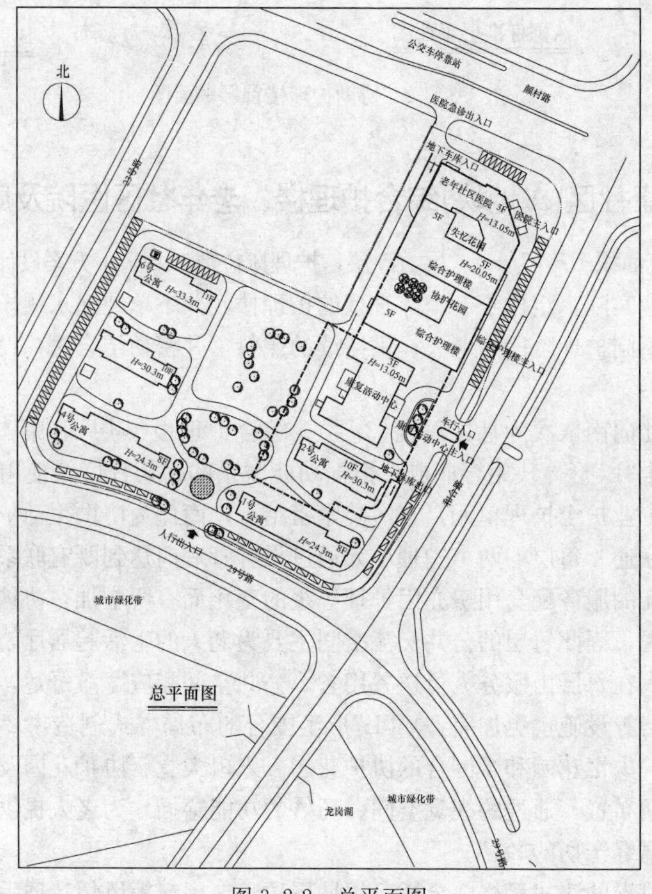

图 3.2-2　总平面图

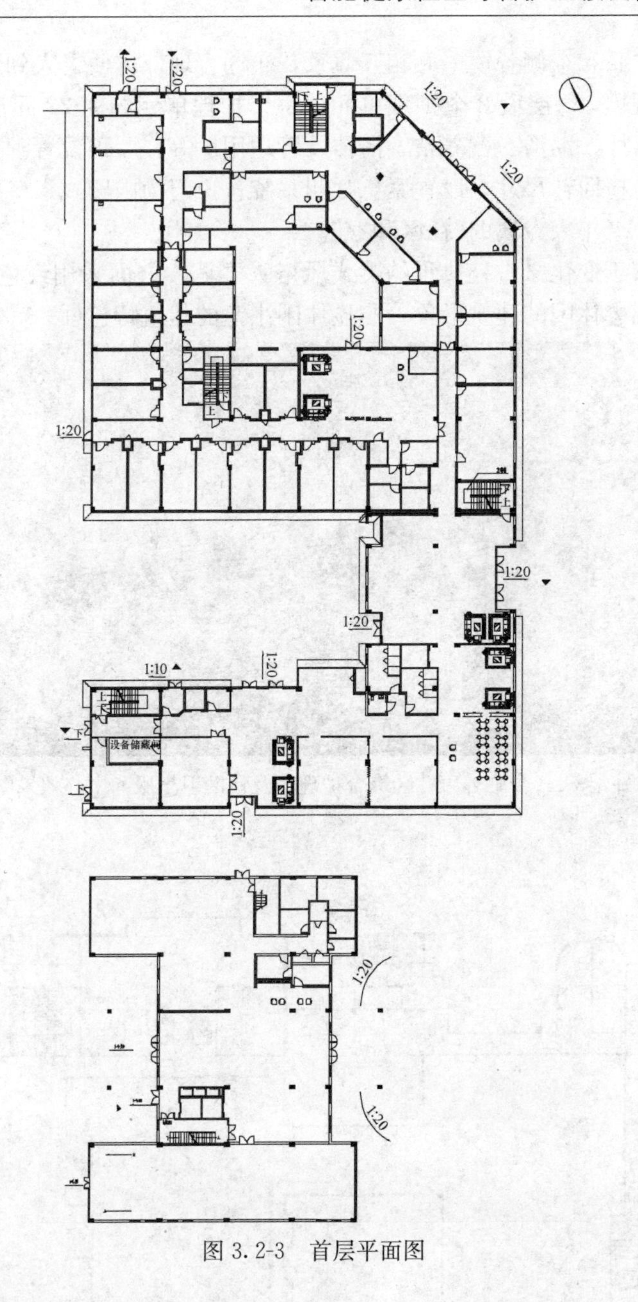

图 3.2-3　首层平面图

3.3　合肥健康社区综合护理楼及社区卫生服务中心

特点：总建筑面积 1.89 万 m^2，层数 6 层，护理床位数 296 床，设计时间：2014 年。

适当的“集中”与合理的“分散”是项目的特点。作为一个综合型的护理楼，在满足老年人使用便捷，流线紧凑的前提条件下，创造出环境更加优美，层次更加丰富的场所是设计出发点。

社区卫生服务中心位于西侧，面向小区主路，兼顾整个小区及护理楼内的老人使用。总建筑面积约 3000m^2，为一栋 2 层建筑，主要用于门诊。

综合护理中心地上建筑面积约 1.6 万 m^2，主要为 70＋客户提供持续照料护理。由南北两栋单体围合而成，北侧为失忆及专护老人入口，南侧为协护老人入口，流线清晰，并通过西侧的康体中心和东侧餐饮中心相互联系，布局合理，方便老人到达。综合护理楼合理设置护理单元规模，每层设2个护理单元，每个护理单元约为22间房，配置相应的公共服务功能如起居厅、助浴、营养站、清洁及管理用房等，屋顶设置独立的失忆花园。户内空间设计满足轮椅回转尺寸，设置紧急呼叫系统，户门为内凹式入口并设置物台，从空间到细节提供一个老年人专属的“社区和家”。

建筑造型以富于变化又古朴典雅的英式风格为主调，立面采用红色面砖和灰色石材，创造浪漫典雅、温馨休闲的建筑形象，凸显休闲小镇的建筑特色(图3.3-1～图3.3-3)。

图3.3-1　合肥健康社区综合护理楼及社区卫生服务中心效果图

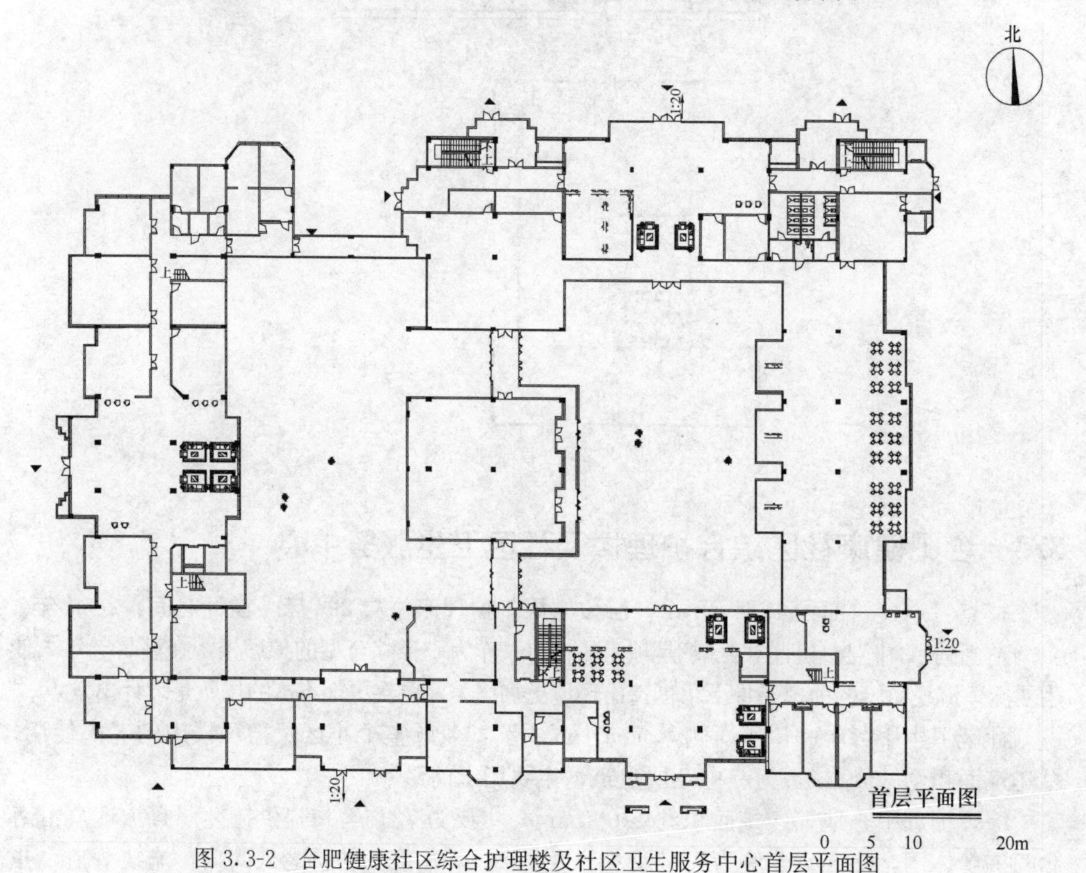

图3.3-2　合肥健康社区综合护理楼及社区卫生服务中心首层平面图

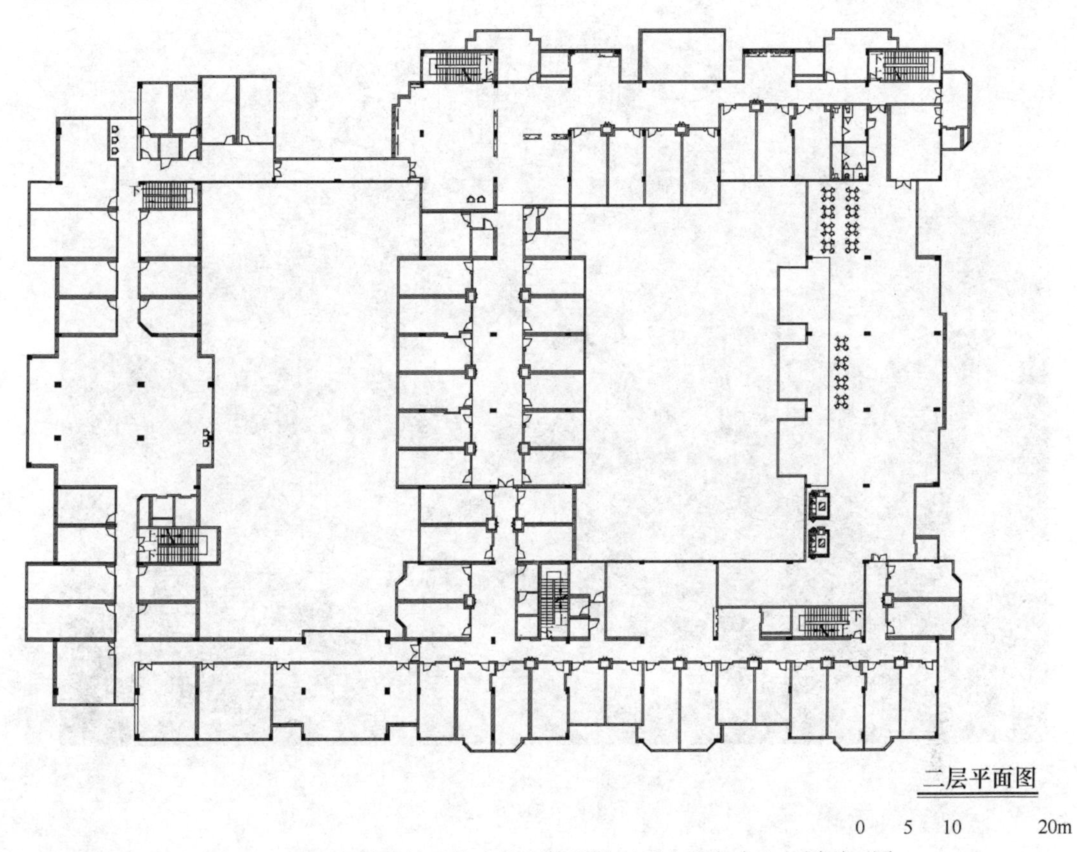

图 3.3-3 合肥健康社区综合护理楼及社区卫生服务中心二层平面图

3.4 扬州豪第坊养生会所

特点：总建筑面积 4.81 万 m²，层数 11 层，房间 295 套。设计时间：2012 年。

豪第坊养生会所按照连续护理型养老社区(Continuing Care Retirement Community，简称 CCRC)的模式建设，提供一个包括独立式居住机构、援助式居住机构、长期护理机构在内的护理连续体以及必要的生活和健康服务设施，保证老人在养生会所中长期稳定的生活，不必因为健康的原因转出到其他的养老设施。

总体采用庭院式布局，楼栋组合以南北向为主。基地东侧布置两栋 11 层独立公寓，为健康有自理能力的老人提供 126 套居住单元住所；基地西侧布置四栋 4～9 层安养公寓，为基本健康但饮食和洗衣需要援护的老人提供住所；基地西北角布置一栋护理公寓，主要针对身体衰退需要专业介护的单身老人，以病房式护理单元为主，共计 24 套，紧邻健康医护中心，配备专职护理人员及助浴和配餐空间。养生会所是居住与服务的综合体。因此对配套的内容进行细致的策划，包括公共接待、老年活动、餐饮服务、健康护理、后勤辅助及行政办公等。主出入口处的中心会所设计了两层的四季中庭，为整组建筑提供高敞舒适的共享空间。养生会所采用现代中式风格，坡屋面为大挑檐四坡屋面，立面形象稳重大气，与老年人的审美心理较为契合，运用简化的中式建筑元素，适应老人怀旧、安宁、淡泊的情感需求(图 3.4-1～图 3.4-3)。

图 3.4-1　扬州豪第坊养生会所效果图

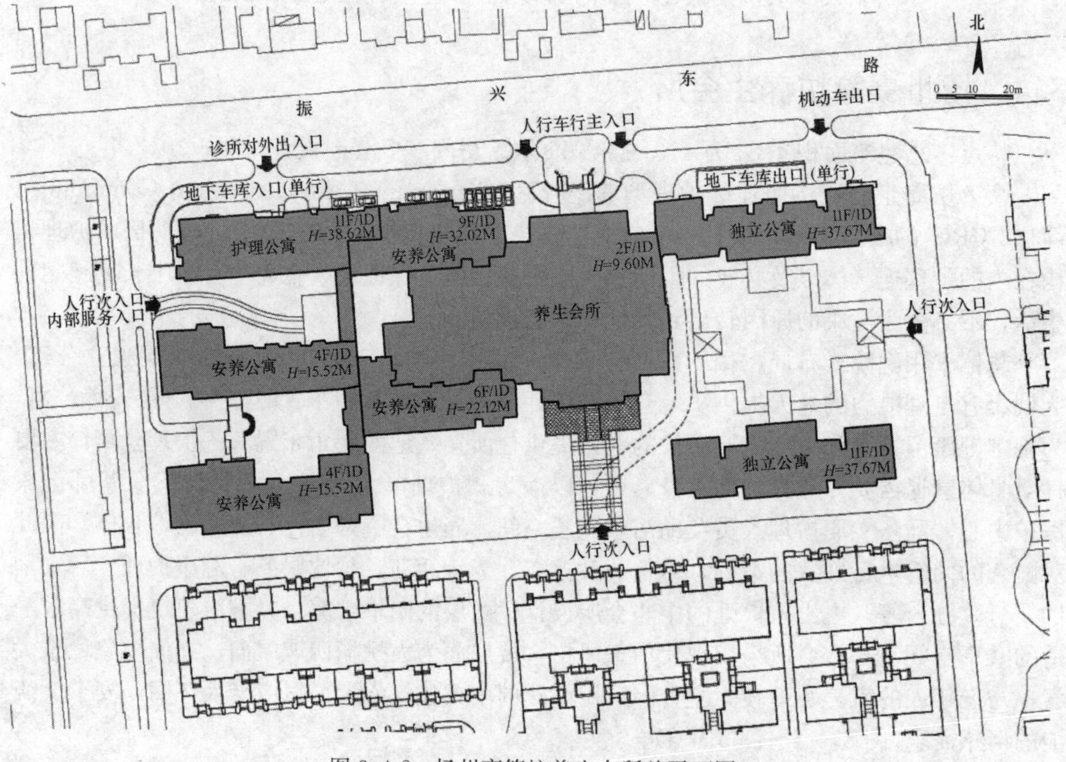

图 3.4-2　扬州豪第坊养生会所总平面图

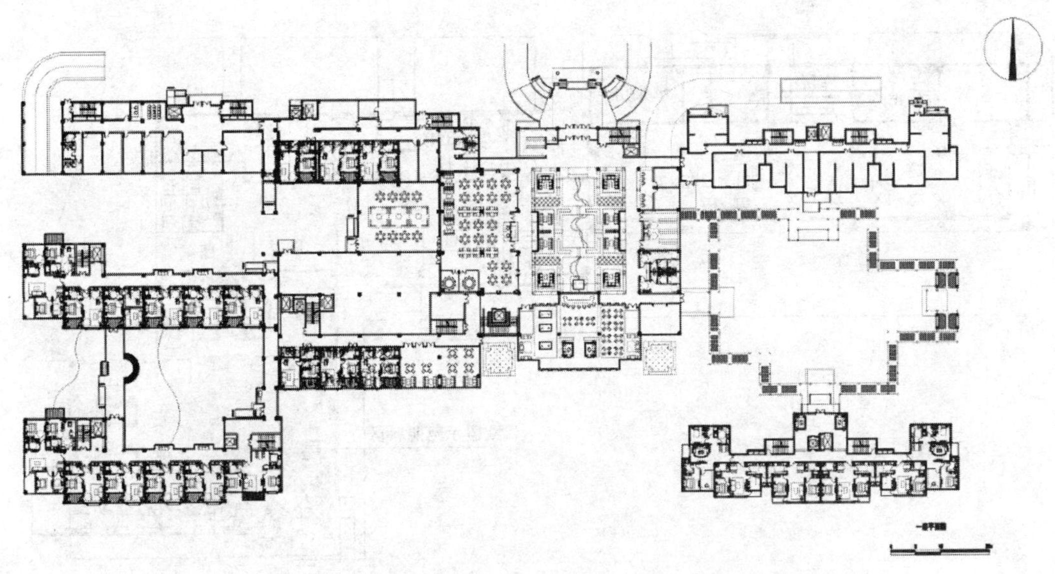

图 3.4-3 扬州豪第坊养生会所首层平面图

3.5 上海市第三社会福利院失智老人照料中心

特点：总建筑面积 7552m²，层数 4 层，床位数 134 床。竣工时间：2009 年。

一层平面东南侧布置欧盟示范区 14 床，600m² 的面积作为上海市三福院和荷兰鹿特丹市劳伦斯基金会邻里养老院交流区域，开展失智老人照料的国际合作交流(欧盟项目)。入口大厅布置有开敞式的接待评估服务台、小卖部、理发室、家属休息区、老人休闲活动厅、咖啡吧等；北面次入口，结合室外庭院布置了一个封闭式的独立活动花园，供失智老人活动。护理单元内融入“家庭”的小单元照料概念，每个小单元 20 床，单元内设有客厅、餐厅；客厅中配置座椅、沙发、电视柜等；餐厅配置开敞的配餐操作台，老年人可以自己洗洗涮涮，锻炼其动手能力。为了保证老年人适当的活动或智力开发、缓解老人的情绪，在两个小单元之间设置了家属会客、老人活动厅、结合怀旧区设置的室内回廊，这些缓冲空间同时也预防了两个单元的老年人之间交叉感染(图 3.5-1～图 3.5-3)。

图 3.5-1 上海市第三社会福利院失智老人照料中心效果图

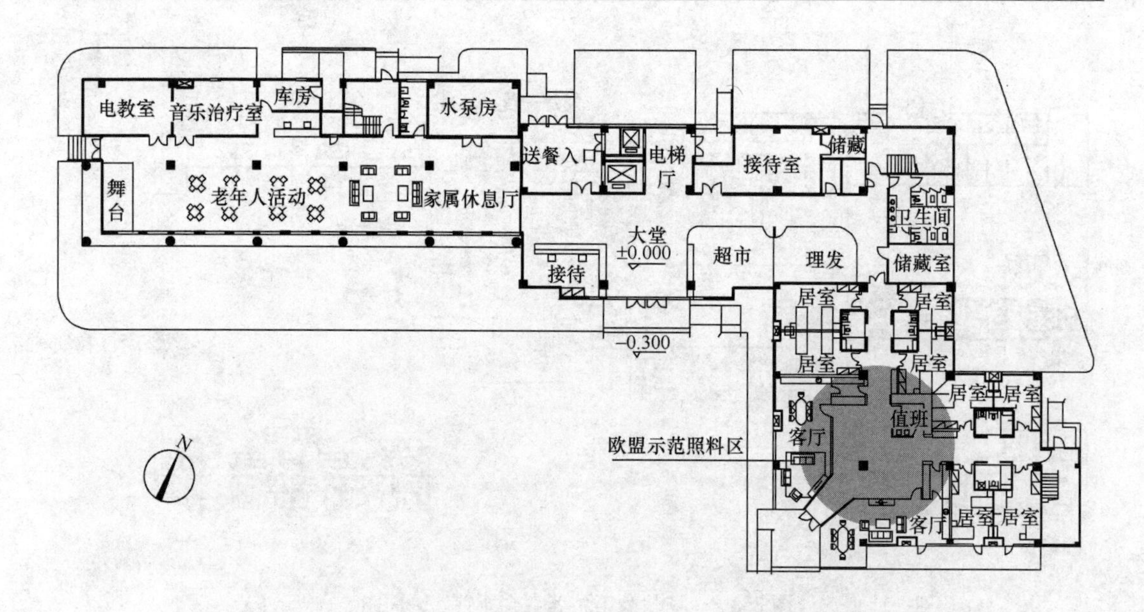

图 3.5-2 上海市第三社会福利院失智老人照料中心首层平面图

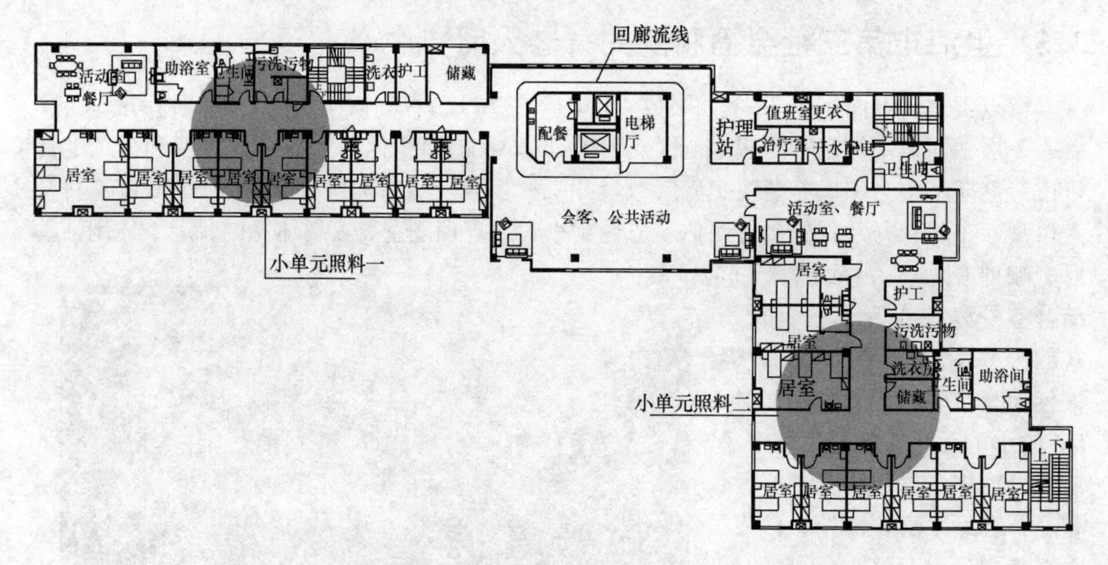

图 3.5-3 上海市第三社会福利院失智老人照料中心二层平面图

3.6 荷兰 WOZOCO 老年公寓

特点：阿姆斯特丹的 WOZOCO 老年公寓，总建筑面积 7500m^2，建于 1997 年，100 套公寓。

阿姆斯特丹的西部花园城市建于 20 世纪五六十年代，随着人口密度的快速增长，面临公共绿地减少的威胁，从而使城市市区失去其最可贵的品质。作为革新的一部分，这里计划为 55 岁以上的老年人建造一座 100 套的集合公寓。为了确保充足的光照，按照常规设计方法只能设计出 87 套老年公寓。MVRDV 采取了创新的设计手法，巧妙利用“悬臂结构”将余下的 13 套公寓“悬挂”在建筑的北侧，从而形成了占天不占地的“空中楼阁”。这些“悬挂”着的东西向公寓使南北向公寓更加完善，在这里能够将附近的圩田景观尽收眼底。这些余下的公寓悬挂在建筑的北侧，从而增加了底层空间，尽可能保持了公共绿地的面积。面临人口密度快速增长的现实，WOZOCO 老年公寓成为了西部花园城市的典范(图 3.6-1～图 3.6-3)。

图 3.6-1　荷兰 WOZOCO 老年公寓街景

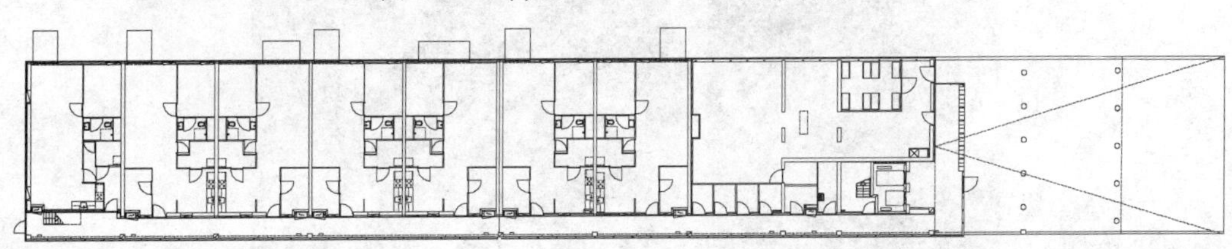

图 3.6-2　荷兰 WOZOCO 老年公寓首层平面图

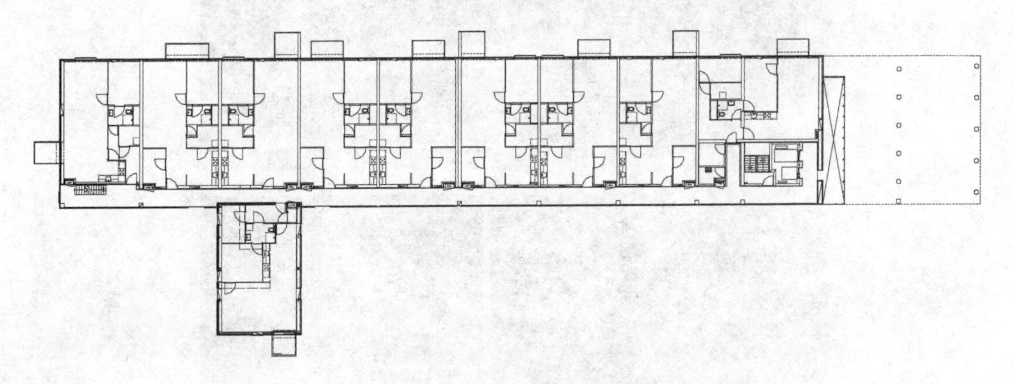

图 3.6-3　荷兰 WOZOCO 老年公寓二层平面图

3.7 斯洛文尼亚伊德里亚养老院(HOME FOR THE ELDERLY IN IDRIJA)

特点：总建筑面积7740m²，总占地面积4300m²，2011年竣工。

伊德里亚养老院的新设计保留了初始的设计原则，如场地的特点、地形的几何形态、根据4个主要角度而生成的朝向，以及北侧教堂的视野和朝向南侧及周围群山的景致等。建筑的设计除了要融入这些背景，还要体现其功能，即一座为老年人设计的住宅。根据楼层的不同，公寓楼共分成3部分：一层是半开放的公共区域，里面设有多个功能区；地下一层是服务区域和另一处公共区域；上面4层均为住宅区域。

建筑师把公寓楼设计成一个明亮的现代建筑，但又带有传统住宅的特色。建筑拥有清晰的体量，建有平坦的屋顶，立面上镶有壁橱式的窗户，南北立面上有内嵌式木质方形空间。这些方形空间代表的是独户小型住宅，它们是对公寓楼住户的旧时“小型住宅”的再现和全新诠释，那时候，人们的房子都在同一个屋檐下。无论是室内还是室外，建筑师都主要使用天然材料来装饰，这样使公寓更有家的感觉(图3.7-1～图3.7-3)。

图3.7-1　斯洛文尼亚伊德里亚养老院局部效果图

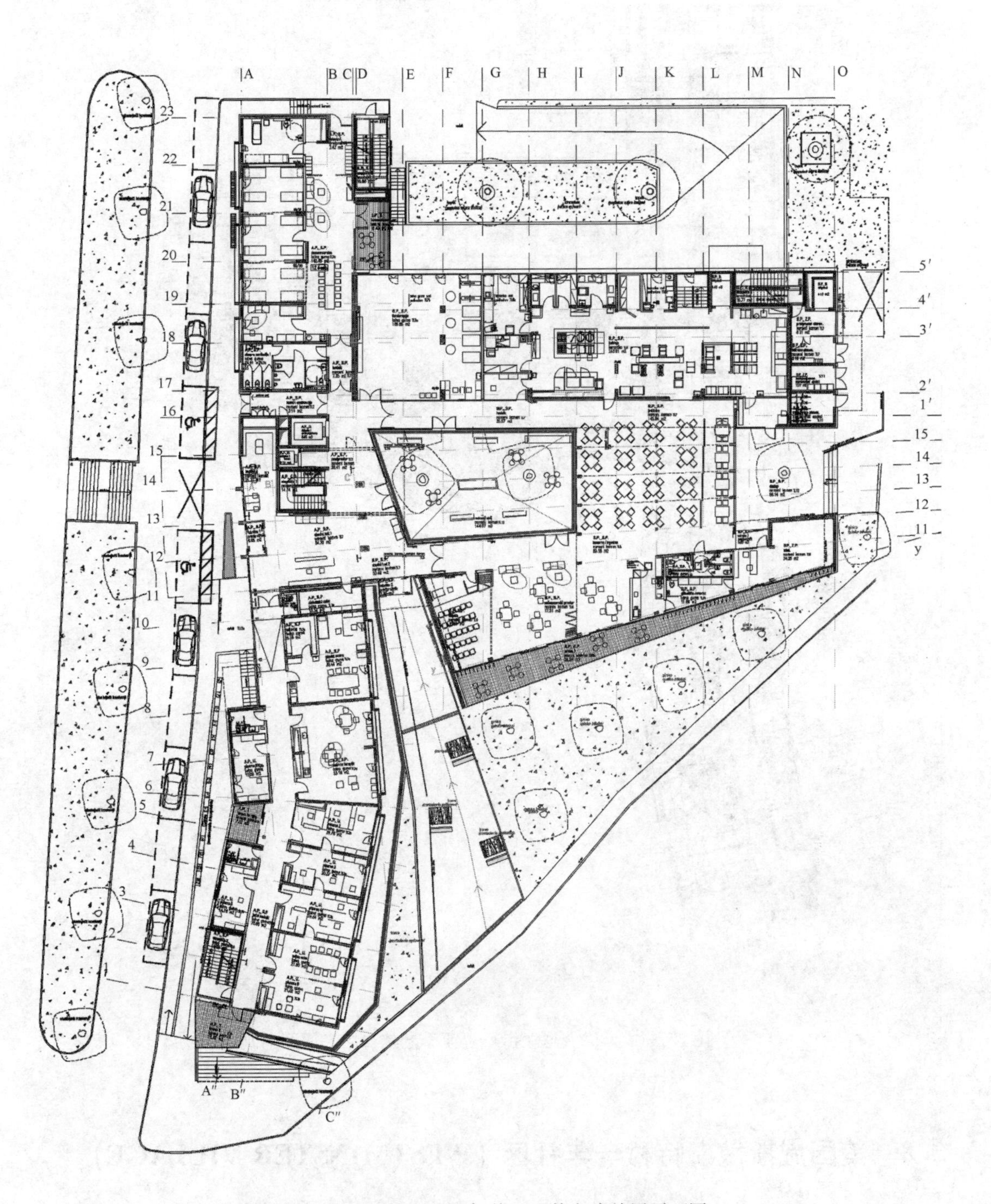

图 3.7-2 斯洛文尼亚伊德里亚养老院首层平面图

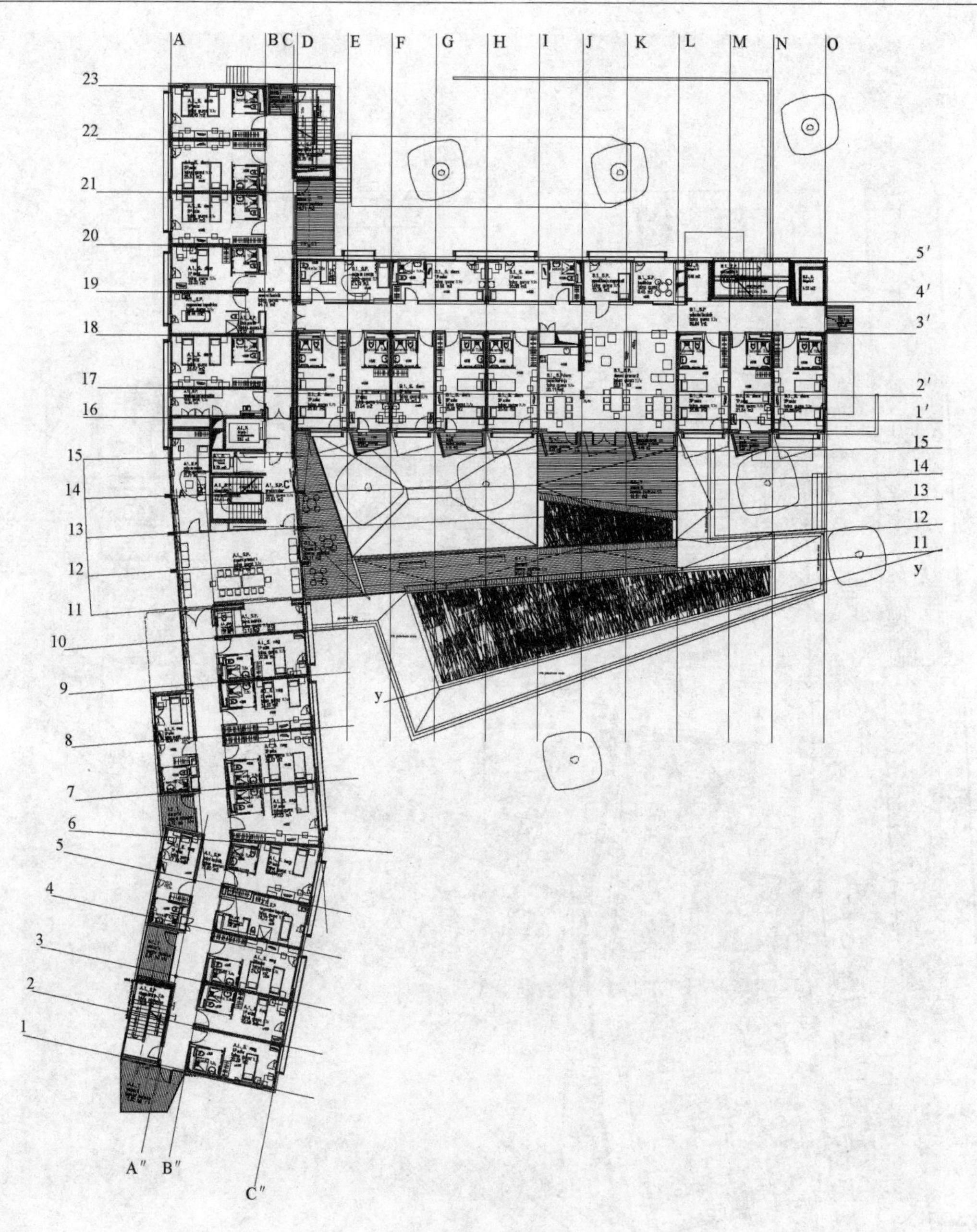

图 3.7-3　斯洛文尼亚伊德里亚养老院二层平面图

3.8　美国威斯敏斯特村老年社区（WESTMINSTER VILLAGE）

特点：总建筑面积 5852.9m²，2004 年竣工。

威斯敏斯特村是位于亚利桑那州斯科茨代尔的一个老年生活社区。为了提升自身的市场品牌，它搬迁到了市中心，并打造了 5852.9m² 的全新社区。改建后的社区在一层设有 3437.4m² 的康乐设施，包括多选择性的餐厅、健身中心、水疗馆、图书馆、休息室。二层设有 23 个辅助性公寓套房，并辅以若干个就餐、人居和活动空间。

为了吸引希望保持原有生活状态的客户，设计团队打造了 6 所独特的餐厅，其水平可以与消费者频繁光顾的餐厅相媲美。居住者可从市场化风格的花园咖啡厅快捷地购取咖啡，或在游泳池边静心养神，或在天井的户外庭院咖啡厅中就餐，或在仙人掌的环抱中吃一顿便餐，或坐在唐纳丽餐厅享受正式的晚餐，抑或在乔霍克酒吧惬意地小酌。

23 个新建的援助式居住公寓套房占地 60m^2 有余，其规模在业内首屈一指。这些公寓分成两组，并共享一个客厅/餐厅、大型厨房和可以俯瞰庭院的露台。设计团队确保了这些公共空间与市中心一楼的设施拥有同等的品质，鼓励不方便外出的居住者积极地参与到社会活动中来(图 3.8-1、图 3.8-2)。

图 3.8-1 美国威斯敏斯特村老年社区局部效果图(1)

图 3.8-2 美国威斯敏斯特村老年社区局部效果图(2)

3.9　日本三岛市养老院(NURSING HOME FOR THE ELDERLY IN MISHIMA)

特点：总建筑面积970.9m^2，占地面积3850.9m^2，2008年3月竣工。

这座5层高的建筑顺应了场地和周边环境的特征，其开阔的内部空间内设有一座绿树苍翠的花园。茵茵绿植点缀着每一层的露台，为居民营造了一个静谧的居住环境。从建筑北部的回车场，穿过玻璃入口到大厅，这座内部花园与外部环境连为一体，形成了一种连续感。建筑的各个开口为人们提供了的充足的采光，并为内部花园送去缕缕清风。

建筑整体保持了一种连续感，设在东、西、南、北4个方向的绿意葱葱的露台、内部花园上方的公共空间、走廊和交流区域，共同构筑了一种通透感，并实现了室内外的交互，为各个独立和相关的空间营造了和谐之美。

在环绕着花园和公共空间的走廊、交流空间和花园对面的多功能房间，可供居住者走动、居住、就餐、交流、做游戏或读书。他们会在欣赏花园景致之余享有一种富足感。另外，居民还可以在日常生活中与他人、护理人员和来访的家人进行交流(图3.9-1～图3.9-3)。

图3.9-1　日本三岛市养老院局部效果图

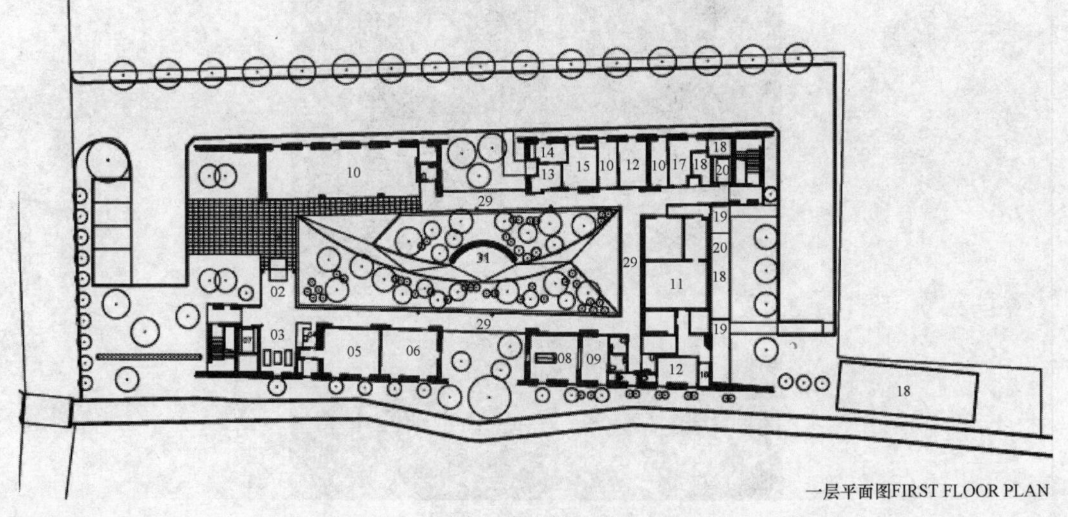

图3.9-2　日本三岛市养老院首层平面图

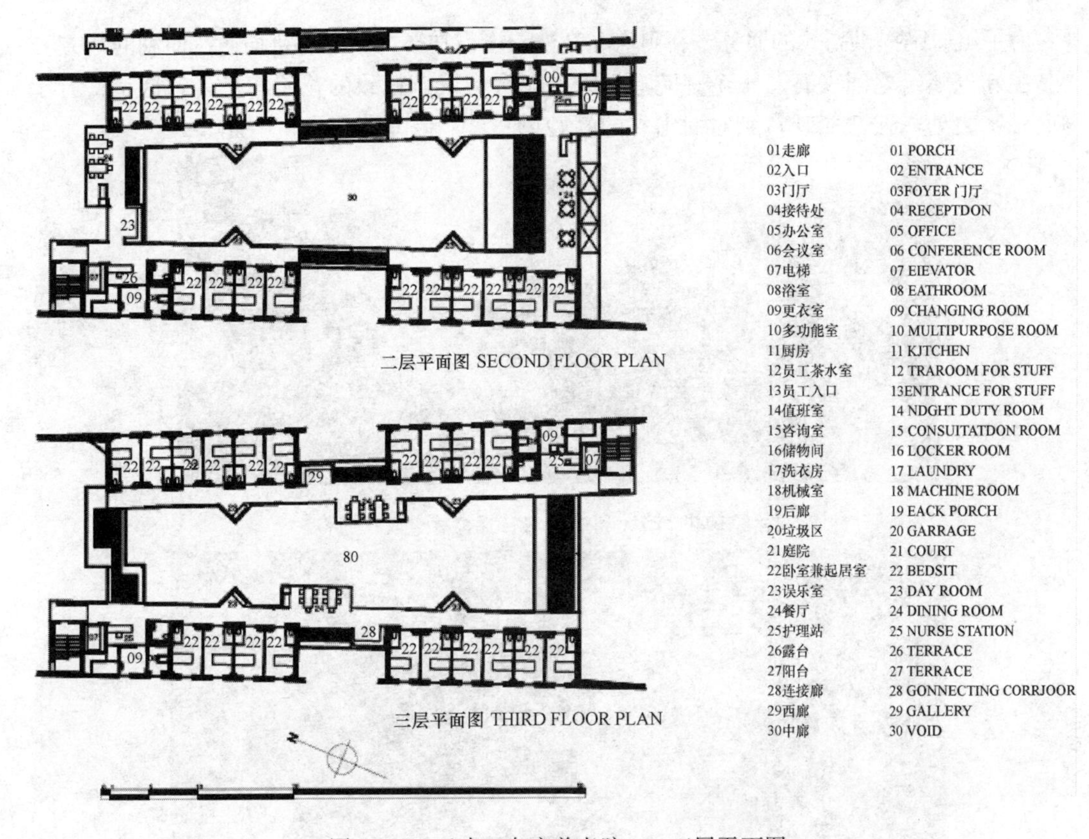

图 3.9-3　日本三岛市养老院二、三层平面图

3.10　澳大利亚基尔布莱德养老院(KILBRIDE NURSING HOME)

特点：总建筑面积 3369m^2，占地面积 8977m^2，161 床位，2011 年 1 月竣工。

基尔布莱德养老院是一家护理机构。其原有的设施较为陈旧，亟须升级改造。最终，设计师将其打造成了一个拥有 161 个床位的现代化设施，并采用了独特的装饰和居住空间，深受居住者的喜爱。从运作的角度来看，这是一座极为高效的新设施。基尔布莱德养老院为居住者提供了一个“选择”，使他们获得了老人应有的尊严和尊重，其实现得益于建筑完善的设计和管理。通过设立室内生活和活动空间、室外“公共空间”和“村庄广场”，居住者之间及居住者与家人、工作人员和公众之间形成了交流和互动。

“为生命而生活”—— 无论将来的健康状况如何，该建筑都能保证居住者在熟知的环境内就地养老。为了实现这一目标，该养老院在场地内设有两个独栋居住别墅群，共有 8 座别墅。原来的疗养院采用了混合规划，设有 1～4 个病床房。两座新的建筑则设有豪华的单人间和若干个能够俯览全景的双床位房间。

新建筑与原建筑相连，却又与之保持足够的距离，为居住者制造了一种隐私性和空间感——一定的独立性。新老建筑通过设立的图书馆走廊连为一体，并在部分区域通过新厨房实现了互联。员工和居民服务区较为集中，这使得护理监控和日常的生活辅助工作得以有效开展。为了给居民提供高效的服务，新厨房和新洗衣店设在了与新老建筑均通达便利的地方。

在新老建筑之间设有若干个庭院。古老的农舍旁设有精致的花园和平台。这是一方宁静而私密之处，在此能观赏到对面山谷的曼妙风景(图 3.10-1～图 3.10-6)。

图 3.10-1　澳大利亚基尔布莱德养老院街景

图 3.10-2　澳大利亚基尔布莱德养老院局部效果图

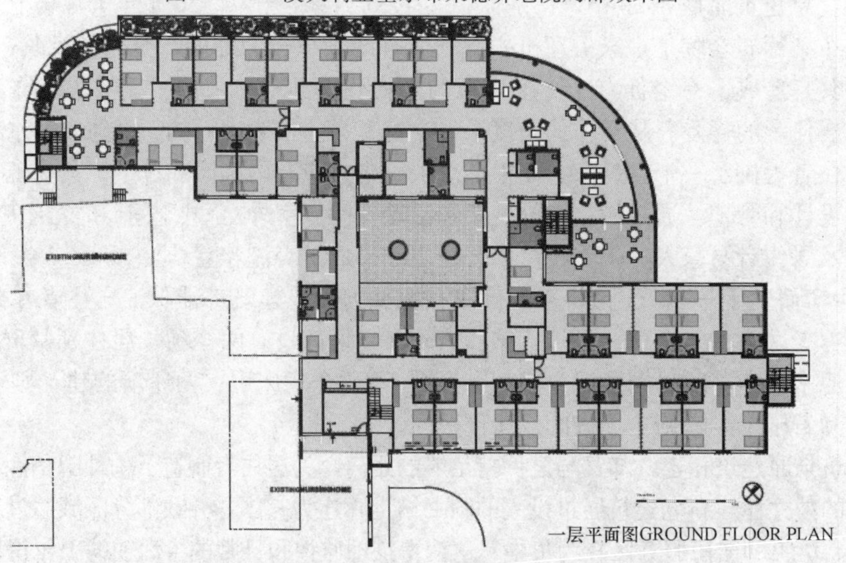

图 3.10-3　澳大利亚基尔布莱德养老院首层平面图

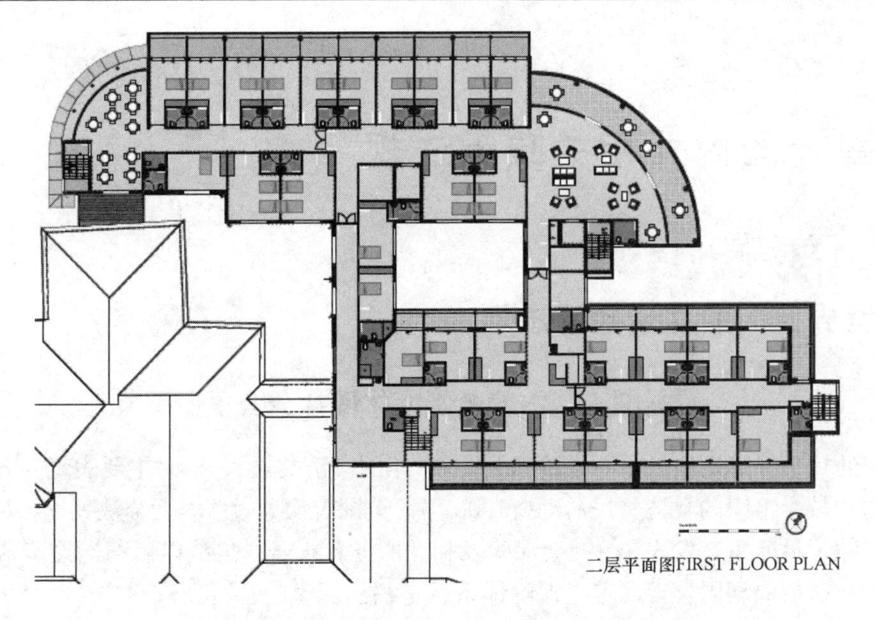

图 3.10-4 澳大利亚基尔布莱德养老院二层平面图

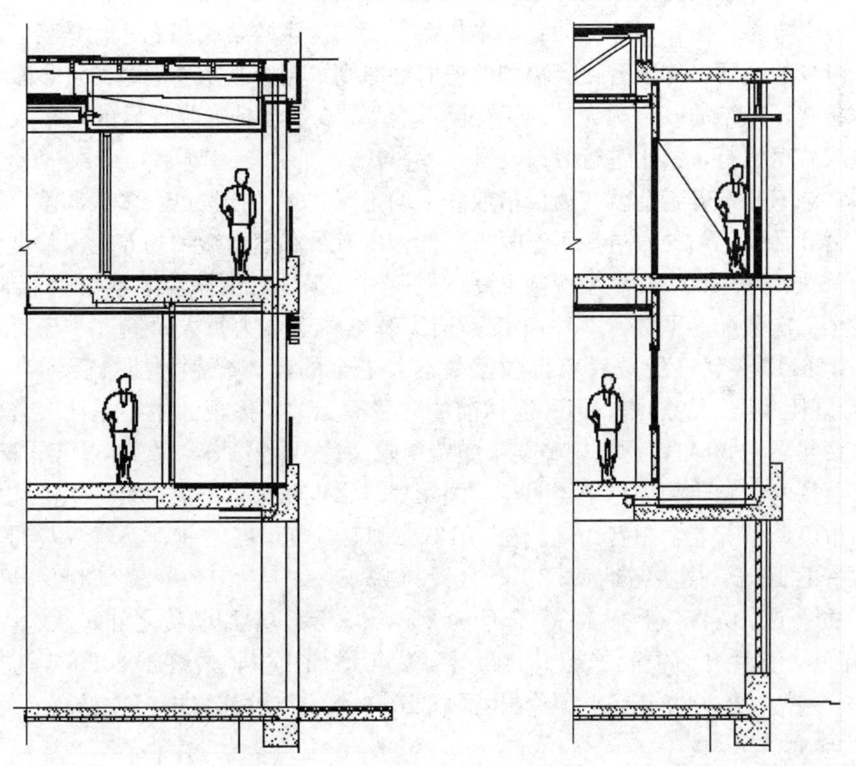

图 3.10-5 基尔布莱德养老院北立面剖面图　　图 3.10-6 基尔布莱德养老院西北立面剖面图

第 4 章　国内外相关政策法规

4.1　世界各国的养老政策法规

英国：基本养老制度体现社会公平

英国的社会保障制度最早可以追溯到 1601 年的《济贫法》，当时主要表现为各种济贫自助机构和教会组织的救济贫民活动。1908 年，英国首次通过《养老金法案》，1942 年经济学家威廉·贝弗里奇发表了《社会保险及相关服务》报告，二战以后英国逐步成为“从摇篮到坟墓”的福利国家，而养老保险体系就是福利国家的基石。

英国的养老金体系主要由国家养老金、职业养老金和私人养老金构成。作为第一支柱的国家基本养老金是英国在保障劳动者基本权益方面的国家政策底线之一，是英国现代社会保障必不可少的一环，体现着社会福利的普遍性原则。国家基本养老金的资金来源是雇员和雇主的缴费，归结的基金称为“国民保险基金”。该基金是现收现付的，结余资金全部购买国债或者存银行，禁止进行股票投资。

二战后，国家基本养老金就与物价指数和平均工资水平相挂钩进行多次调整，逐步覆盖到所有公营和私营部门的雇员。不论收入高低，所有公私雇员缴纳的养老保险金费用标准比例全部一致，这样收入高者缴费额也高，但所有人退休后所获养老金数额全部一致，实现了养老金二次分配的平等。2010 年度，国家基本养老金为每人每周 97.65 英镑，或者每对夫妇 156.15 英镑，受益者获得国家基本养老金的具体金额可能会受到个人条件（如参加社会保险年限）的影响，但和退休前的缴费额无关，体现的主要是社会公平。现行养老金缴费年限为 30 年，此前曾经要求缴费年限高达男性 44 年，女性 39 年。

目前，英国的老龄化趋势越来越明显，国家养老金也越来越不堪重负。老龄化的压力迫使政府不得不调整养老金缴费比例。在 2010～2011 财政年度之前，工薪缴费的比例是雇员缴纳工资的 11%，雇主缴纳 12.8%，合计为 23.8%。从 2011～2012 财政年度开始，雇员和雇主的缴纳比例将各上升 1%，合计为 25.8%。除了增加缴费之外，从 2011 年起的此后 10 年间，女性开始领取养老金的年龄每 2 年增加 1 岁，最终于 2020 年与男性持平，提高到 65 岁。从 2020 年起，无论男女领取养老金的年龄都将进一步提高，每 10 年增加 1 岁。

此外，针对一些穷人和弱势群体，还有一份低保养老金，它是维持公民的最低生活水平、避免其沦入贫困深渊的最后防线。该基金是选择性发放的，是 1908 年《养老金法案》百年后的遗产，是英国养老保险体系的“兜底”。

日本：从家庭养老走向社会养老

日本是老年人大国，老龄化比例世界第一。日本的社会保障体系由公共扶助、社会保险、社会福利、公共卫生与医疗四大部分构成，而养老制度作为社会保障体系中的一部分又有其特殊性。

现代日本社会福利制度起源于战后。日本1962年实现了全国民养老及医疗社会保险，经过20世纪60年代的“福利国家”建设之后，社会福利得到高度发展。至21世纪初，日本政府推行了护理社会保险制度，并配套推动老年社会福利服务制度的改革。

日本的养老保险制度又称为年金制度，始于明治维新时期。战后经过多次修订，1959年日本颁布《国民年金法》，并于1985年建立了双层养老保险制度。第一层是指覆盖所有公民的国民年金制度（又称为“基础年金)”，法律规定年龄范围内的在日本拥有居住权的所有居民都必须参加；第二层是指与收入相关的雇员年金制度，按照加入者职业的不同又可分为“厚生年金”和“互助年金”，其中5人以上私营企业职工的年金称为厚生年金，国家公务员、地方公务员、公营企业职工、农林水产团体的雇员、私立学校教职员工等分别有各自专门的年金，统称为“互助年金”。

在双层养老保险体系的基础上，日本还推行了私营企业的退休补贴金制度，类似于企业或行业的补充养老保险。退休补贴金的资金来源是从雇员年金费中转出3.5%的资金组成，且雇主和雇员各承担一半。退休补贴金可一次性支付，也可按月领取。保持着东方传统文化的日本，并没有像有些发达国家那样把老人赡养问题与家庭分离，而是在发挥家庭功能的基础上制定有关社会保障政策和制度，提倡发挥家庭的赡养功能。有关法律明确规定子女有赡养老年父母的义务，强制家庭和亲属赡养老人。对于需要护理的老年人，一般也都是以家庭或亲属的护理为前提，公共福利服务和市场化的服务仅是一种补充。特别是制定了社会活动促进对策：关于推进高龄者的人生意义和健康的事业，老人俱乐部活动等事业的实施等。

日本为老人提供服务的机构大体分为两种：老人福祉设施和私立的收费老人之家。前者主要由政府经营，根据老人不同的需要具体细分为老人日托中心、老人短期入院设施、养护老人之家、特别养护老人之家、老人福祉中心、老人看护支援中心等等。收费的老人之家则是引入社会的资金和力量，经过地方政府批准后由民间企业来经营，按照不同功能和形式又分为看护型、家居型和康复型3种。

经过战后近60年的发展，日本社会走过了工业化、城市化的历程，社会经济变迁引起家庭的变化，日本传统的家庭养老模式受到各方面的影响。其中，最主要的影响来自于家庭规模缩小，家庭结构趋于简单化。日本单个家庭成员的数量从1950年的平均5人减少到目前的2.46人。从血缘关系上讲，三代、四代及以上的大家庭明显减少，而两代和一代家庭上升。核心家庭化导致日本家庭成员共同生活比率下降，“三代同堂”家庭已经不多，“四世同堂”家庭更为罕见。

少子老龄化也影响到家庭的赡养功能，空巢老年家庭逐渐增加，老人身边没有子女，家庭养老功能名存实亡。日本老年人赡养服务开始从以家庭为主走向社会化和多元化。

“一碗汤距离”小区建设原则。日本在赡养老人方面有套独特的办法。日本老人与子女的同居率非常高，至今还存在一种社会习俗，即只有父母与已婚孩子共同生活才被认为是正常的、能给人以安宁的生活形态。即使老人与子女分开居住，为保证子女“常回家看看”，日本提倡“一碗汤距离”原则，即子女与老人居住距离不要太远，以送过去一碗汤不会凉为标准。这样，子女既有自己的世界，又能够方便照顾长辈。如今，这一理念被运用到楼房建筑设计中，将适于年轻人居住的户型和适于老年人居住的户型结合到一个小区内，从而使“一碗汤距离”的小区成为人们居住的最佳地点。

德国：五种养老方式四大支柱并存

德国同样是世界上老龄化比较严重的国家，目前德国老年人主要有5种养老方式。

第一种是居家养老，老年人在家中居住，靠社会养老金度日。这种形式最普遍。

第二种是机构养老，这也是德国解决养老的主要手段，占5%—7%的比例。它由专门的养老机构，包括福利院、养老院、托老所、老年公寓、临终关怀医院等，对老人进行全方位的照顾。

第三种方式——社区养老正在成为主流。这与德国政府开始实行的“就地老化”制度相吻合。这种办法强调对老人的身心、健康、生活进行全面服务，且都在社区内进行，不脱离原有社区的人际关系。老人就住在自己家里，在得到孩子照顾的同时，由社区的各个服务部门提供无偿服务。同时，为了解决老年护理人员的短缺问题，德国政府还实施了一项特殊政策——“储存时间”制度。公民年满18岁后，要利用公休日或节假日义务为老年公寓或老年病康复中心服务。参加老年看护的义务工作者可以累计服务时间，换取自己年老后享受他人为自己服务的时间。

第四种方式异地养老，也开始流行。老年人离开现有住宅，到外地居住养老，包括旅游养老、度假养老、回原居住地养老等。

第五种方式是“以房防老”，也深受欢迎。即为了养老而购买房子，然后出租给年轻人，利用房租来维持自己的退休生活。由于德国人支出的房租约占个人全部支出的1/4—1/3，因此通过出租房子养老是一种很有效的方式。

在德国，法定男女退休年龄都是65岁，没有任何法律规定子女必须赡养父母。但是，德国政府通过“四大支柱”保证了老年人养老的权益。

第一支柱是社会基本养老保障。根据法律，所有的工人和职员都要参加养老保险，养老保险费约占总收入的20%左右，由雇员和雇主各付一半，并从雇员的工资中扣除。职工养老保险公司在职工职业能力减弱后支付养老金和社会保险金。通常年满65岁者即可领取养老金。

第二支柱是私人养老金计划。员工在岗时，由雇员、企业主分别缴纳一部分钱。这些钱可以进行投资，获取的收益和本金全都进入雇员的个人账户。个人更换工作时可以带走，但不允许提前支取。

第三支柱是个人储蓄。由个人平时存些养老钱，政府给予政策上的优惠。

第四支柱是援助计划。对老年人实施各种优惠政策，如医疗照顾计划，帮助支付保险外的所有医疗保健费用。此外还有住房基金、民间援助、针对老年人的监护法等。

美国：多种方式的养老制度安排

美国是发达国家中人口结构比较年轻的，但同样面临养老问题。美国有比较好的退休养老制度，为了解决养老问题，美国各级政府采取了多种方式，设立了不同的养老机构，主要是根据老人的身心健康程度和社交需求而建立，收费多的，条件会更好一些。

美国养老情况大体可分为如下几类：一是老人住在老年公寓里自己独立生活；二是住

在有各种辅助设备的生活区；三是住在有人照料的退休社区，岁数再大些的住在护理院；四是住在家里。

以前，在80岁以上的美国老人中，60%以上希望住养老院；而现在，越来越多的美国老人喜欢住在老年公寓里。一般的老年公寓有多个单元房，只租给55岁以上的老年人。这样的公寓环境比较安静，没有孩子和年轻人的吵闹，还能结交新的老年朋友。大一些的老年公寓有人管理，也称“退休社区”或“退休之家”。与老年公寓不同的地方是它除了租赁房屋外，还提供就餐、清扫房间、交通、社会活动等便利服务。典型的设施和服务还有：医务室、图书室、计算机室、健身房、洗衣房、紧急呼叫系统、外出购物、组织参加社会活动等。公寓内每周放一次电影，还提供两小时免费卫生服务，定时有人上门帮忙，其服务标准不低于四星级宾馆。

如果老人需要24小时护理照料，没有轮椅、助行器或其他人的帮助就不能行走，不能自己完成日常生活的话，最好的选择就是到护理院居住。有些患有老年痴呆症或慢性病的老人，就住在这类名叫专业护理院、康复之家的养老护理院内。

近年美国还出现了一种新的养老趋势，与上述传统养老方式的不同之处在于：几个经济条件比较好的志同道合的朋友、生意人或亲属联合起来选一块地，自己或请人设计一个小小的养老社区，社区内有邮局、游泳池、网球场等服务设施。这种养老社区既能满足个人的要求，也能对社会和社区发展作出贡献。

赡养老人者少缴税。在美国，子女18岁成年后就独立在外闯荡，他们宁愿租房或买房，也不愿与父母同住。美国法律没有规定子女必须赡养父母，不过，美国的子女大都对父母比较孝顺。有的选择每天通过电话、信件等方式与父母联络感情，有的选择定期看望父母，一周或半个月一次回去陪父母吃饭、聊天。当然，每天回去看望父母的也不少。为了尽孝，许多子女尽量选择与需要照顾的父母住得距离近一些，甚至有的人辞掉工作搬回到父母身边。政府也鼓励家人互相照顾，为尽孝的人减轻负担。美国人纳税以家庭为基本单位，国税局计算家庭的总收入后，还要减去这个家庭因为赡养老人所产生的减免额度。2011年，减免数字为每位老人3700美元。如果一个家庭的纳税人负责赡养自己的父母、配偶的父母以及双方的祖父母的话，那么这些被赡养人的减免额度可以列在年终报税表里，从而获得退税。

瑞典：兼顾公平与效率的养老保险制度

瑞典现行的养老保险制度历经多次改革后，于2001年开始实施。其养老保险制度含三种类型：

一是国民年金。主要面向无收入和低收入的弱势群体。凡满65周岁、在瑞典居住满40年者，均可领取每年70000克朗（合人民币72269元）的税前养老金；居住不满40年者，按每年1/40的比例递减。保险制度将国民年金与个人收入相联系，设立了收入关联养老金项目，并将其与普通国民年金挂钩。当收入关联养老金低于44000克朗时，政府为其补足到规定的70000克朗。

二是收入关联养老金。一般由雇主和雇员分别按照工资总额和缴费工资各缴纳9.25%来共同承担。这部分由名义账户、实账积累两块组成：名义账户部分由社会保险管理局负责将缴费的16%计入参保人账户，并转入公共投资基金进行管理运营，同时作为退休时个人领取养老金的依据，在财务模式上实行现收现付制；实账积累部分由养老基金管理局将缴费的2.5%划出后投资到私人基金和共同基金公司进行运营，努力实现保值增值。

三是职业年金。是指在职人员所享有的养老基金，其费率取决于居民就职行业和参保人员年龄，平均费率为工资总额的3%～5%，一般由工会与企业主商定建立。目前，瑞典国民中90%以上的在职人员参加了职业年金，它的投资运营主要由各私营基金公司负责。

实践表明，瑞典这种兼顾公平与效率的养老保险制度，高瞻远瞩、效果显著。目前，瑞典是世界上养老保险最“慷慨”的国家。

新加坡：建立完善的社会保障制度

新加坡在2000年进入老龄化社会，1955年就建立中央公积金制度，同年成立了中央公积金局，为公民提供养老保障支持。中央公积金制度是一项完全积累强制储蓄计划，实行会员制。所有受雇的公民和永久居民都是中央公积金局会员，无论是雇主还是雇员都必须参加中央公积金计划，按雇员月薪的一定比例按时足额缴纳公积金，并计入会员个人账号。会员到了法定年龄或丧失劳动力时方可提取使用。目前，公积金缴费率为35%，即雇员为20%，雇主为15%。新加坡已经形成了以中央公积金制度为核心的健全的社会保障制度和运作体系，较好解决了公民在养老、医疗、住房等方面的社会难题。

在医疗保障方面，中央公积金制定了保健储蓄计划、健保双全计划、保健基金计划等多项计划。如保健储蓄计划规定病人在政府办的基层医院住院只需缴纳15%的住院费，无能力缴纳者可向政府申请补助或申请全免，60岁以上老人在公立医院看病只需缴纳一般的门诊费和药费。健保双全计划是一项大病医疗保险计划，是在保健储蓄计划后增设的，规定会员以公积金保健储蓄账户的存款投保，确保会员有能力支付重病治疗和长期住院而保健储蓄不足的费用，所有75岁以下的保健储蓄储户除非选择不参加，都会自动纳入该计划，计划规定每个病人一年最多只能享受1.5万新元以内的补贴，一个人一生享受补贴总额在5万新元以内。保健基金计划是由政府援助在保健储蓄计划、健保双全计划外仍无法支付医药费的贫困者。保健储蓄计划、健保双全计划是社会保险计划，而保健基金计划是一项社会救助计划。新加坡通过三个计划的有机衔接，为国民提供了健全的医疗保障网。

在住房保障方面，中央公积金积极介入低收入阶层的住房保障，与1968年9月推出公共住房计划，规定低收入会员可以动用公积金普通账户的存款作为购房首付。新加坡建屋发展局在设计建造组屋时，专门设计了适合几代同堂的户型，并在购房价格上给予优惠。1998年3月，新加坡首次推出“乐龄公寓”计划，让老人在购买住房上又多了一种选择。户型分为35m^{2}和45m^{2}两种，价格在5～7万新元。目前，新加坡共有六大乐龄公寓区，分别命名为金松、金柳、金棕、金栎、金香和金莲，一般都建在成熟社区内，各种设施齐全完善，公共交通便利。此外，政府还针对独居老年人和低收入家庭，提供一房式和二房式的小型组屋。现在，82%的新加坡人口居住在政府组屋中，组屋政策真正成为“普惠性政策”。此外，政府还实施公共援助计划，向没有生活来源的贫困老人（男65岁、女60岁以上）直接提供津贴。

推进机构养老。新加坡的养老保障是政府、社会、家庭以及个人共同参与，是政府制度性保障措施和社会团体及民间组织所提供的各类福利共同作用的结果。政府对养老机构进行直接投入，在养老院指导和管理上，成立了家庭和老年理事会，国会制定了养老院管理法案。大力扶持养老机构，在养老设施的建设上，政府是投资主体，基本上会提供90%的建设资金。对养老机构各项服务运作成本提供不同津贴。实行“双倍退税”鼓励政策，允许国家福利理事会认可的养老机构面向社会募捐等。新加坡特别重视调动社会各界力量，如各种宗教团体、宗乡会馆、经济团体、社区组织、志愿组织、各类基金共同承担养老责任，并发挥核心作用。

提供人性化的养老服务。如成立为老服务信息平台，为老年人提供日间护理中心、乐龄之友服务、心理辅导、辅助计划及津贴、改善家具等方面的信息推介服务。老年学校的工作人员，多为社会工作与心理专业高学历人才，专门为50岁及以上的老年人推出系统的终身学习课程，协助他们自我实现、保持活跃，进而达到成功老化，课程设置的重点是改变老年人的内心世界、积极参与社会活动。

与父母同住可获津贴。新加坡的老年人不仅不是家庭的负担，相反还是家庭的宝贵财富。随着人口老龄化程度不断加深，新加坡政府为了防止越来越多的老年人家庭出现“空巢现象”，在购买组屋时制定了一个优惠政策，鼓励子女与父母一同居住。建屋局在分配政府组屋时，对三代同堂家庭给予价格优惠和优先安排，同时规定单身年轻人不可租赁或购买组屋，除非愿意与父母同住，则可优先；如果有子女愿意与丧偶父亲或母亲一起居住，则对父母遗留房屋可以给予遗产税减免优待。新加坡政府还规定，从2008年4月起，凡年满35岁的单身者购买政府组屋，如果是和父母同住，可享受2万新元的公积金房屋津贴。而在购买组屋后就必须要住，否则将面临高额罚款及牢狱之灾。

4.2　中华人民共和国老年人权益保障法

2013年7月1日《中华人民共和国老年人权益保障法》

《中华人民共和国老年人权益保障法》已由中华人民共和国第十一届全国人民代表大会常务委员会第三十次会议于2012年12月28日修订通过，现将修订后的《中华人民共和国老年人权益保障法》公布，自2013年7月1日起施行。

2012年12月28日

中华人民共和国老年人权益保障法

（1996年8月29日第八届全国人民代表大会常务委员会第二十一次会议通过根据2009年8月27日第十一届全国人民代表大会常务委员会第十次会议《关于修改部分法律的决定》修正2012年12月28日第十一届全国人民代表大会常务委员会第三十次会议修订）

目　　录

第一章　总　　则

第一条　为了保障老年人合法权益，发展老龄事业，弘扬中华民族敬老、养老、助老的美德，根据宪法，制定本法。

第二条　本法所称老年人是指六十周岁以上的公民。

第三条　国家保障老年人依法享有的权益。

老年人有从国家和社会获得物质帮助的权利，有享受社会服务和社会优待的权利，有参与社会发展和共享发展成果的权利。

禁止歧视、侮辱、虐待或者遗弃老年人。

第四条　积极应对人口老龄化是国家的一项长期战略任务。

国家和社会应当采取措施，健全保障老年人权益的各项制度，逐步改善保障老年人生活、健康、安全以及参与社会发展的条件，实现老有所养、老有所医、老有所为、老有所学、老有所乐。

第五条　国家建立多层次的社会保障体系，逐步提高对老年人的保障水平。

国家建立和完善以居家为基础、社区为依托、机构为支撑的社会养老服务体系。

倡导全社会优待老年人。

第六条　各级人民政府应当将老龄事业纳入国民经济和社会发展规划，将老龄事业经费列入财政预算，建立稳定的经费保障机制，并鼓励社会各方面投入，使老龄事业与经济、社会协调发展。

国务院制定国家老龄事业发展规划。县级以上地方人民政府根据国家老龄事业发展规划，制定本行政区域的老龄事业发展规划和年度计划。

县级以上人民政府负责老龄工作的机构，负责组织、协调、指导、督促有关部门做好老年人权益保障工作。

第七条　保障老年人合法权益是全社会的共同责任。

国家机关、社会团体、企业事业单位和其他组织应当按照各自职责，做好老年人权益保障工作。

基层群众性自治组织和依法设立的老年人组织应当反映老年人的要求，维护老年人合法权益，为老年人服务。

提倡、鼓励义务为老年人服务。

第八条　国家进行人口老龄化国情教育，增强全社会积极应对人口老龄化意识。

全社会应当广泛开展敬老、养老、助老宣传教育活动，树立尊重、关心、帮助老年人的社会风尚。

青少年组织、学校和幼儿园应当对青少年和儿童进行敬老、养老、助老的道德教育和维护老年人合法权益的法制教育。

广播、电影、电视、报刊、网络等应当反映老年人的生活，开展维护老年人合法权益的宣传，为老年人服务。

第九条　国家支持老龄科学研究，建立老年人状况统计调查和发布制度。

第十条　各级人民政府和有关部门对维护老年人合法权益和敬老、养老、助老成绩显著的组织、家庭或者个人，对参与社会发展做出突出贡献的老年人，按照国家有关规定给予表彰或者奖励。

第十一条　老年人应当遵纪守法，履行法律规定的义务。

第十二条　每年农历九月初九为老年节。

第二章　家庭赡养与扶养

第十三条　老年人养老以居家为基础，家庭成员应当尊重、关心和照料老年人。

第十四条　赡养人应当履行对老年人经济上供养、生活上照料和精神上慰藉的义务，照顾老年人的特殊需要。

赡养人是指老年人的子女以及其他依法负有赡养义务的人。

赡养人的配偶应当协助赡养人履行赡养义务。

第十五条　赡养人应当使患病的老年人及时得到治疗和护理；对经济困难的老年人，应当提供医疗费用。

对生活不能自理的老年人，赡养人应当承担照料责任；不能亲自照料的，可以按照老年人的意愿委托他人或者养老机构等照料。

第十六条　赡养人应当妥善安排老年人的住房，不得强迫老年人居住或者迁居条件低劣的房屋。

老年人自有的或者承租的住房，子女或者其他亲属不得侵占，不得擅自改变产权关系或者租赁关系。

老年人自有的住房，赡养人有维修的义务。

第十七条　赡养人有义务耕种或者委托他人耕种老年人承包的田地，照管或者委托他人照管老年人的林木和牲畜等，收益归老年人所有。

第十八条　家庭成员应当关心老年人的精神需求，不得忽视、冷落老年人。

与老年人分开居住的家庭成员，应当经常看望或者问候老年人。

用人单位应当按照国家有关规定保障赡养人探亲休假的权利。

第十九条　赡养人不得以放弃继承权或者其他理由，拒绝履行赡养义务。

赡养人不履行赡养义务，老年人有要求赡养人付给赡养费等权利。

赡养人不得要求老年人承担力不能及的劳动。

第二十条　经老年人同意，赡养人之间可以就履行赡养义务签订协议。赡养协议的内容不得违反法律的规定和老年人的意愿。

基层群众性自治组织、老年人组织或者赡养人所在单位监督协议的履行。

第二十一条　老年人的婚姻自由受法律保护。子女或者其他亲属不得干涉老年人离婚、再婚及婚后的生活。

赡养人的赡养义务不因老年人的婚姻关系变化而消除。

第二十二条　老年人对个人的财产，依法享有占有、使用、收益和处分的权利，子女或者其他亲属不得干涉，不得以窃取、骗取、强行索取等方式侵犯老年人的财产权益。

老年人有依法继承父母、配偶、子女或者其他亲属遗产的权利，有接受赠予的权利。子女或者其他亲属不得侵占、抢夺、转移、隐匿或者损毁应当由老年人继承或者接受赠予的财产。

老年人以遗嘱处分财产，应当依法为老年配偶保留必要的份额。

第二十三条　老年人与配偶有相互扶养的义务。

由兄、姐扶养的弟、妹成年后，有负担能力的，对年老无赡养人的兄、姐有扶养的义务。

第二十四条　赡养人、扶养人不履行赡养、扶养义务的，基层群众性自治组织、老年人组织或者赡养人、扶养人所在单位应当督促其履行。

第二十五条　禁止对老年人实施家庭暴力。

第二十六条　具备完全民事行为能力的老年人，可以在近亲属或者其他与自己关系密切、愿意承担监护责任的个人、组织中协商确定自己的监护人。监护人在老年人丧失或者部分丧失民事行为能力时，依法承担监护责任。

老年人未事先确定监护人的，其丧失或者部分丧失民事行为能力时，依照有关法律的规定确定监护人。

第二十七条　国家建立健全家庭养老支持政策，鼓励家庭成员与老年人共同生活或者就近居住，为老年人随配偶或者赡养人迁徙提供条件，为家庭成员照料老年人提供帮助。

第三章　社　会　保　障

第二十八条　国家通过基本养老保险制度，保障老年人的基本生活。

第二十九条　国家通过基本医疗保险制度，保障老年人的基本医疗需要。享受最低生活保障的老年人和符合条件的低收入家庭中的老年人参加新型农村合作医疗和城镇居民基本医疗保险所需个人缴费部分，由政府给予补贴。

有关部门制定医疗保险办法，应当对老年人给予照顾。

第三十条　国家逐步开展长期护理保障工作，保障老年人的护理需求。

对生活长期不能自理、经济困难的老年人，地方各级人民政府应当根据其失能程度等情况给予护理补贴。

第三十一条　国家对经济困难的老年人给予基本生活、医疗、居住或者其他救助。

老年人无劳动能力、无生活来源、无赡养人和扶养人，或者其赡养人和扶养人确无赡养能力或者扶养能力的，由地方各级人民政府依照有关规定给予供养或者救助。

对流浪乞讨、遭受遗弃等生活无着的老年人，由地方各级人民政府依照有关规定给予救助。

第三十二条 地方各级人民政府在实施廉租住房、公共租赁住房等住房保障制度或者进行危旧房屋改造时，应当优先照顾符合条件的老年人。

第三十三条 国家建立和完善老年人福利制度，根据经济社会发展水平和老年人的实际需要，增加老年人的社会福利。

国家鼓励地方建立八十周岁以上低收入老年人高龄津贴制度。

国家建立和完善计划生育家庭老年人扶助制度。

农村可以将未承包的集体所有的部分土地、山林、水面、滩涂等作为养老基地，收益供老年人养老。

第三十四条 老年人依法享有的养老金、医疗待遇和其他待遇应当得到保障，有关机构必须按时足额支付，不得克扣、拖欠或者挪用。

国家根据经济发展以及职工平均工资增长、物价上涨等情况，适时提高养老保障水平。

第三十五条 国家鼓励慈善组织以及其他组织和个人为老年人提供物质帮助。

第三十六条 老年人可以与集体经济组织、基层群众性自治组织、养老机构等组织或者个人签订遗赠扶养协议或者其他扶助协议。

负有扶养义务的组织或者个人按照遗赠扶养协议，承担该老年人生养死葬的义务，享有受遗赠的权利。

第四章 社 会 服 务

第三十七条 地方各级人民政府和有关部门应当采取措施，发展城乡社区养老服务，鼓励、扶持专业服务机构及其他组织和个人，为居家的老年人提供生活照料、紧急救援、医疗护理、精神慰藉、心理咨询等多种形式的服务。

对经济困难的老年人，地方各级人民政府应当逐步给予养老服务补贴。

第三十八条 地方各级人民政府和有关部门、基层群众性自治组织，应当将养老服务设施纳入城乡社区配套设施建设规划，建立适应老年人需要的生活服务、文化体育活动、日间照料、疾病护理与康复等服务设施和网点，就近为老年人提供服务。

发扬邻里互助的传统，提倡邻里间关心、帮助有困难的老年人。

鼓励慈善组织、志愿者为老年人服务。倡导老年人互助服务。

第三十九条 各级人民政府应当根据经济发展水平和老年人服务需求，逐步增加对养老服务的投入。

各级人民政府和有关部门在财政、税费、土地、融资等方面采取措施，鼓励、扶持企业事业单位、社会组织或者个人兴办、运营养老、老年人日间照料、老年文化体育活动等设施。

第四十条 地方各级人民政府和有关部门应当按照老年人口比例及分布情况，将养老服务设施建设纳入城乡规划和土地利用总体规划，统筹安排养老服务设施建设用地及所需物资。

非营利性养老服务设施用地，可以依法使用国有划拨土地或者农民集体所有的土地。

养老服务设施用地，非经法定程序不得改变用途。

第四十一条　政府投资兴办的养老机构，应当优先保障经济困难的孤寡、失能、高龄等老年人的服务需求。

第四十二条　国务院有关部门制定养老服务设施建设、养老服务质量和养老服务职业等标准，建立健全养老机构分类管理和养老服务评估制度。

各级人民政府应当规范养老服务收费项目和标准，加强监督和管理。

第四十三条　设立养老机构，应当符合下列条件：

（一）有自己的名称、住所和章程；

（二）有与服务内容和规模相适应的资金；

（三）有符合相关资格条件的管理人员、专业技术人员和服务人员；

（四）有基本的生活用房、设施设备和活动场地；

（五）法律、法规规定的其他条件。

第四十四条　设立养老机构应当向县级以上人民政府民政部门申请行政许可；经许可的，依法办理相应的登记。

县级以上人民政府民政部门负责养老机构的指导、监督和管理，其他有关部门依照职责分工对养老机构实施监督。

第四十五条　养老机构变更或者终止的，应当妥善安置收住的老年人，并依照规定到有关部门办理手续。有关部门应当为养老机构妥善安置老年人提供帮助。

第四十六条　国家建立健全养老服务人才培养、使用、评价和激励制度，依法规范用工，促进从业人员劳动报酬合理增长，发展专职、兼职和志愿者相结合的养老服务队伍。

国家鼓励高等学校、中等职业学校和职业培训机构设置相关专业或者培训项目，培养养老服务专业人才。

第四十七条　养老机构应当与接受服务的老年人或者其代理人签订服务协议，明确双方的权利、义务。

养老机构及其工作人员不得以任何方式侵害老年人的权益。

第四十八条　国家鼓励养老机构投保责任保险，鼓励保险公司承保责任保险。

第四十九条　各级人民政府和有关部门应当将老年医疗卫生服务纳入城乡医疗卫生服务规划，将老年人健康管理和常见病预防等纳入国家基本公共卫生服务项目。鼓励为老年人提供保健、护理、临终关怀等服务。

国家鼓励医疗机构开设针对老年病的专科或者门诊。

医疗卫生机构应当开展老年人的健康服务和疾病防治工作。

第五十条　国家采取措施，加强老年医学的研究和人才培养，提高老年病的预防、治疗、科研水平，促进老年病的早期发现、诊断和治疗。

国家和社会采取措施，开展各种形式的健康教育，普及老年保健知识，增强老年人自我保健意识。

第五十一条　国家采取措施，发展老龄产业，将老龄产业列入国家扶持行业目录。扶持和引导企业开发、生产、经营适应老年人需要的用品和提供相关的服务。

第五章　社　会　优　待

第五十二条　县级以上人民政府及其有关部门根据经济社会发展情况和老年人的特殊需要，制定优待老年人的办法，逐步提高优待水平。

对常住在本行政区域内的外埠老年人给予同等优待。

第五十三条　各级人民政府和有关部门应当为老年人及时、便利地领取养老金、结算医疗费和享受其他物质帮助提供条件。

第五十四条　各级人民政府和有关部门办理房屋权属关系变更、户口迁移等涉及老年人权益的重大事项时，应当就办理事项是否为老年人的真实意思表示进行询问，并依法优先办理。

第五十五条　老年人因其合法权益受侵害提起诉讼交纳诉讼费确有困难的，可以缓交、减交或者免交；需要获得律师帮助，但无力支付律师费用的，可以获得法律援助。

鼓励律师事务所、公证处、基层法律服务所和其他法律服务机构为经济困难的老年人提供免费或者优惠服务。

第五十六条　医疗机构应当为老年人就医提供方便，对老年人就医予以优先。有条件的地方，可以为老年人设立家庭病床，开展巡回医疗、护理、康复、免费体检等服务。

提倡为老年人义诊。

第五十七条　提倡与老年人日常生活密切相关的服务行业为老年人提供优先、优惠服务。

城市公共交通、公路、铁路、水路和航空客运，应当为老年人提供优待和照顾。

第五十八条　博物馆、美术馆、科技馆、纪念馆、公共图书馆、文化馆、影剧院、体育场馆、公园、旅游景点等场所，应当对老年人免费或者优惠开放。

第五十九条　农村老年人不承担兴办公益事业的筹劳义务。

第六章　宜　居　环　境

第六十条　国家采取措施，推进宜居环境建设，为老年人提供安全、便利和舒适的环境。

第六十一条　各级人民政府在制定城乡规划时，应当根据人口老龄化发展趋势、老年人口分布和老年人的特点，统筹考虑适合老年人的公共基础设施、生活服务设施、医疗卫生设施和文化体育设施建设。

第六十二条　国家制定和完善涉及老年人的工程建设标准体系，在规划、设计、施工、监理、验收、运行、维护、管理等环节加强相关标准的实施与监督。

第六十三条　国家制定无障碍设施工程建设标准。新建、改建和扩建道路、公共交通设施、建筑物、居住区等，应当符合国家无障碍设施工程建设标准。

各级人民政府和有关部门应当按照国家无障碍设施工程建设标准，优先推进与老年人日常生活密切相关的公共服务设施的改造。

无障碍设施的所有人和管理人应当保障无障碍设施正常使用。

第六十四条　国家推动老年宜居社区建设，引导、支持老年宜居住宅的开发，推动和扶持老年人家庭无障碍设施的改造，为老年人创造无障碍居住环境。

第七章　参与社会发展

第六十五条　国家和社会应当重视、珍惜老年人的知识、技能、经验和优良品德，发挥老年人的专长和作用，保障老年人参与经济、政治、文化和社会生活。

第六十六条　老年人可以通过老年人组织，开展有益身心健康的活动。

第六十七条　制定法律、法规、规章和公共政策，涉及老年人权益重大问题的，应当听取老年人和老年人组织的意见。

老年人和老年人组织有权向国家机关提出老年人权益保障、老龄事业发展等方面的意见和建议。

第六十八条　国家为老年人参与社会发展创造条件。根据社会需要和可能，鼓励老年人在自愿和量力的情况下，从事下列活动：

（一）对青少年和儿童进行社会主义、爱国主义、集体主义和艰苦奋斗等优良传统教育；

（二）传授文化和科技知识；

（三）提供咨询服务；

（四）依法参与科技开发和应用；

（五）依法从事经营和生产活动；

（六）参加志愿服务、兴办社会公益事业；

（七）参与维护社会治安、协助调解民间纠纷；

（八）参加其他社会活动。

第六十九条　老年人参加劳动的合法收入受法律保护。

任何单位和个人不得安排老年人从事危害其身心健康的劳动或者危险作业。

第七十条　老年人有继续受教育的权利。

国家发展老年教育，把老年教育纳入终身教育体系，鼓励社会办好各类老年学校。

各级人民政府对老年教育应当加强领导，统一规划，加大投入。

第七十一条　国家和社会采取措施，开展适合老年人的群众性文化、体育、娱乐活动，丰富老年人的精神文化生活。

第八章　法律责任

第七十二条　老年人合法权益受到侵害的，被侵害人或者其代理人有权要求有关部门处理，或者依法向人民法院提起诉讼。

人民法院和有关部门，对侵犯老年人合法权益的申诉、控告和检举，应当依法及时受理，不得推诿、拖延。

第七十三条　不履行保护老年人合法权益职责的部门或者组织，其上级主管部门应当给予批评教育，责令改正。

国家工作人员违法失职，致使老年人合法权益受到损害的，由其所在单位或者上级机关责令改正，或者依法给予处分；构成犯罪的，依法追究刑事责任。

第七十四条　老年人与家庭成员因赡养、扶养或者住房、财产等发生纠纷，可以申请人民调解委员会或者其他有关组织进行调解，也可以直接向人民法院提起诉讼。

人民调解委员会或者其他有关组织调解纠纷时，应当通过说服、疏导等方式化解矛盾和纠纷；对有过错的家庭成员，应当给予批评教育。

人民法院对老年人追索赡养费或者扶养费的申请，可以依法裁定先予执行。

第七十五条　干涉老年人婚姻自由，对老年人负有赡养义务、扶养义务而拒绝赡养、扶养，虐待老年人或者对老年人实施家庭暴力的，由有关单位给予批评教育；构成违反治安管理行为的，依法给予治安管理处罚；构成犯罪的，依法追究刑事责任。

第七十六条　家庭成员盗窃、诈骗、抢夺、侵占、勒索、故意损毁老年人财物，构成违反治安管理行为的，依法给予治安管理处罚；构成犯罪的，依法追究刑事责任。

第七十七条　侮辱、诽谤老年人，构成违反治安管理行为的，依法给予治安管理处罚；构成犯罪的，依法追究刑事责任。

第七十八条　未经许可设立养老机构的，由县级以上人民政府民政部门责令改正；符合法律、法规规定的养老机构条件的，依法补办相关手续；逾期达不到法定条件的，责令停办并妥善安置收住的老年人；造成损害的，依法承担民事责任。

第七十九条　养老机构及其工作人员侵害老年人人身和财产权益，或者未按照约定提供服务的，依法承担民事责任；有关主管部门依法给予行政处罚；构成犯罪的，依法追究刑事责任。

第八十条　对养老机构负有管理和监督职责的部门及其工作人员滥用职权、玩忽职守、徇私舞弊的，对直接负责的主管人员和其他直接责任人员依法给予处分；构成犯罪的，依法追究刑事责任。

第八十一条　不按规定履行优待老年人义务的，由有关主管部门责令改正。

第八十二条　涉及老年人的工程不符合国家规定的标准或者无障碍设施所有人、管理人未尽到维护和管理职责的，由有关主管部门责令改正；造成损害的，依法承担民事责任；对有关单位、个人依法给予行政处罚；构成犯罪的，依法追究刑事责任。

第九章　附　　则

第八十三条　民族自治地方的人民代表大会，可以根据本法的原则，结合当地民族风俗习惯的具体情况，依照法定程序制定变通的或者补充的规定。

第八十四条　本法施行前设立的养老机构不符合本法规定条件的，应当限期整改。具体办法由国务院民政部门制定。

第八十五条　本法自2013年7月1日起施行。

4.3　国务院关于加快发展养老服务业的若干意见

国发〔2013〕35号

各省、自治区、直辖市人民政府，国务院各部委、各直属机构：

近年来，我国养老服务业快速发展，以居家为基础、社区为依托、机构为支撑的养老服务体系初步建立，老年消费市场初步形成，老龄事业发展取得显著成就。但总体上看，养老服务和产品供给不足、市场发育不健全、城乡区域发展不平衡等问题还十分突出。当前，我国已经进入人口老龄化快速发展阶段，2012 年底我国 60 周岁以上老年人口已达 1.94 亿，2020 年将达到 2.43 亿，2025 年将突破 3 亿。积极应对人口老龄化，加快发展养老服务业，不断满足老年人持续增长的养老服务需求，是全面建成小康社会的一项紧迫任务，有利于保障老年人权益，共享改革发展成果，有利于拉动消费、扩大就业，有利于保障和改善民生，促进社会和谐，推进经济社会持续健康发展。为加快发展养老服务业，现提出以下意见：

一、总体要求

（一）指导思想。

以邓小平理论、“三个代表”重要思想、科学发展观为指导，从国情出发，把不断满足老年人日益增长的养老服务需求作为出发点和落脚点，充分发挥政府作用，通过简政放权，创新体制机制，激发社会活力，充分发挥社会力量的主体作用，健全养老服务体系，满足多样化养老服务需求，努力使养老服务业成为积极应对人口老龄化、保障和改善民生的重要举措，成为扩大内需、增加就业、促进服务业发展、推动经济转型升级的重要力量。

（二）基本原则。

深化体制改革。加快转变政府职能，减少行政干预，加大政策支持和引导力度，激发各类服务主体活力，创新服务供给方式，加强监督管理，提高服务质量和效率。

坚持保障基本。以政府为主导，发挥社会力量作用，着力保障特殊困难老年人的养老服务需求，确保人人享有基本养老服务。加大对基层和农村养老服务的投入，充分发挥社区基层组织和服务机构在居家养老服务中的重要作用。支持家庭、个人承担应尽责任。

注重统筹发展。统筹发展居家养老、机构养老和其他多种形式的养老，实行普遍性服务和个性化服务相结合。统筹城市和农村养老资源，促进基本养老服务均衡发展。统筹利用各种资源，促进养老服务与医疗、家政、保险、教育、健身、旅游等相关领域的互动发展。

完善市场机制。充分发挥市场在资源配置中的基础性作用，逐步使社会力量成为发展养老服务业的主体，营造平等参与、公平竞争的市场环境，大力发展养老服务业，提供方便可及、价格合理的各类养老服务和产品，满足养老服务多样化、多层次需求。

（三）发展目标。

到 2020 年，全面建成以居家为基础、社区为依托、机构为支撑的，功能完善、规模适度、覆盖城乡的养老服务体系。养老服务产品更加丰富，市场机制不断完善，养老服务业持续健康发展。

——服务体系更加健全。生活照料、医疗护理、精神慰藉、紧急救援等养老服务覆盖所有居家老年人。符合标准的日间照料中心、老年人活动中心等服务设施覆盖所有城市社区，90％以上的乡镇和 60％以上的农村社区建立包括养老服务在内的社区综合服务设施和站点。全国社会养老床位数达到每千名老年人 35～40 张，服务能力大幅增强。

——产业规模显著扩大。以老年生活照料、老年产品用品、老年健康服务、老年体育健身、老年文化娱乐、老年金融服务、老年旅游等为主的养老服务业全面发展，养老服务业增加值在服务业中的比重显著提升，全国机构养老、居家社区生活照料和护理等服务提供 1000 万个以上就业岗位。涌现一批带动力强的龙头企业和大批富有创新活力的中小企业，形成一批养老服务产业集群，培育一批知名品牌。

——发展环境更加优化。养老服务业政策法规体系建立健全，行业标准科学规范，监管机制更加完善，服务质量明显提高。全社会积极应对人口老龄化意识显著增强，支持和参与养老服务的氛围更加浓厚，养老志愿服务广泛开展，敬老、养老、助老的优良传统得到进一步弘扬。

二、主要任务

（一）统筹规划发展城市养老服务设施。

加强社区服务设施建设。各地在制定城市总体规划、控制性详细规划时，必须按照人均用地不少于0.1平方米的标准，分区分级规划设置养老服务设施。凡新建城区和新建居住（小）区，要按标准要求配套建设养老服务设施，并与住宅同步规划、同步建设、同步验收、同步交付使用；凡老城区和已建成居住（小）区无养老服务设施或现有设施没有达到规划和建设指标要求的，要限期通过购置、置换、租赁等方式开辟养老服务设施，不得挪作他用。

综合发挥多种设施作用。各地要发挥社区公共服务设施的养老服务功能，加强社区养老服务设施与社区服务中心（服务站）及社区卫生、文化、体育等设施的功能衔接，提高使用率，发挥综合效益。要支持和引导各类社会主体参与社区综合服务设施建设、运营和管理，提供养老服务。各类具有为老年人服务功能的设施都要向老年人开放。

实施社区无障碍环境改造。各地区要按照无障碍设施工程建设相关标准和规范，推动和扶持老年人家庭无障碍设施的改造，加快推进坡道、电梯等与老年人日常生活密切相关的公共设施改造。

（二）大力发展居家养老服务网络。

发展居家养老便捷服务。地方政府要支持建立以企业和机构为主体、社区为纽带、满足老年人各种服务需求的居家养老服务网络。要通过制定扶持政策措施，积极培育居家养老服务企业和机构，上门为居家老年人提供助餐、助浴、助洁、助急、助医等定制服务；大力发展家政服务，为居家老年人提供规范化、个性化服务。要支持社区建立健全居家养老服务网点，引入社会组织和家政、物业等企业，兴办或运营老年供餐、社区日间照料、老年活动中心等形式多样的养老服务项目。

发展老年人文体娱乐服务。地方政府要支持社区利用社区公共服务设施和社会场所组织开展适合老年人的群众性文化体育娱乐活动，并发挥群众组织和个人积极性。鼓励专业养老机构利用自身资源优势，培训和指导社区养老服务组织和人员。

发展居家网络信息服务。地方政府要支持企业和机构运用互联网、物联网等技术手段创新居家养老服务模式，发展老年电子商务，建设居家服务网络平台，提供紧急呼叫、家政预约、健康咨询、物品代购、服务缴费等适合老年人的服务项目。

（三）大力加强养老机构建设。

支持社会力量举办养老机构。各地要根据城乡规划布局要求，统筹考虑建设各类养老机构。在资本金、场地、人员等方面，进一步降低社会力量举办养老机构的门槛，简化手续、规范程序、公开信息，行政许可和登记机关要核定其经营和活动范围，为社会力量举办养老机构提供便捷服务。鼓励境外资本投资养老服务业。鼓励个人举办家庭化、小型化的养老机构，社会力量举办规模化、连锁化的养老机构。鼓励民间资本对企业厂房、商业设施及其他可利用的社会资源进行整合和改造，用于养老服务。

办好公办保障性养老机构。各地公办养老机构要充分发挥托底作用，重点为“三无”（无劳动能力，无生活来源，无赡养人和扶养人或者其赡养人和扶养人确无赡养和扶养能力）老人、低收入老人、经济困难的失能半失能老人提供无偿或低收费的供养、护理服务。政府举办的养老机构要实用适用，避免铺张豪华。

开展公办养老机构改制试点。有条件的地方可以积极稳妥地把专门面向社会提供经营性服务的公办养老机构转制成为企业，完善法人治理结构。政府投资兴办的养老床位应逐步通过公建民营等方式管理运营，积极鼓励民间资本通过委托管理等方式，运营公有产权的养老服务设施。要开展服务项目和设施安全标准化建设，不断提高服务水平。

（四）切实加强农村养老服务。

健全服务网络。要完善农村养老服务托底的措施，将所有农村“三无”老人全部纳入五保供养范围，适时提高五保供养标准，健全农村五保供养机构功能，使农村五保老人老有所养。在满足农村五保对象集中供养需求的前提下，支持乡镇五保供养机构改善设施条件并向社会开放，提高运营效益，增强护理功能，使之成为区域性养老服务中心。依托行政村、较大自然村，充分利用农家大院等，建设日间照料中心、托老所、老年活动站等互助性养老服务设施。农村党建活动室、卫生室、农家书屋、学校等要支持农村养老服务工作，组织与老年人相关的活动。充分发挥村民自治功能和老年协会作用，督促家庭成员承担赡养责任，组织开展邻里互助、志愿服务，解决周围老年人实际生活困难。

拓宽资金渠道。各地要进一步落实《中华人民共和国老年人权益保障法》有关农村可以将未承包的集体所有的部分土地、山林、水面、滩涂等作为养老基地，收益供老年人养老的要求。鼓励城市资金、资产和资源投向农村养老服务。各级政府用于养老服务的财政性资金应重点向农村倾斜。

建立协作机制。城市公办养老机构要与农村五保供养机构等建立长期稳定的对口支援和合作机制，采取人员培训、技术指导、设备支援等方式，帮助其提高服务能力。建立跨地区养老服务协作机制，鼓励发达地区支援欠发达地区。

（五）繁荣养老服务消费市场。

拓展养老服务内容。各地要积极发展养老服务业，引导养老服务企业和机构优先满足老年人基本服务需求，鼓励和引导相关行业积极拓展适合老年人特点的文化娱乐、体育健身、休闲旅游、健康服务、精神慰藉、法律服务等服务，加强残障老年人专业化服务。

开发老年产品用品。相关部门要围绕适合老年人的衣、食、住、行、医、文化娱乐等需要，支持企业积极开发安全有效的康复辅具、食品药品、服装服饰等老年用品用具和服务产品，引导商场、超市、批发市场设立老年用品专区专柜；开发老年住宅、老年公寓等老年生活设施，提高老年人生活质量。引导和规范商业银行、保险公司、证券公司等金融机构开发适合老年人的理财、信贷、保险等产品。

培育养老产业集群。各地和相关行业部门要加强规划引导，在制定相关产业发展规划中，要鼓励发展养老服务中小企业，扶持发展龙头企业，实施品牌战略，提高创新能力，形成一批产业链长、覆盖领域广、经济社会效益显著的产业集群。健全市场规范和行业标准，确保养老服务和产品质量，营造安全、便利、诚信的消费环境。

（六）积极推进医疗卫生与养老服务相结合。

推动医养融合发展。各地要促进医疗卫生资源进入养老机构、社区和居民家庭。卫生管理部门要支持有条件的养老机构设置医疗机构。医疗机构要积极支持和发展养老服务，有条件的二级以上综合医院应当开设老年病科，增加老年病床数量，做好老年慢病防治和康复护理。要探索医疗机构与养老机构合作新模式，医疗机构、社区卫生服务机构应当为老年人建立健康档案，建立社区医院与老年人家庭医疗契约服务关系，开展上门诊视、健康查体、保健咨询等服务，加快推进面向养老机构的远程医疗服务试点。医疗机构应当为老年人就医提供优先优惠服务。

健全医疗保险机制。对于养老机构内设的医疗机构，符合城镇职工（居民）基本医疗保险和新型农村合作医疗定点条件的，可申请纳入定点范围，入住的参保老年人按规定享受相应待遇。完善医保报销制度，切实解决老年人异地就医结算问题。鼓励老年人投保健康保险、长期护理保险、意外伤害保险等人身保险产品，鼓励和引导商业保险公司开展相关业务。

三、政策措施

（一）完善投融资政策。要通过完善扶持政策，吸引更多民间资本，培育和扶持养老服务机构和企业发展。各级政府要加大投入，安排财政性资金支持养老服务体系建设。金融机构要加快金融产品和服务方式创新，拓宽信贷抵押担保物范围，积极支持养老服务业的信贷需求。积极利用财政贴息、小额贷款等方式，加大对养老服务业的有效信贷投入。加强养老服务机构信用体系建设，增强对信贷资金和民间资本的吸引力。逐步放宽限制，鼓励和支持保险资金投资养老服务领域。开展老年人住房反向抵押养老保险试点。鼓励养老机构投保责任保险，保险公司承保责任保险。地方政府发行债券应统筹考虑养老服务需求，积极支持养老服务设施建设及无障碍改造。

（二）完善土地供应政策。各地要将各类养老服务设施建设用地纳入城镇土地利用总体规划和年度用地计划，合理安排用地需求，可将闲置的公益性用地调整为养老服务用地。民间资本举办的非营利性养老机构与政府举办的养老机构享有相同的土地使用政策，可以依法使用国有划拨土地或者农民集体所有的土地。对营利性养老机构建设用地，按照国家对经营性用地依法办理有偿用地手续的规定，优先保障供应，并制定支持发展养老服务业的土地政策。严禁养老设施建设用地改变用途、容积率等土地使用条件搞房地产开发。

（三）完善税费优惠政策。落实好国家现行支持养老服务业的税收优惠政策，对养老机构提供的养护服务免征营业税，对非营利性养老机构自用房产、土地免征房产税、城镇土地使用税，对符合条件的非营利性养老机构按规定免征企业所得税。对企事业单位、社会团体和个人向非营利性养老机构的捐赠，符合相关规定的，准予在计算其应纳税所得额时按税法规定比例扣除。各地对非营利性养老机构建设要免征有关行政事业性收费，对营利性养老机构建设要减半征收有关行政事业性收费，对养老机构提供养老服务也要适当减免行政事业性收费，养老机构用电、用水、用气、用热按居民生活类价格执行。境内外资本举办养老机构享有同等的税收等优惠政策。制定和完善支持民间资本投资养老服务业的税收优惠政策。

（四）完善补贴支持政策。各地要加快建立养老服务评估机制，建立健全经济困难的高龄、失能等老年人补贴制度。可根据养老服务的实际需要，推进民办公助，选择通过补助投资、贷款贴息、运营补贴、购买服务等方式，支持社会力量举办养老服务机构，开展养老服务。民政部本级彩票公益金和地方各级政府用于社会福利事业的彩票公益金，要将50%以上的资金用于支持发展养老服务业，并随老年人口的增加逐步提高投入比例。国家根据经济社会发展水平和职工平均工资增长、物价上涨等情况，进一步完善落实基本养老、基本医疗、最低生活保障等政策，适时提高养老保障水平。要制定政府向社会力量购买养老服务的政策措施。

（五）完善人才培养和就业政策。教育、人力资源社会保障、民政部门要支持高等院校和中等职业学校增设养老服务相关专业和课程，扩大人才培养规模，加快培养老年医学、康复、护理、营养、心理和社会工作等方面的专门人才，制定优惠政策，鼓励大专院校对口专业毕业生从事养老服务工作。充分发挥开放大学作用，开展继续教育和远程学历教育。依托院校和养老机构建立养老服务实训基地。加强老年护理人员专业培训，对符合条件的参加养老护理职业培训和职业技能鉴定的从业人员按规定给予相关补贴，在养老机构和社区开发公益性岗位，吸纳农村转移劳动力、城镇就业困难人员等从事养老服务。养老机构应当积极改善养老护理员工作条件，加强劳动保护和职业防护，依法缴纳养老保险费等社会保险费，提高职工工资福利待遇。养老机构应当科学设置专业技术岗位，重点培养和引进医生、护士、康复医师、康复治疗师、社会工作者等具有执业或职业资格的专业技术人员。对在养老机构就业的专业技术人员，执行与医疗机构、福利机构相同的执业资格、注册考核政策。

（六）鼓励公益慈善组织支持养老服务。引导公益慈善组织重点参与养老机构建设、养老产品开发、养老服务提供，使公益慈善组织成为发展养老服务业的重要力量。积极培育发展为老服务公益慈善组织。积极扶持发展各类为老服务志愿组织，开展志愿服务活动。倡导机关干部和企事业单位职工、大中小学学生参加养老服务志愿活动。支持老年群众组织开展自我管理、自我服务和服务社会活动。探索建立健康老人参与志愿互助服务的工作机制，建立为老志愿服务登记制度。弘扬敬老、养老、助老的优良传统，支持社会服务窗口行业开展“敬老文明号”创建活动。

四、组织领导

（一）健全工作机制。各地要将发展养老服务业纳入国民经济和社会发展规划，纳入政府重要议事日程，进一步强化工作协调机制，定期分析养老服务业发展情况和存在问题，研究推进养老服务业加快发展的各项政策措施，认真落实养老服务业发展的相关任务要求。民政部门要切实履行监督管理、行业规范、业务指导职责，推动公办养老机构改革发展。发展改革部门要将养老服务业发展纳入经济社会发展规划、专项规划和区域规划，支持养老服务设施建设。财政部门要在现有资金渠道内对养老服务业发展给予财力保障。老龄工作机构要发挥综合协调作用，加强督促指导工作。教育、公安消防、卫生计生、国土、住房城乡建设、人力资源社会保障、商务、税务、金融、质检、工商、食品药品监管等部门要各司其职，及时解决工作中遇到的问题，形成齐抓共管、整体推进的工作格局。

（二）开展综合改革试点。国家选择有特点和代表性的区域进行养老服务业综合改革试点，在财政、金融、用地、税费、人才、技术及服务模式等方面进行探索创新，先行先试，完善体制机制和政策措施，为全国养老服务业发展提供经验。

（三）强化行业监管。民政部门要健全养老服务的准入、退出、监管制度，指导养老机构完善管理规范、改善服务质量，及时查处侵害老年人人身财产权益的违法行为和安全生产责任事故。价格主管部门要探索建立科学合理的养老服务定价机制，依法确定适用政府定价和政府指导价的范围。有关部门要建立完善养老服务业统计制度。其他各有关部门要依照职责分工对养老服务业实施监督管理。要积极培育和发展养老服务行业协会，发挥行业自律作用。

（四）加强督促检查。各地要加强工作绩效考核，确保责任到位、任务落实。省级人民政府要根据本意见要求，结合实际抓紧制定实施意见。国务院相关部门要根据本部门职责，制定具体政策措施。民政部、发展改革委、财政部等部门要抓紧研究提出促进民间资本参与养老服务业的具体措施和意见。发展改革委、民政部和老龄工作机构要加强对本意见执行情况的监督检查，及时向国务院报告。国务院将适时组织专项督查。

国务院

2013 年 9 月 6 日

4.4 住房城乡建设部等部门关于加强养老服务设施规划建设工作的通知

（建标［2014］23 号）

各省、自治区住房城乡建设厅、国土资源厅、民政厅、老龄办，直辖市建委（建交委）、规划委、国土局（国土房管局）、民政局、老龄办，新疆生产建设兵团建设局、国土资源局、民政局、老龄办：

根据《国务院关于加快发展养老服务业的若干意见》（国发［2013］35 号，以下简称《意见》）要求，为做好养老服务设施规划建设工作，现就有关事项通知如下：

一、提高对做好养老服务设施规划建设工作重要性的认识

养老服务设施是加快发展养老服务业的重要基础和保障，对促进经济社会科学发展，落实《老年人权益保障法》，实现老有所养、老有所医、老有所教、老有所学、老有所为、老有所乐“六个老有”的工作目标具有重要意义。在养老服务设施规划建设方面，各地做了大量工作，积累了不少好的经验和做法，为推进养老服务业发展发挥了积极作用。当前，人口老龄化已进入快速发展阶段，老年人对养老服务的需求呈现多元化趋势，养老服务类型和方式不断出现，养老服务设施无论从数量上还是从质量上都急需提高。各地住房城乡建设、国土资源、民政、老龄办等主管部门应对此高度重视，各司其职，密切配合，切实做好养老服务设施规划建设工作。

二、合理确定养老服务设施建设规划

各地住房城乡建设主管部门要按照“居家养老为基础、社区养老为依托、机构养老为支撑”的要求，结合老年人口规模、养老服务需求，明确养老服务设施建设规划，并将有关内容纳入城市、镇总体规划，加强区域养老服务设施统筹协调，推进城乡养老服务一体化。要按照一定规划期城镇老年人口构成、规模等因素，合理确定养老服务设施类型、布局和规模，实现养老服务设施的均衡配置。

在编制城市控制性详细规划时，要按照城市、镇总体规划要求落实养老服务设施布局、配套建设要求，因地制宜地确定养老服务设施的服务半径和规模；编制养老设施规划应与城市人口布局规划、建设用地规划、居住区或社区规划、医疗卫生规划等相关配套设施规划进行协调和衔接，积极推进相关设施的集中布局、功能互补和集约建设，充分发挥土地综合利用效益，并合理安排建设时序和规模。

三、严格执行养老服务设施建设标准

工程建设标准和土地使用标准是养老服务设施建设活动的技术依据，严格执行上述标准是保障工程项目质量和安全、实现工程设施功能和性能、促进土地节约集约利用的前提条件。各地住房城乡建设主管部门应当加强养老服务设施建设标准宣贯培训，从2014年起，将有关养老服务设施建设标准培训纳入执业注册师继续教育培训要求，使从业人员全面掌握、正确执行标准规定，提高从业人员技术能力。工程项目建设单位、咨询机构、设计单位、施工单位、监理单位应严格执行有关标准；建设项目土地供应、城市规划行政许可、工程设计文件审查、工程质量安全监管、工程项目竣工备案等职能部门和机构，应按照法律法规和有关标准的规定把好审查关、监督关。

各地住房城乡建设、国土资源、民政主管部门可根据当地实际和工作需要，开展有关养老服务设施建设地方标准编制工作，进一步补充和细化国家标准、行业标准，提高标准的适用性和可操作性，满足实际工作需要。

四、强化养老服务设施规划审查和建设监管

在城市总体规划、控制性详细规划编制和审查过程中，城乡规划编制单位和城乡规划主管部门应严格贯彻落实《意见》所提出的人均用地不低于0.1平方米的标准，依据规划要求，确定养老服务设施布局和建设标准，分区分级规划设置养老服务设施。对于单体建设的养老服务设施，应当将其所使用的土地单独划宗、单独办理供地手续并设置国有建设用地使用权。凡新建城区和新建居住（小）区，必须按照《城市公共设施规划规范》、《城镇老年人设施规划规范》、《城市居住区规划设计规范》等标准要求配套建设养老服务设施，并与住宅同步规划、同步建设。

在养老服务设施建设过程中，住房城乡建设主管部门应加强养老服务设施设计、施工、验收、备案等环节的管理，保证工程质量安全，新建居住（小）区的养老服务设施应与住宅同步验收、同步交付使用。国土资源主管部门应对建设项目依法用地和履行土地出让合同、划拨决定书的情况进行检查核验，并提出检查核验意见。

五、开展养老服务设施规划建设情况监督检查

各地住房城乡建设主管部门应加强养老服务设施规划建设情况监督检查，每年至少开展一次全面检查。养老服务设施规划建设情况监督检查主要内容包括：新建城区养老服务设施规划建设情况、新建居住（小）区养老服务设施实际配套情况、工程建设标准执行情况等。监督检查报告于当年11月底报送住房城乡建设部标准定额司。

各地住房城乡建设主管部门在城市、镇总体规划实施评估中，应加强养老服务设施规划建设情况评估，对养老服务设施规划滞后或总量不足的，应在城市、镇总体规划修编、修改时予以完善。

住房城乡建设部会同国土资源部、民政部、全国老龄办等部门，将对各地养老服务设施规划建设情况适时进行专项督查。

六、建立养老服务设施规划建设工作协作机制

各地住房城乡建设主管部门会同国土资源、民政和老龄办等部门，应按本通知要求做好沟通协调，建立协作机制，制定年度计划，明确工作任务，落实责任单位，共同推进养老服务设施建设工作，实现《意见》规定的发展目标，使符合标准的日间照料中心、老年人活动中心等服务设施覆盖所有城市社区，90%以上的乡镇和60%以上的农村社区建立包括养老服务在内的社区综合服务设施和站点。全国社会养老床位数达到每千名老年人35～40张。

各地国土资源主管部门应将养老服务设施建设用地纳入土地利用总体规划和土地利用年度计划，按照住房开发与养老服务设施同步建设的要求，对养老服务设施建设用地依法及时办理供地和用地手续。

各地民政主管部门应加强养老服务业务指导，对养老服务设施选址和布局提出建议。各地老龄办应发挥综合协调作用，对养老服务设施规划建设工作提供支持并给予指导。

七、做好养老服务设施规划建设宣传工作

各地住房城乡建设主管部门要通过多种形式大力宣传养老服务设施规划建设的重要意义和取得的成果，积极参与民政、老龄办等部门组织的涉老、为老、养老宣传活动，扩大养老服务设施规划建设工作的影响，营造全社会关心、支持、监督养老服务设施规划建设的良好氛围。

中华人民共和国住房和城乡建设部
中华人民共和国国土资源部
中华人民共和国民政部
全国老龄工作委员会办公室

2014年1月28日

4.5 社会养老服务体系建设规划（2011－2015年）

为积极应对人口老龄化，建立起与人口老龄化进程相适应、与经济社会发展水平相协调的社会养老服务体系，实现党的十七大确立的“老有所养”的战略目标和十七届五中全会提出的“优先发展社会养老服务”的要求，根据《中华人民共和国国民经济和社会发展第十二个五年规划纲要》和《中国老龄事业发展“十二五”规划》，制定本规划。

一、规划背景

（一）现状和问题。

自1999年我国步入老龄化社会以来，人口老龄化加速发展，老年人口基数大、增长快并日益呈现高龄化、空巢化趋势，需要照料的失能、半失能老人数量剧增。第六次全国人口普查显示，我国60岁及以上老年人口已达1.78亿，占总人口的13.26%，加强社会养老服务体系建设的任务十分繁重。

近年来，在党和政府的高度重视下，各地出台政策措施，加大资金支持力度，使我国的社会养老服务体系建设取得了长足发展。养老机构数量不断增加，服务规模不断扩大，老年人的精神文化生活日益丰富。截至2010年年底，全国各类收养性养老机构已达4万个，养老床位达314.9万张。社区养老服务设施进一步改善，社区日间照料服务逐步拓展，已建成含日间照料功能的综合性社区服务中心1.2万个，留宿照料床位1.2万张，日间照料床位4.7万张。以保障三无、五保、高龄、独居、空巢、失能和低收入老人为重点，借助专业化养老服务组织，提供生活照料、家政服务、康复护理、医疗保健等服务的居家养老服务网络初步形成。养老服务的运作模式、服务内容、操作规范等也不断探索创新，积累了有益的经验。

但是，我国社会养老服务体系建设仍然处于起步阶段，还存在着与新形势、新任务、新需求不相适应的问题，主要表现在：缺乏统筹规划，体系建设缺乏整体性和连续性；社区养老服务和养老机构床位严重不足，供需矛盾突出；设施简陋、功能单一，难以提供照料护理、医疗康复、精神慰藉等多方面服务；布局不合理，区域之间、城乡之间发展不平衡；政府投入不足，民间投资规模有限；服务队伍专业化程度不高，行业发展缺乏后劲；国家出台的优惠政策落实不到位；服务规范、行业自律和市场监管有待加强等。

（二）必要性和可行性。

我国的人口老龄化是在“未富先老”、社会保障制度不完善、历史欠账较多、城乡和区域发展不平衡、家庭养老功能弱化的形势下发生的，加强社会养老服务体系建设的任务十分繁重。

加强社会养老服务体系建设，是应对人口老龄化、保障和改善民生的必然要求。目前，我国是世界上唯一一个老年人口超过1亿的国家，且正在以每年3%以上的速度快速增长，是同期人口增速的五倍多。预计到2015年，老年人口将达到2.21亿，约占总人口的16%；2020年达到2.43亿，约占总人口的18%。随着人口老龄化、高龄化的加剧，失能、半失能老年人的数量还将持续增长，照料和护理问题日益突出，人民群众的养老服务需求日益增长，加快社会养老服务体系建设已刻不容缓。

加强社会养老服务体系建设，是适应传统养老模式转变、满足人民群众养老服务需求的必由之路。长期以来，我国实行以家庭养老为主的养老模式，但随着计划生育基本国策的实施，以及经济社会的转型，家庭规模日趋小型化，“4-2-1”家庭结构日益普遍，空巢家庭不断增多。家庭规模的缩小和结构变化使其养老功能不断弱化，对专业化养老机构和社区服务的需求与日俱增。

加强社会养老服务体系建设，是解决失能、半失能老年群体养老问题、促进社会和谐稳定的当务之急。目前，我国城乡失能和半失能老年人约3300万，占老年人口总数的19%。由于现代社会竞争激烈和生活节奏加快，中青年一代正面临着工作和生活的双重压力，照护失能、半失能老年人力不从心，迫切需要通过发展社会养老服务来解决。

加强社会养老服务体系建设，是扩大消费和促进就业的有效途径。庞大的老年人群体对照料和护理的需求，有利于养老服务消费市场的形成。据推算，2015年我国老年人护理服务和生活照料的潜在市场规模将超过4500亿元，养老服务就业岗位潜在需求将超过500万个。

在面对挑战的同时，我国社会养老服务体系建设也面临着前所未有的发展机遇。加强社会养老服务体系建设，已越来越成为各级党委政府关心、社会广泛关注、群众迫切期待解决的重大民生问题。同时，随着我国综合国力的不断增强，城乡居民收入的持续增多，公共财政更多地投向民生领域，以及人民群众自我保障能力的提高，社会养老服务体系建设已具备了坚实的社会基础。

二、内涵和定位

（一）内涵。

社会养老服务体系是与经济社会发展水平相适应，以满足老年人养老服务需求、提升老年人生活质量为目标，面向所有老年人，提供生活照料、康复护理、精神慰藉、紧急救援和社会参与等设施、组织、人才和技术要素形成的网络，以及配套的服务标准、运行机制和监管制度。

社会养老服务体系建设应以居家为基础、社区为依托、机构为支撑，着眼于老年人的实际需求，优先保障孤老优抚对象及低收入的高龄、独居、失能等困难老年人的服务需求，兼顾全体老年人改善和提高养老服务条件的要求。

社会养老服务体系建设是应对人口老龄化的一项长期战略任务，是坚持政府主导，鼓励社会参与，不断完善管理制度，丰富服务内容，健全服务标准，满足人民群众日益增长的养老服务需求的持续发展过程。本建设规划仅着眼于构建体系建设的基本框架。

（二）功能定位。

我国的社会养老服务体系主要由居家养老、社区养老和机构养老等三个有机部分组成。

居家养老服务涵盖生活照料、家政服务、康复护理、医疗保健、精神慰藉等，以上门服务为主要形式。对身体状况较好、生活基本能自理的老年人，提供家庭服务、老年食堂、法律服务等服务；对生活不能自理的高龄、独居、失能等老年人提供家务劳动、家庭保健、辅具配置、送饭上门、无障碍改造、紧急呼叫和安全援助等服务。有条件的地方可以探索对居家养老的失能老年人给予专项补贴，鼓励他们配置必要的康复辅具，提高生活自理能力和生活质量。

社区养老服务是居家养老服务的重要支撑，具有社区日间照料和居家养老支持两类功能，主要面向家庭日间暂时无人或者无力照护的社区老年人提供服务。在城市，结合社区服务设施建设，增加养老设施网点，增强社区养老服务能力，打造居家养老服务平台。倡议、引导多种形式的志愿活动及老年人互助服务，动员各类人群参与社区养老服务。在农村，结合城镇化发展和新农村建设，以乡镇敬老院为基础，建设日间照料和短期托养的养老床位，逐步向区域性养老服务中心转变，向留守老年人及其他有需要的老年人提供日间照料、短期托养、配餐等服务；以建制村和较大自然村为基点，依托村民自治和集体经济，积极探索农村互助养老新模式。

机构养老服务以设施建设为重点，通过设施建设，实现其基本养老服务功能。养老服务设施建设重点包括老年养护机构和其他类型的养老机构。老年养护机构主要为失能、半失能的老年人提供专门服务，重点实现以下功能：1. 生活照料。设施应符合无障碍建设要求，配置必要的附属功能用房，满足老年人的穿衣、吃饭、如厕、洗澡、室内外活动等日常生活需求。2. 康复护理。具备开展康复、护理和应急处置工作的设施条件，并配备相应的康复器材，帮助老年人在一定程度上恢复生理功能或减缓部分生理功能的衰退。3. 紧急救援。具备为老年人提供突发性疾病和其他紧急情况的应急处置救援服务能力，使老年人能够得到及时有效的救援。鼓励在老年养护机构中内设医疗机构。符合条件的老年养护机构还应利用自身的资源优势，培训和指导社区养老服务组织和人员，提供居家养老服务，实现示范、辐射、带动作用。其他类型的养老机构根据自身特点，为不同类型的老年人提供集中照料等服务。

三、指导思想和基本原则

（一）指导思想。

以邓小平理论和“三个代表”重要思想为指导，深入贯彻落实科学发展观，以满足老年人的养老服务需求为目标，从我国基本国情出发，坚持政府主导、政策扶持、多方参与、统筹规划，在“十二五”期间，初步建立起与人口老龄化进程相适应、与经济社会发展水平相协调，以居家为基础、社区为依托、机构为支撑的社会养老服务体系，让老年人安享晚年，共享经济社会发展成果。

（二）基本原则。

1. 统筹规划、分级负责。加强社会养老服务体系建设是一项长期的战略任务，各级政府对养老机构和社区养老服务设施的建设和发展统筹考虑、整体规划。中央制定全国总体规划，确定建设目标和主要任务，制定优惠政策，支持重点领域建设；地方制定本地规划，承担主要建设任务，落实优惠政策，推动形成基层网络，保障其可持续发展。

2. 政府主导、多方参与。加强政府在制度、规划、筹资、服务、监管等方面的职责，加快社会养老服务设施建设。发挥市场在资源配置中的基础性作用，打破行业界限，开放社会养老服务市场，采取公建民营、民办公助、政府购买服务、补助贴息等多种模式，引导和支持社会力量兴办各类养老服务设施。鼓励城乡自治组织参与社会养老服务。充分发挥专业化社会组织的力量，不断提高社会养老服务水平和效率，促进有序竞争机制的形成，实现合作共赢。

3. 因地制宜、突出重点。根据区域内老年人口数量和养老服务发展水平，充分依托现有资源，合理安排社会养老服务体系建设项目。以居家养老服务为导向，以长期照料、护理康复和社区日间照料为重点，分类完善不同养老服务机构和设施的功能，优先解决好需求最迫切的老年群体的养老问题。

4. 深化改革、持续发展。按照管办分离、政事政企分开的原则，统筹推进公办养老服务机构改革。区分营利性与非营利性，加强对社会养老服务机构的登记和监管。盘活存量，改进管理。完善养老服务的投入机制、服务规范、建设标准、评价体系，促进信息化建设，加快养老服务专业队伍建设，确保养老机构良性运行和可持续发展。

四、目标和任务

（一）建设目标。

到2015年，基本形成制度完善、组织健全、规模适度、运营良好、服务优良、监管到位、可持续发展的社会养老服务体系。每千名老年人拥有养老床位数达到30张。居家养老和社区养老服务网络基本健全。

（二）建设任务。

改善居家养老环境，健全居家养老服务支持体系。以社区日间照料中心和专业化养老机构为重点，通过新建、改扩建和购置，提升社会养老服务设施水平。充分考虑经济社会发展水平和人口老龄化发展程度，“十二五”期间，增加日间照料床位和机构养老床位340余万张，实现养老床位总数翻一番；改造30%现有床位，使之达到建设标准。

在居家养老层面，支持有需求的老年人实施家庭无障碍设施改造。扶持居家服务机构发展，进一步开发和完善服务内容和项目，为老年人居家养老提供便利服务。

在城乡社区养老层面，重点建设老年人日间照料中心、托老所、老年人活动中心、互助式养老服务中心等社区养老设施，推进社区综合服务设施增强养老服务功能，使日间照料服务基本覆盖城市社区和半数以上的农村社区。

在机构养老层面，重点推进供养型、养护型、医护型养老设施建设。县级以上城市，至少建有一处以收养失能、半失能老年人为主的老年养护设施。在国家和省级层面，建设若干具有实训功能的养老服务设施。

提高社会养老服务装备水平，鼓励研发养老护理专业设备、辅具，积极推动养老服务专用车配备。

加强养老服务信息化建设，依托现代技术手段，为老年人提供高效便捷的服务，规范行业管理，不断提高养老服务水平。

（三）建设方式。

通过新建、扩建、改建、购置等方式，因地制宜建设养老服务设施。新建小区要统筹规划，将养老服务设施建设纳入公建配套实施方案。鼓励通过整合、置换或转变用途等方式，将闲置的医院、企业、农村集体闲置房屋以及各类公办培训中心、活动中心、疗养院、小旅馆、小招待所等设施资源改造用于养老服务。通过设备和康复辅具产品研发、养老服务专用车配备和信息化建设，全面提升社会养老服务能力。

（四）运行机制。

充分发挥市场在资源配置中的基础性作用，为各类服务主体营造平等参与、公平竞争的环境，实现社会养老服务可持续发展。

公办养老机构应充分发挥其基础性、保障性作用。按照国家分类推进事业单位改革的总体思路，理顺公办养老机构的运行机制，建立责任制和绩效评价制度，提高服务质量和效率。

鼓励有条件或新建的公办养老机构实行公建民营，通过公开招投标选定各类专业化的机构负责运营。负责运营的机构应坚持公益性质，通过服务收费、慈善捐赠、政府补贴等多种渠道筹集运营费用，确保自身的可持续发展。

加强对非营利性社会办养老机构的培育扶持，采取民办公助等形式，给予相应的建设补贴或运营补贴，支持其发展。鼓励民间资本投资建设专业化的服务设施，开展社会养老服务。

推动社会专业机构以输出管理团队、开展服务指导等方式参与养老服务设施运营，引导养老机构向规模化、专业化、连锁化方向发展。鼓励社会办养老机构收养政府供养对象，共享资源，共担责任。

（五）资金筹措。

社会养老服务体系建设资金需多方筹措，多渠道解决。

要充分发挥市场机制的基础性作用，通过用地保障、信贷支持、补助贴息和政府采购等多种形式，积极引导和鼓励企业、公益慈善组织及其他社会力量加大投入，参与养老服务设施的建设、运行和管理。

地方各级政府要切实履行基本公共服务职能，强化在社会养老服务体系建设中的支出责任，安排财政性专项资金，支持公益性养老服务设施建设。

民政部本级福利彩票公益金及地方各级彩票公益金要增加资金投入，优先保障社会养老服务体系建设。

中央设立专项补助投资，依据各地经济社会发展水平、老龄人口规模等，积极支持地方社会养老服务体系发展，重点用于社区日间照料中心和老年养护机构设施建设。

五、保障措施

（一）强化统筹规划，加强组织领导。从构建社会主义和谐社会的战略高度，充分认识加强社会养老服务体系建设的重要意义，增强使命感、责任感和紧迫感，将社会养老服务体系建设摆上各级政府的重要议事日程和目标责任考核范围，纳入经济社会发展规划，切实抓实抓好。各地要建立由民政、发展改革、老龄部门牵头，相关部门参与的工作机制，加强组织领导，加强协调沟通，加强对规划实施的督促检查，确保规划目标的如期实现。鼓励社会各界对规划实施进行监督。

（二）加大资金投入，建立长效机制。对公办养老机构保障所需经费，应列入财政预算并建立动态保障机制。采取公建民营、委托管理、购买服务等多种方式，支持社会组织兴办或者运营的公益性养老机构。鼓励和引导金融机构在风险可控和商业可持续的前提下，创新金融产品和服务方式，改进和完善对社会养老服务产业的金融服务，增加对养老服务企业及其建设项目的信贷投入。积极探索拓展社会养老服务产业市场化融资渠道。积极探索采取直接补助或贴息的方式，支持民间资本投资建设专业化的养老服务设施。

（三）加强制度建设，确保规范运营。建立、健全相关法律法规，建立养老服务准入、退出、监管制度，加大执法力度，规范养老服务市场行为。制定和完善居家养老、社区养老服务和机构养老服务的相关标准，建立相应的认证体系，大力推动养老服务标准化，促进养老服务示范活动深入开展。建立养老机构等级评定制度。建立老年人入院评估、养老服务需求评估等评估制度。

（四）完善扶持政策，推动健康发展。各级政府应将社会养老服务设施建设纳入城乡建设规划和土地利用规划，合理安排，科学布局，保障土地供应。符合条件的，按照土地划拨目录依法划拨。研究制定财政补助、社会保险、医疗等相关扶持政策，贯彻落实好有关税收以及用水、用电、用气等优惠政策。有条件的地方，可以探索实施老年护理补贴、护理保险，增强老年人对护理照料的支付能力。支持建立老年人意外伤害保险制度，构建养老服务行业风险合理分担机制。建立科学合理的价格形成机制，规范服务收费项目和标准。

（五）加快人才培养，提升服务质量。加强养老服务职业教育培训，有计划地在高等院校和中等职业学校增设养老服务相关专业和课程，开辟养老服务培训基地，加快培养老年医学、护理、营养和心理等方面的专业人才，提高养老服务从业人员的职业道德、业务技能和服务水平。如养老机构具有医疗资质，可以纳入护理类专业实习基地范围，鼓励大专院校学生到各类养老机构实习。加强养老服务专业培训教材开发，强化师资队伍建设。推行养老护理员职业资格考试认证制度，五年内全面实现持证上岗。完善培训政策和方法，加强养老护理员职业技能培训。探索建立在养老服务中引入专业社会工作人才的机制，推动养老机构开发社工岗位。开展社会工作的学历教育和资格认证。支持养老机构吸纳就业困难群体就业。加快培育从事养老服务的志愿者队伍，实行志愿者注册制度，形成专业人员引领志愿者的联动工作机制。

（六）运用现代科技成果，提高服务管理水平。以社区居家老年人服务需求为导向，以社区日间照料中心为依托，按照统筹规划、实用高效的原则，采取便民信息网、热线电话、爱心门铃、健康档案、服务手册、社区呼叫系统、有线电视网络等多种形式，构建社区养老服务信息网络和服务平台，发挥社区综合性信息网络平台的作用，为社区居家老年人提供便捷高效的服务。在养老机构中，推广建立老年人基本信息电子档案，通过网上办公实现对养老机构的日常管理，建成以网络为支撑的机构信息平台，实现居家、社区与机构养老服务的有效衔接，提高服务效率和管理水平。加强老年康复辅具产品研发。

各地可根据本规划，结合实际，制定本地区的社会养老服务体系建设规划。

4.6 中国老龄事业发展“十二五”规划

为积极应对人口老龄化，加快发展老龄事业，根据《中华人民共和国国民经济和社会发展第十二个五年规划纲要》、《中华人民共和国老年人权益保障法》和《中共中央国务院关于加强老龄工作的决定》（中发〔2000〕13号），制定本规划。

一、背景

（一）“十一五”期间取得的主要成就。

“十一五”时期是老龄事业快速发展的五年。养老保障体系逐步完善，覆盖范围进一步扩大，企业职工基本养老保险制度实现全覆盖，企业退休人员养老金水平连续五年提高，基本养老保险实现了省级统筹，新型农村社会养老保险开始试点并逐步扩大范围。职工和城镇居民基本医疗保险制度实现全覆盖，新型农村合作医疗参合率稳步提高。老年社会福利和社会救助制度逐步建立，城乡计划生育家庭养老保障支持政策逐步形成。老龄服务体系建设扎实推进，在城市深入开展并逐步向农村延伸，养老服务机构和老年活动设施建设取得较大进步。老年教育、文化、体育事业较快发展，老年精神文化生活更加丰富。全社会老龄意识明显增强，敬老爱老助老社会氛围日益浓厚，老年人权益得到较好保障。老龄领域的科学研究、国际交流与合作取得了新的进展。广大老年群众坚持老有所为，积极参与经济社会建设和公益活动，在构建社会主义和谐社会中发挥了重要作用。

（二）“十二五”时期老龄事业面临的形势。

“十二五”时期是我国全面建设小康社会的关键时期，也是老龄事业发展的重要机遇期。

长期以来，党和政府十分关心老年群众，不断采取积极措施，推动老龄事业发展进步，取得举世瞩目的成就，为老龄事业持续发展奠定了很好的基础。但是，在快速发展的老龄化进程中，老龄事业和老龄工作相对滞后的矛盾日益突出。主要表现在：社会养老保障制度尚不完善，公益性老龄服务设施、服务网络建设滞后，老龄服务市场发育不全、供给不足，老年社会管理工作相对薄弱，侵犯老年人权益的现象仍时有发生。对此，我们必须高度重视，认真解决。

“十二五”时期，随着第一个老年人口增长高峰到来，我国人口老龄化进程将进一步加快。从2011年到2015年，全国60岁以上老年人将由1.78亿增加到2.21亿，平均每年增加老年人860万；老年人口比重将由13.3%增加到16%，平均每年递增0.54个百分点。老龄化进程与家庭小型化、空巢化相伴随，与经济社会转型期的矛盾相交织，社会养老保障和养老服务的需求将急剧增加。未来20年，我国人口老龄化日益加重，到2030年全国老年人口规模将会翻一番，老龄事业发展任重道远。我们必须深刻认识发展老龄事业的重要性和紧迫性，充分利用当前经济社会平稳较快发展和社会抚养比较低的有利时机，着力解决老龄工作领域的突出矛盾和问题，从物质、精神、服务、政策、制度和体制机制等方面打好应对人口老龄化挑战的基础。

二、指导思想、发展目标和基本原则

（一）指导思想。

高举中国特色社会主义伟大旗帜，以邓小平理论和“三个代表”重要思想为指导，深入贯彻落实科学发展观，适应人口老龄化新形势，以科学发展为主题，以改革创新为动力，建立健全老龄战略规划体系、社会养老保障体系、老年健康支持体系、老龄服务体系、老年宜居环境体系和老年群众工作体系，服务经济社会改革发展大局，努力实现老有所养、老有所医、老有所教、老有所学、老有所为、老有所乐的工作目标，让广大老年人共享改革发展成果。

（二）主要发展目标。

——建立应对人口老龄化战略体系基本框架，制定实施老龄事业中长期发展规划。

——健全覆盖城乡居民的社会养老保障体系，初步实现全国老年人人人享有基本养老保障。

——健全老年人基本医疗保障体系，基层医疗卫生机构为辖区内65岁及以上老年人开展健康管理服务，普遍建立健康档案。

——建立以居家为基础、社区为依托、机构为支撑的养老服务体系，居家养老和社区养老服务网络基本健全，全国每千名老年人拥有养老床位数达到30张。

——全面推行城乡建设涉老工程技术标准规范、无障碍设施改造和新建小区老龄设施配套建设规划标准。

——增加老年文化、教育和体育健身活动设施，进一步扩大各级各类老年大学（学校）办学规模。

——加强老年社会管理工作。各地成立老龄工作委员会，80％以上退休人员纳入社区管理服务对象，基层老龄协会覆盖面达到80％以上，老年志愿者数量达到老年人口的10％以上。

（三）基本原则。

1. 老龄事业与经济社会发展相适应。紧紧围绕全面建设小康社会和构建社会主义和谐社会宏伟目标，确立老龄事业在改革发展大局中的重要地位，促进老龄事业与经济社会协调发展。

2. 立足当前与着眼长远相结合。从我国的基本国情出发，把着力解决当前的突出矛盾和应对人口老龄化长期挑战紧密联系，注重体制机制创新和法规制度建设，统筹兼顾，综合施策，实现全面、协调、可持续发展。

3. 政府引导与社会参与相结合。按照社会主义市场经济的要求，积极发展老龄服务业。加强政策指导、资金支持、市场培育和监督管理，发挥市场机制在资源配置上的基础性作用，充分调动社会各方面力量积极参与老龄事业发展。

4. 家庭养老与社会养老相结合。充分发挥家庭和社区功能，着力巩固家庭养老地位，优先发展社会养老服务，构建居家为基础、社区为依托、机构为支撑的社会养老服务体系，创建中国特色的新型养老模式。

5. 统筹协调与分类指导相结合。注重城乡、区域协调发展，加大对农村和中西部地区的政策支持力度，资源配置向基层、特别是农村和中西部地区倾斜。充分发挥各地优势和群众的创造性，因地制宜地开展老龄工作，发展老龄事业。

6. 道德规范与法律约束相结合。广泛开展孝亲敬老道德教育，加强老龄法制工作，为老龄工作和老龄事业的全面发展提供动力和保证。

三、主要任务

（一）老年社会保障。

1. 加快推进养老保险制度建设。实现新型农村社会养老保险和城镇居民养老保险制度全覆盖。完善实施城镇职工基本养老保险制度，全面落实城镇职工基本养老保险省级统筹，实现基础养老金全国统筹，做好城镇职工基本养老保险关系转移接续工作。逐步推进城乡养老保障制度有效衔接，推动机关事业单位养老保险制度改革。建立随工资增长、物价上涨等因素调整退休人员基本养老金待遇的正常机制。发展企业年金和职业年金。发挥商业保险补充性作用。

2. 完善基本医疗保险制度。进一步完善职工基本医疗保险、城镇居民基本医疗保险、新型农村合作医疗制度。逐步提高城镇居民医保和新农合人均筹资标准及保障水平，减轻老年人等参保人员的医疗费用负担。提高职工医保、城镇居民医保、新农合基金最高支付限额和政策范围内住院费用支付比例，全面推进门诊统筹。做好各项制度间的衔接，逐步提高统筹层次，加快实现医保关系转移接续和医疗费用异地就医结算。全面推进基本医疗费用即时结算，改革付费方式。积极发展商业健康保险，完善补充医疗保险制度。

3. 加大老年社会救助力度。完善城乡最低生活保障制度，将符合条件的老年人全部纳入最低生活保障范围。根据经济社会发展水平，适时调整最低生活保障和农村五保供养标准。完善城乡医疗救助制度，着力解决贫困老年人的基本医疗保障问题。完善临时救助制度，保障因灾因病等支出性生活困难老年人的基本生活。

4. 完善老年社会福利制度。积极探索中国特色社会福利的发展模式，发展适度普惠型的老年社会福利事业，研究制定政府为特殊困难老年人群购买服务的相关政策。进一步完善老年人优待办法，积极为老年人提供各种形式的照顾和优先、优待服务，逐步提高老年人的社会福利水平。有条件的地方可发放高龄老年人生活补贴和家庭经济困难的老年人养老服务补贴。

（二）老年医疗卫生保健。

1. 推进老年医疗卫生服务网点和队伍建设。将老年医疗卫生服务纳入各地卫生事业发展规划，加强老年病医院、护理院、老年康复医院和综合医院老年病科建设，有条件的三级综合医院应当设立老年病科。基层医疗卫生机构积极开展老年人医疗、护理、卫生保健、健康监测等服务，为老年人提供居家康复护理服务。基层医疗卫生机构应加强人员队伍建设，切实提高开展老年人卫生服务的能力。

2. 开展老年疾病预防工作。基层医疗卫生机构要为辖区内 65 岁及以上老年人开展健康管理服务，建立健康档案。组织老年人定期进行生活方式和健康状况评估，开展体格检查，及时发现健康风险因素，促进老年疾病早发现、早诊断和早治疗。开展老年疾病防控知识的宣传，做好老年人常见病、慢性病的健康指导和综合干预。

3. 发展老年保健事业。广泛开展老年健康教育，普及保健知识，增强老年人运动健身和心理健康意识。注重老年精神关怀和心理慰藉，提供疾病预防、心理健康、自我保健及伤害预防、自救等健康指导和心理健康指导服务，重点关注高龄、空巢、患病等老年人的心理健康状况。鼓励为老年人家庭成员提供专项培训和支持，充分发挥家庭成员的精神关爱和心理支持作用。老年性痴呆、抑郁等精神疾病的早期识别率达到 40%。

（三）老年家庭建设。

1. 改善老年人居住条件。引导开发老年宜居住宅和代际亲情住宅，鼓励家庭成员与老年人共同生活或就近居住。推动和扶持老年人家庭无障碍改造。

2. 完善家庭养老支持政策。完善老年人口户籍迁移管理政策，为老年人随赡养人迁徙提供条件。健全家庭养老保障和照料服务扶持政策，完善农村计划生育家庭奖励扶助制度和计划生育家庭特别扶助制度，落实城镇独生子女父母年老奖励政策，建立奖励扶助金动态调整机制。

3. 弘扬孝亲敬老传统美德。强化尊老敬老道德建设，提倡亲情互助，营造温馨和谐的家庭氛围，发挥家庭养老的基础作用。努力建设老年温馨家庭，提高老年人居家养老的幸福指数。

（四）老龄服务。

1. 重点发展居家养老服务。建立健全县（市、区）、乡镇（街道）和社区（村）三级服务网络，城市街道和社区基本实现居家养老服务网络全覆盖；80%以上的乡镇和 50%以上的农村社区建立包括老龄服务在内的社区综合服务设施和站点。加快居家养老服务信息系统建设，做好居家养老服务信息平台试点工作，并逐步扩大试点范围。培育发展居家养老服务中介组织，引导和支持社会力量开展居家养老服务。鼓励社会服务企业发挥自身优势，开发居家养老服务项目，创新服务模式。大力发展家庭服务业，并将养老服务特别是居家老年护理服务作为重点发展任务。积极拓展居家养老服务领域，实现从基本生活照料向医疗健康、辅具配置、精神慰藉、法律服务、紧急救援等方面延伸。

2. 大力发展社区照料服务。把日间照料中心、托老所、星光老年之家、互助式社区养老服务中心等社区养老设施，纳入小区配套建设规划。本着就近、就便和实用的原则，开展全托、日托、临托等多种形式的老年社区照料服务。

3. 统筹发展机构养老服务。按照统筹规划、合理布局的原则，加大财政投入和社会筹资力度，推进供养型、养护型、医护型养老机构建设。积极推进养老机构运营机制改革与完善，探索多元化、社会化的投资建设和管理模式。进一步完善和落实优惠政策，鼓励社会力量参与公办养老机构建设和运行管理。“十二五”期间，新增各类养老床位 342 万张。

4. 优先发展护理康复服务。在规划、完善医疗卫生服务体系和社会养老服务体系中，加强老年护理院和康复医疗机构建设。政府重点投资兴建和鼓励社会资本兴办具有长期医疗护理、康复促进、临终关怀等功能的养老机构。根据《护理院基本标准》加强规范管理。地（市）级以上城市至少要有一所专业性养老护理机构。研究探索老年人长期护理制度，鼓励、引导商业保险公司开展长期护理保险业务。

5. 切实加强养老服务行业监管。进一步完善养老机构行政管理的法律法规，建立养老机构准入、退出与监管制度，做好养老机构登记注册和日常检查、监督管理工作。寄宿制养老机构等关系老年人安全和健康的重要场所，要列入消防安全和卫生许可制度重点管理范围。

（五）老年人生活环境。

1. 加快老年活动场所和便利化设施建设。在城乡规划建设中，充分考虑老年人需求，加强街道、社区“老年人生活圈”配套设施建设，着力改善老年人的生活环境。通过新建和资源整合，缓解老年生活基础设施不足的矛盾。利用公园、绿地、广场等公共空间，开辟老年人运动健身场所。

2. 完善涉老工程建设技术标准体系和实施监督制度。按照适应老龄化的要求，对现行老龄设施工程建设技术标准规范进行全面梳理、审定、修订和完善，在规划、设计、施工、监理、验收等各个环节加强技术标准的实施与监督，形成有效规范的约束机制。

3. 加快推进无障碍设施建设。突出高龄和失能老年人居家养老服务设施、环境的无障碍改造，推行无障碍进社区、进家庭。加快对居住小区、园林绿地、道路、建筑物等与老年人日常生活密切相关的设施无障碍改造步伐，方便老年人出行和参与社会生活。研究制定《无障碍环境建设条例》，继续开展全国无障碍建设城市创建工作。

4. 推动建设老年友好型城市和老年宜居社区。创新老年型社会新思维，树立老年友好环境建设和家庭发展的新理念。研究编制建设老年友好型城市、老年宜居社区指南，发挥典型示范作用。

（六）老龄产业。

1. 完善老龄产业政策。把老龄产业纳入经济社会发展总体规划，列入国家扶持行业目录。研究制定、落实引导和扶持老龄产业发展的信贷、投资等支持政策。鼓励社会资本投入老龄产业。引导老年人合理消费，培育壮大老年用品消费市场。

2. 促进老年用品、用具和服务产品开发。重视康复辅具、电子呼救等老年特需产品的研究开发。拓展适合老年人多样化需求的特色护理、家庭服务、健身休养、文化娱乐、金融理财等服务项目。培育一批生产老年用品、用具和提供老年服务的龙头企业，打造一批老龄产业知名品牌。

3. 加强老年旅游服务工作。积极开发符合老年需求、适合老年人年龄特点的旅游产品。完善旅游景区、宾馆饭店、旅游道路的老年服务设施建设。完善针对老年人旅游的导游讲解、线路安排等特色服务。规范老年人旅游服务市场秩序。

4. 引导老龄产业健康发展。研究制定老年产品用品质量标准，加强老龄产业市场监督管理。发挥老龄产业行业协会和中介组织的积极作用，加强信息服务和行业自律。疏通老龄产业发展融资渠道。

（七）老年人精神文化生活。

1. 加强老年教育工作。创新老年教育体制机制，探索老年教育新模式，丰富教学内容。加大对老年大学（学校）建设的财政投入，积极支持社会力量参与发展老年教育，扩大各级各类老年大学办学规模。充分发挥党支部、基层自治组织和老年群众组织的作用，做好新形势下老年思想教育工作。

2. 加强老年文化工作。加强农村文化设施建设，完善城市社区文化设施。鼓励创作老年题材的文艺作品，增加老年公共文化产品供给。鼓励和支持各级广播电台、电视台积极开设专栏，加大老年文化传播和老龄工作宣传力度。支持老年群众组织开展各种文化娱乐活动，丰富老年人的精神文化生活。

3. 加强老年体育健身工作。在城乡建设、旧城改造和社区建设中，要安排老年体育健身活动场所。加强老年体育组织建设，积极组织老年人参加全民健身活动。经常参加体育健身的老年人达到50%以上。举办第二届全国老年人体育健身大会。

4. 扩大老年人社会参与。注重开发老年人力资源，支持老年人以适当方式参与经济发展和社会公益活动。贯彻落实《中共中央办公厅国务院办公厅转发〈中央组织部、中央宣传部、中央统战部、人事部、科技部、劳动保障部、解放军总政治部、中国科协关于进一步发挥离退休专业技术人员作用的意见〉的通知》（中办发〔2005〕9号），健全政策措施，搭建服务平台，支持广大离退休专业技术人员更好地发挥作用。重视发挥老年人在社区服务、关心教育下一代、调解邻里纠纷和家庭矛盾、维护社会治安等方面的积极作用。不断探索“老有所为”的新形式，积极做好“银龄行动”组织工作，广泛开展老年志愿服务活动，老年志愿者数量达到老年人口的10%以上。

（八）老年社会管理。

1. 加强基层老龄工作机构和老年群众组织建设。各地要建立老龄工作委员会，城乡社区（村、居）要健全老龄工作机制。加强基层老年协会规范化建设，充分发挥老年人自我管理、自我教育、自我服务的积极作用。“十二五”期间，成立老年协会的城镇社区达到95%以上，农村社区（行政村）达到80%以上。

2. 做好离退休人员管理服务工作。充分利用社区资源面向全体老年人开展服务，切实把为离退休老年人服务工作纳入社区服务范围。推进街道（乡镇）、社区劳动保障工作平台建设，为退休人员提供方便、快捷、高效、优质的服务。“十二五”期末，纳入社区管理服务的企业退休人员比例达到80%以上。

（九）老年人权益保障。

1. 加强老龄法制建设。推进老年人权益保障法制化进程，做好修订《中华人民共和国老年人权益保障法》的相关工作，开展执法检查和普法教育，提高老年人权益保障法制化水平。

2. 健全老年维权机制。弘扬孝亲敬老美德，促进家庭和睦、代际和顺。加强弱势老年人社会保护工作，把高龄、孤独、空巢、失能和行为能力不健全的老年人列为社会维权服务重点对象。加强对养老机构服务质量的检查、监督，维护老年人的生活质量与生命尊严，杜绝歧视、虐待老年人现象。

3. 做好老年人法律服务工作。拓展老年人维权法律援助渠道，扩大法律援助覆盖面。重点在涉及老年人医疗、保险、救助、赡养、住房、婚姻等方面，为老年人提供及时、便利、高效、优质的法律服务。加大对侵害老年人权益案件的处理力度，切实保障老年人的合法权益。

4. 加强青少年尊老敬老的传统美德教育。在义务教育中，增加孝亲敬老教育内容，开展形式多样的尊老敬老社会实践活动，营造良好的校园文化环境。

（十）老龄科研。

1. 抓好重点科研项目。开展应对人口老龄化战略研究，制定国家老龄事业中长期发展规划。做好老年人生活状况追踪调查，开展区域性应对人口老龄化战略研究工作，为制定老龄政策提供决策依据。

2. 加强老龄学科教育和专业人才培养。按照老龄事业发展规划和重点发展领域，统筹部署职业教育、高等教育学科专业设置，培养技能型、应用型、复合型人才，做好人力资源支撑，服务老龄事业发展。

3. 推进信息化建设。建立老龄事业信息化协同推进机制，建立老龄信息采集、分析数据平台，健全城乡老年人生活状况跟踪监测系统。

（十一）老龄国际交流与合作。

广泛开展双边、多边国际交流，增进相互了解。积极发挥我国在国际老龄领域的重要影响，深化国际合作。密切跟踪联合国大会老龄问题工作组对建构老年人权利国际保护机制的动向，积极发挥作用，引导相关进程朝有利方向发展。积极研究借鉴国外应对人口老龄化理念和经验，做好联合国人口基金第七周期老龄项目。完成《国际老龄行动计划》在中国执行情况的检查评估。

四、保障措施

（一）加强组织领导。

各级政府要高度重视老龄问题，加强老龄工作。把发展老龄事业纳入重要议事日程，列入经济社会发展总体规划，及时解决老龄工作中的矛盾和问题。健全党政主导、老龄委协调、部门尽责、社会参与、全民关怀的大老龄工作格局。

（二）加大改革创新力度。

进一步解放思想，坚持改革，在体制机制、政策制度、工作思路和发展模式等方面加大创新力度，围绕涉老社会保障制度的配套衔接、老龄事业投入机制、政府购买服务方式、老龄服务市场准入与日常监管、民办养老机构扶持政策、社区养老服务资源的综合开发利用、老龄社会组织规范化建设等比较突出的矛盾和问题，深入开展调查研究，逐步完善政策法规制度，创新体制机制。

（三）建立多元长效投入机制。

各级政府要根据经济发展状况和老龄工作实际，多渠道筹资，不断加大老龄事业投入。进一步完善实施促进老龄事业发展的税收政策，政策引导与体制创新并重，调动社会资本投入老龄事业的积极性。大力发展老龄慈善事业。

（四）加强人才队伍建设。

加强老龄工作队伍的思想建设、组织建设、作风建设和业务能力建设。加快养老服务业人才培养，特别是养老护理员、老龄产业管理人员的培养。根据国家职业标准，组织开展养老护理人员职业培训和职业资格认证工作。有条件的普通高校和职业学校，在相关专业开设老年学、老年护理学、老年心理学等课程。大力发展为老服务志愿者队伍和社会工作者队伍。

（五）建立监督检查评估机制。

本规划由全国老龄工作委员会负责协调、督促、检查有关部门执行，2015年对规划的执行情况进行全面评估。

4.7 关于进一步加强老年人优待工作的意见

各省、自治区、直辖市及新疆生产建设兵团老龄工作委员会办公室、高级人民法院、党委宣传部、发展改革委、科技厅（委、局）、公安厅（局）、民政厅（局）、司法厅（局）、财政厅（局）、人力资源社会保障厅（局）、住房城乡建设厅（委、局）、交通厅（委、局）、农业厅（局、委）、商务主管部门、文化厅（局）、卫生计生委（卫生厅、局、人口计生委）、新闻出版局、广电局、体育局（委）、林业厅（局）、旅游局（委）、铁路局、民航管理局、文物局、总工会：

老年人优待是政府和社会在做好公民社会保障和基本公共服务的基础上，在医、食、住、用、行、娱等方面，积极为老年人提供的各种形式的经济补贴、优先优惠和便利服务。做好老年人优待工作，是增进老年人福祉的重要举措，也是社会文明进步的重要标志。根据新修订的《中华人民共和国老年人权益保障法》和《中共中央、国务院关于加强老龄工作的决定》的有关规定，现就进一步加强老年人优待工作，提出以下意见：

一、总体要求

（一）指导思想

以邓小平理论、“三个代表”重要思想、科学发展观为指导，立足我国基本国情和经济社会发展现状，针对老年人的特殊需求，积极完善优待政策法规体系，逐步拓展优待项目和范围、创新优待工作方式、提升优待水平，让老年人更好地共享经济社会发展成果，不断提升老年人生活质量。

（二）基本原则

——政府主导，社会参与。发挥政府在政策制定、督查检查、示范引领方面的主导作用，在社会保障、基本公共服务等方面积极为老年人提供优待，采取措施鼓励、引导社会力量参与优待工作。

——因地制宜，积极推进。根据经济社会发展实际，合理确定优待范围、优待对象和优待标准。积极推进优待工作，坚持积极稳妥、循序渐进，稳步提升。

——突出重点，适度普惠。从不同老年群体的实际需求出发，对各优待项目的服务对象进行细分，优先考虑高龄、失能等困难老年群体的特殊需要，逐步发展面向老年人的普惠性优待项目。

——统筹协调，和谐共融。统筹社会优待与社会保障、优待工作与老龄事业、物质帮助与精神关爱协调发展；统筹推进城乡老年人优待工作，加快发展农村老年人优待项目；统筹不同年龄群体的利益诉求，促进代际共融与社会和谐。

（三）主要目标

2015 年，实现县级以上地方人民政府全面建立健全老年人优待政策，社会敬老氛围更加浓厚，各项优待规定得到有效落实；2020 年，实现优待工作管理进一步规范，优待项目进一步拓展，优待水平进一步提升，老年人过上更加幸福的小康生活。

二、优待项目和范围

优待的基本对象为 60 周岁以上的老年人。各地可因地制宜，在本意见基础上合理确定优待对象和优待标准，率先在卫生保健、交通出行、商业服务、文体休闲等方面，对常住本行政区域内的老年人给予同等优待，并根据本地实际情况，逐步拓展同等优待范围。

（一）政务服务优待

1. 各地在落实和完善社会保障制度和公共服务政策时，应对老年人予以适度倾斜。

2. 鼓励地方建立八十周岁以上低收入老年人高龄津贴制度。

3. 政府投资兴办的养老机构，要在保障“三无”老年人、“五保”老年人服务需求的基础上，优先照顾经济困难的孤寡、失能、高龄老年人。

4. 各地对经济困难的老年人要逐步给予养老服务补贴。对生活长期不能自理、经济困难的老年人，要根据其失能程度等情况给予护理补贴。

5. 各地在实施廉租住房、公共租赁住房等住房保障制度时，要照顾符合条件的老年人，优先配租配售保障性住房；进行危旧房屋改造时，优先帮助符合条件的老年人进行危房改造。

6. 政府有关部门要为老年人及时、便利地领取养老金、结算医疗费和享受其他物质帮助，创造条件，提供便利。鼓励和引导公共服务机构、社会志愿服务组织优先为老年人提供服务。

7. 政府有关部门在办理房屋权属关系变更等涉及老年人权益的重大事项时，应依法优先办理，并就办理事项是否为老年人的真实意愿进行询问，有代理人的要严格审查代理资格。

8. 免除农村老年人兴办公益事业的筹劳任务。经农村集体经济组织全体成员同意，将未承包的集体所有的部分土地、山林、水面、滩涂等作为养老基地，收益供老年人养老，纳入国家和地方湿地保护体系及其自然保护区的重要湿地除外。

9. 政府有关部门要完善老年人社会参与方面的支持政策，充分发挥老年人参与社会发展的积极性和创造性。

10. 对有老年人去世的城乡生活困难家庭，减免其基本殡葬服务费用，或者为其提供基本殡葬服务补贴。对有老年人去世的家庭，选择生态安葬方式的，或者在土葬改革区自愿实行火葬的，要给予补贴或奖励。

（二）卫生保健优待

11. 医疗卫生机构要优先为辖区内 65 周岁以上常住老年人免费建立健康档案，每年至少提供 1 次免费体格检查和健康指导，开展健康管理服务。定期对老年人进行健康状况评估，及时发现健康风险因素，促进老年疾病早发现、早诊断、早治疗。积极开展老年疾病防控的知识宣传，开展老年慢性病和老年期精神障碍的预防控制工作。为行动不便的老年人提供上门服务。

12. 鼓励设立老年病医院，加强老年护理院、老年康复医院建设，有条件的二级以上综合医院应设立老年病科。

13. 医疗卫生机构应为老年人就医提供方便和优先优惠服务。通过完善挂号、诊疗系统管理，开设专用窗口或快速通道、提供导医服务等方式，为老年人特别是高龄、重病、失能老年人挂号（退换号）、就诊、转诊、综合诊疗提供便利条件。

14. 鼓励各地医疗机构减免老年人普通门诊挂号费和贫困老年人诊疗费。提倡为老年人义诊。

15. 倡导医疗卫生机构与养老机构之间建立业务协作机制，开通预约就诊绿色通道，协同做好老年人慢性病管理和康复护理，加快推进面向养老机构的远程医疗服务试点，为老年人提供便捷、优先、优惠的医疗服务。

16. 支持符合条件的养老机构内设医疗机构，申请纳入城镇职工（居民）基本医疗保险和新型农村合作医疗定点范围。

（三）交通出行优待

17. 城市公共交通、公路、铁路、水路和航空客运，要为老年人提供便利服务。

18. 交通场所和站点应设置老年人优先标志，设立等候专区，根据需要配备升降电梯、无障碍通道、无障碍洗手间等设施。对于无人陪同、行动不便的老年人给予特别关照。

19. 城市公共交通工具应为老年人提供票价优惠，鼓励对 65 周岁以上老年人实行免费，有条件的地方可逐步覆盖全体老年人。各地可根据实际情况制定具体的优惠办法，对落实老年优待任务的公交企业要给予相应经济补偿。

20. 倡导老年人投保意外伤害保险，保险公司对参保老年人应给予保险费、保险金额等方面的优惠。

21. 公共交通工具要设立不低于座席数 10%的“老幼病残孕”专座。铁路部门要为列车配备无障碍车厢和座位，对有特殊需要的老年人订票和选座位提供便利服务。

22. 严格执行《无障碍环境建设条例》、《社区老年人日间照料中心建设标准》和《养老设施建筑设计规范》等建设标准，重点做好居住区、城市道路、商业网点、文化体育场馆、旅游景点等场所的无障碍设施建设，优先推进坡道、电梯等与老年人日常生活密切相关的公共设施改造，适当配备老年人出行辅助器具，为老年人提供安全、便利、舒适的生活和出行环境。

23. 公厕应配备便于老年人使用的无障碍设施，并对老年人实行免费。

（四）商业服务优待

24. 各地要根据老年人口规模和消费需求，合理布局商业网点，有条件的商场、超市设立老年用品专柜。

25. 商业饮食服务网点、日常生活用品经销单位，以及水、电、暖气、燃气、通讯、电信、邮政等服务行业和网点，要为老年人提供优先、便利和优惠服务。

26. 金融机构应为老年人办理业务提供便捷服务，设置老年人取款优先窗口，并提供导银服务，对有特殊困难、行动不便的老年人提供特需服务或上门服务。鼓励对养老金客户实施减费让利，对异地领取养老金的客户减免手续费。对办理转账、汇款业务或购买金融产品的老年人，应提示相应风险。

（五）文体休闲优待

27. 各级各类博物馆、美术馆、科技馆、纪念馆、公共图书馆、文化馆等公共文化服务设施，向老年人免费开放。减免老年人参观文物建筑及遗址类博物馆的门票。

28. 公共文化体育部门应对老年人优惠开放，免费为老年人提供影视放映、文艺演出、体育赛事、图片展览、科技宣传等公益性流动文化体育服务。关注农村老年人文化体育需求，适当安排面向农村老年人的专题专场公益性文化体育服务。

29. 公共文化体育场所应为老年人健身活动提供方便和优惠服务，安排一定时段向老年人减免费用开放，有条件的可适当增加面向老年人的特色文化体育服务项目。提倡体育机构每年为老年人进行体质测定，为老年人体育健身提供咨询、服务和指导，提高老年人科学健身水平。

30. 提倡经营性文化体育单位对老年人提供优待。鼓励影剧院、体育场馆为老年人提供优惠票价，为老年文艺体育团体优惠提供场地。

31. 公园、旅游景点应对老年人实行门票减免，鼓励景区内的观光车、缆车等代步工具对老年人给予优惠。

32. 老年活动场所、老年教育资源要对城乡老年人公平开放，公共教育资源应为老年人学习提供指导和帮助。贫困老年人进入老年大学（学校）学习的，给予学费减免。

（六）维权服务优待

33. 各级人民法院对侵犯老年人合法权益的案件，要依法及时立案受理、及时审判和执行。

34. 司法机关应开通电话和网络服务、上门服务等形式，为高龄、失能等行动不便的老年人报案、参与诉讼等提供便利。

35. 老年人因其合法权益受到侵害提起诉讼，需要律师帮助但无力支付律师费用的，可依法获得法律援助。对老年人提出的法律援助申请，要简化程序，优先受理、优先审查和指派。各地可根据经济社会发展水平，适度放宽老年人经济困难标准，将更多与老年人权益保护密切相关的事项纳入法律援助补充事项范围，扩大老年人法律援助覆盖面。

36. 要健全完善老年人法律援助体系，不断拓展老年人申请法律援助的渠道，科学设置基层法律援助站点，简化程序和手续，为老年人就近申请和获得法律援助提供便利条件。

37. 老年人因追索赡养费、扶养费、养老金、退休金、抚恤金、医疗费、劳动报酬、人身伤害事故赔偿金等提起诉讼，交纳诉讼费确有困难的，可以申请司法救助，缓交、减交或者免交诉讼费。因情况紧急需要先予执行的，可依法裁定先予执行。

38. 鼓励律师事务所、公证处、司法鉴定机构、基层法律服务所等法律服务机构，为经济困难的老年人提供免费或优惠服务。

三、组织实施

（一）切实加强领导。各地要高度重视老年人优待工作，健全政府主导、老龄委组织协调、相关部门各司其职、企事业单位和社会团体以及志愿者积极参与的工作体制和运行机制。要保障老年人优待工作经费，进一步落实各项财税优惠政策，调动社会力量积极参与。加强对老年人优待工作年度目标责任考核，确保责任到位、任务落实。县级以上地方人民政府和相关部门要结合实际制定老年人优待政策和具体实施办法。

（二）协力推进实施。优待老年人是全社会的共同责任。国家机关、社会团体、企事业单位和其他组织，都要履行为老年人提供优待的职责义务，积极为老年人提供优待服务。各级涉老主管单位要规范服务，加强管理，督促各优待服务场所、设施和窗口设置优待标识，公布优待内容。有关部门要加强尊老敬老思想教育和道德宣传、老年维权法制教育活动，增强社会成员优待老年人的自觉性，提高老年人自我维权意识和能力。深入推进“敬老爱老助老”主题教育、“敬老文明号”和“老年人维权示范岗”活动，在全社会弘扬孝亲敬老传统美德，进一步营造尊重老年人的社会氛围。

（三）监督检查落实。各级老龄工作委员会负责老年人优待工作的组织协调和监督指导，各级老龄工作委员会办公室承担老年人优待工作的日常事务管理，要会同有关部门定期开展监督检查。要进一步发挥行政监督和社会监督的作用，建立健全信息反馈和监督机制，设立服务和监督热线，依法妥善解决好举报和投诉问题，对老年人优待工作中反映强烈的突出问题，要尽早发现、及时解决。对不按规定履行优待老年人义务的，由有关主管部门责令改正。

全国老龄办	最高人民法院	中央宣传部
国家发展改革委	科技部	公安部
民政部	司法部	财政部
人力资源社会保障部	住房城乡建设部	交通运输部
农业部	商务部	文化部
国家卫生计生委	新闻出版广电总局	体育总局
国家林业局	国家旅游局	国家铁路局
中国民航局	国家文物局	全国总工会

2013年12月30日

4.8 老年人社会福利机构基本规范

中华人民共和国行业标准（MZ008—2001）

中华人民共和国民政部2001年2月6日发布

2001年3月1日实施

前　　言

为了加强老年人社会福利机构的规范化管理，维护老年人权益，促进老年人社会福利事业健康发展，根据民政部人教科字［2000］第24号文的要求，特制定本规范。

本规范的主要技术内容是：总则、术语、服务、管理、设施设备。

本规范由民政部人事教育司归口管理，授权主要起草单位负责解释。

本规范主要起草单位：民政部社会福利和社会事务司。

本规范参加起草单位：北京市民政局。

本规范主要起草人：常宗虎、李建平、贾晓九、蔡安财、孟志强、郭幼生、彭嘉琳。

1 总　　则

1.1 为加强老年人社会福利机构规范化管理，维护老年人权益，促进老年人社会福利事业健康发展，制定本规范。

1.2 本规范适用于各类、各种所有制形式的为老年人提供养护、康复、托管等服务的社会福利服务机构。

1.3 老年人社会福利机构的宗旨是：用科学的知识和技能维护老年人基本权益，帮助老年人适应社会，促进老年人自身发展。

1.4 本规范所列各种条款均为最低要求。

1.5 老年人社会福利机构除应符合本规范外，尚应符合国家现行相关强制性标准的规定。

2 术　　语

2.1 老年人　The Elderly　60周岁及以上的人口。

2.2 自理老人　The Self-care Elderly　日常生活行为完全自理，不依赖他人护理的老年人。

2.3 介助老人　The Device-aided Elderly　日常生活行为依赖扶手、拐杖、轮椅和升降等设施帮助的老年人。

2.4 介护老人　The Nursing-cared Elderly　日常生活行为依赖他人护理的老年人。

2.5 老年社会福利院　Social Welfare Institution for the Aged　由国家出资举办、管理的综合接待“三无”老人、自理老人、介助老人、介护老人安度晚年而设置的社会养老服务机构，设有生活起居、文化娱乐、康复训练、医疗保健等多项服务设施。

2.6 养老院或者老人院　Homes for the Aged　专为接待自理老人或综合接待自理老人、介助老人、介护老人安度晚年而设置的社会养老服务机构，设有生活起居、文化娱乐、康复训练、医疗保健等多项服务设施。

2.7 老年公寓　Hostels for the Elderly　专供老年人集中居住，符合老年体能心态特征的公寓式老年住宅，具备餐饮、清洁卫生、文化娱乐、医疗保健等多项服务设施。

2.8 护老院　Homes for the Device-aided Elderly　专为接待介助老人安度晚年而设置的社会养老服务机构，设有生活起居、文化娱乐、康复训练、医疗保健等多项服务设施。

2.9 护养院　Nursing Homes　专为接待介护老人安度晚年而设置的社会养老服务机构，设有起居生活、文化娱乐、康复训练、医疗保健等多项服务设施。

2.10 敬老院　Homes for the Elderly ln the Rural Areas　在农村乡（镇）、村设置的供养“三无”（无法定扶养义务人，或者虽有法定扶养义务人，但是扶养义务人无扶养能力的；无劳动能力的；无生活来源的）“五保”（吃、穿、住、医、葬）老人和接待社会上的老年人安度晚年的社会养者服务机构，设有生活起居、文化娱乐、康复训练、医疗保健等多项服务设施。

2.11　托老所 Nursery for the Elderly　为短期接待老年人托管服务的社区养老服务场所，设有生活起居、文化娱乐、康复训练、医疗保健等多项服务设施，分为日托、全托、临时托等。

2.12　老年人服务中心　Center of Service for the Elderly　为老年人提供各种综合性服务的社区服务场所，设有文化娱乐、康复训练、医疗保健等多项或单项服务设施和上门服务项目。

3　服　　务

3.1　膳　　食

3.1.1　有主管部门颁发了卫生许可证的专门为老人服务的食堂，配备厨师和炊事员。

3.1.2　厨师和炊事员持证上岗，严格执行食品卫生法规，严防食物中毒。

3.1.3　注意营养、合理配餐，每周有食谱，根据老人的需要或医嘱制作普食、软食、流食及其他特殊饮食。

3.1.4　为有需要的自理老人、介助老人和所有介护老人送饭到居室，根据需要喂水喂饭。清洗消毒餐具。

3.1.5　每月召开1次膳食管理委员会，征求智力正常老人及其他老人家属的意见，满意率达到80％以上。

3.1.6　照顾不同老年人的饮食习惯，尊重少数民族的饮食习俗。

3.2　护　　理

3.2.1　自理老人

3.2.1.1　每天清扫房间1次，室内应无蝇、无蚊、无鼠、无蟑螂、无臭虫。

3.2.1.2　提供干净、得体的服装并定期换洗，冬、春、秋季每周1次，夏季经常换洗。保持室内空气新鲜，无异味。

3.2.1.3　协助老人整理床铺。

3.2.1.4　每周换洗一次被罩、床单、枕巾（必要时随时换洗）。

3.2.1.5　夏季每周洗澡2次，其他季节每周1次。

3.2.1.6　督促老人洗头、理发、修剪指甲。

3.2.1.7　服务人员24小时值班，实行程序化个案护理。视情况调整护理方案。

3.2.2　介助老人

3.2.2.1　每天清扫房间1次，室内应无蝇、无蚊、无鼠、无蟑螂、无臭虫。保持室内空气新鲜，无异味。

3.2.2.2　提供干净、得体的服装并定期换洗，冬、春、秋季每周1次，夏季经常换洗。

3.2.2.3　协助老人整理床铺。

3.2.2.4　每周换洗 1 次被罩、床单、枕巾（必要时随时换洗）。

3.2.2.5　夏季每周洗澡 2 次，其他季节每周 1 次。

3.2.2.6　协助老人洗头、修剪指甲。

3.2.2.7　定期上门理发，保持老人仪表端正。

3.2.2.8　毛巾、洗脸盆应经常清洗，便器每周消毒 1 次。

3.2.2.9　搀扶老人上厕所排便。

3.2.2.10　Ⅰ0 褥疮发生率低于 5%，Ⅱ0 褥疮发生率为零，入院前发生严重低蛋白血症，全身高度浮肿、癌症晚期、恶液质等患者除外。对因病情不能翻身而患褥疮的情况应有详细记录，并尽可能提供防护措施。

3.2.2.11　服务人员 24 小时值班，实行程序化个案护理。视情况调整护理方案。

3.2.3　介护老人

3.2.3.1　每天清扫房间 1 次，室内应无蝇、无蚊、无老鼠、无蟑螂、无臭虫。保持室内空气新鲜，无异味。

3.2.3.2　提供干净、得体的服装并定期换洗，冬、春、秋季每周 1 次，夏季经常换洗。

3.2.3.3　整理床铺。

3.2.3.4　每周换洗 1 次被罩、床单、枕巾（必要时随时换洗）。

3.2.3.5　帮助老人起床穿衣、睡前脱衣。

3.2.3.6　全身洗澡，每周 2 次。

3.2.3.7　定期修剪指甲、洗头。

3.2.3.8　口腔护理清洁无异味。

3.2.3.9　定期上门理发，保持老人仪表端正。

3.2.3.10　毛巾、洗脸盆应经常清洗，便器每周消毒 1 次。

3.2.3.11　送饭到居室，喂水喂饭。

3.2.3.12　帮助老人排便。

3.2.3.13　为行走不便的老人配备临时使用的拐杖、轮椅车和其他辅助器具。

3.2.3.14　Ⅰ0 褥疮发生率低于 5%，Ⅱ0 褥疮发生率为零，入院前发生严重低蛋白血症，全身高度浮肿、癌症晚期、恶液质等患者除外。对因病情不能翻身而患褥疮的情况应有详细记录，并尽可能提供防护措施。

3.2.3.15　早晨起床后帮助老人洗漱，晚上帮助老人洗脚。

3.2.3.16　视天气情况，每天带老人到户外活动 1 小时。

3.2.3.17　服务人员 24 小时值班，实行程序化个案护理。视情况调整护理方案。

3.2.4　帮助老人办理到异地的车船票。

3.2.5　特别保护女性智残和患有精神病的老人的人身权益不受侵犯。

3.2.6　对患有传染病的老人要及时采取特殊保护措施，并对其隔离、治疗，以既不影响他人又尊重病患老人为原则。

3.3　康　　复

3.3.1　卫生保健人员定期查房巡诊，每天 1 次。

3.3.2　为老人定期检查身体，每年 1 次。

3.3.3　医护人员定期、定时护理。

3.3.4　组织智力健全和部分健全的老人每月进行1次健康教育和自我保健、自我护理知识的学习，常见病、多发病的自我防治以及老年营养学的学习。

3.3.5　医护人员确保各项治疗措施的落实，确保每周开展两种以上康复活动。

3.3.6　定期或不定期地做好休养区和院内公共场所的消毒灭菌工作。

3.3.7　制定年度康复计划，每周组织老年人开展3次康复活动。

3.4　心　　理

3.4.1　为有劳动能力的老人自愿参加公益活动提供中介服务或给予劳动的机会。组织健康老人每季度参加1次公益活动。

3.4.2　每周根据老人身体健康情况、兴趣爱好、文化程度，开展1次有益于身心健康的各种文娱、体育活动，丰富老年人的文化生活。

3.4.3　与老人每天交谈15分钟以上，并作好谈话周记。及时掌握每个老人的情绪变化，对普遍性问题和极端的个人问题集体研究解决，保持老人的自信状态。

3.4.4　经常组织老人进行必要的情感交流和社会交往。不定期开展为老人送温暖、送欢乐活动，消除老人的心理障碍。帮助老人建立新的社会联系，努力营造和睦的大家庭色彩，基本满足老人情感交流和社会交往的需要。根据老年人的特长、身体健康状况、社会参与意愿，不定时的组织老年人参与社会活动，为社会发展贡献余热。

3.4.5　制定有针对性的“入住适应计划”，帮助新入住老人顺利渡过入住初期。

4　管　　理

4.1　机构证书和名称

4.1.1　提供《社会福利机构设置批准证书》和法人资格证书，并悬挂在醒目的地方。

4.1.2　老年人社会福利机构的名称，必须根据收养对象的健康状况和机构的业务性质，标明养老院、老年公寓、护老院、护养院、敬老院、托老所或老年人服务中心等。由国家和集体举办的，应冠以所在地省（自治区、直辖市）、市（地、州）、县（县级市、市辖区）、乡（镇）行政区划名称，但不再另起字号；由社会组织和个人兴办的应执行《民办非企业单位名称管理暂行规定》。

4.2　人力资源配置

4.2.1　城镇地区和有条件的农村地区，老年人社会福利机构主要领导应具备相关专业大专以上学历，模范遵守国家的法律法规，熟练掌握所从事工作的基本知识和专业技能。

4.2.2　城镇地区和有条件的农村地区，老年人社会福利机构应有1名大专学历以上、社会工作类专业毕业的专职的社会工作人员和专职康复人员。为介护老人服务的机构有1名医生和相应数量的护士。护理人员及其他人员的数量以能满足服务对象需要并能提供本规范所规定的服务项目为原则。

4.2.3 主要领导应接受社会工作类专业知识的培训。各专业工作人员应具有相关部门颁发的职业资格证书或国家承认的相关专业大专以上学历。无专业技术职务的护理人员应接受岗前培训，经省级以上主管机关培训考核后持证上岗。

4.3 制 度 建 设

4.3.1 有按照有关规定和要求制定的适合实际工作需要的规章制度。

4.3.2 有与入院老年人或其亲属、单位签订的具有法律效力的入院协议书。

4.3.3 有简单介绍本机构最新情况的书面图文资料。其中须说明服务宗旨、目标、对象、项目、收费及服务使用者申请加入和退出服务的办法与发表意见的途径、本机构处理所提意见和投诉的承诺等。这类资料应满足服务对象使用。

4.3.4 有可供相关人员查阅和向有关部门汇报的长中短期工作计划、定期统计资料、年度总结和评估报告。

4.3.5 建立入院老人档案，包括入院协议书、申请书、健康检查资料、身份证、户口簿复印件、老人照片及记录后事处理联系人等与老人有关的资料并长期保存。

4.3.6 有全部工作人员、管理机构和决策机构的职责说明、工作流程及组织结构图。

4.3.7 有工作人员工作细则和选聘、培训、考核、任免、奖惩等的相关管理制度。

4.3.8 严格执行有关外事、财务、人事、捐赠等方面规定。

4.3.9 各部门、各层级应签订预防事故的责任书，确保安全，做到全年无重大责任事故。

4.3.10 护理人员确保各项治疗、护理、康复措施的落实，严禁发生事故。

4.3.11 服务项目的收费按照当地物价部门和民政部门的规定执行，收费项目既要逐项分计，又要适当合计。收费标准应当公开和便于查阅。

4.3.12 有工作人员和入院老人花名册。入院老人的个人资料除供有需要知情的人员查阅外应予以保密。

4.3.13 严防智残和患有精神病的老人走失。为智残和患有精神病的老人佩戴写有姓名和联系方式的卡片，或采取其他有效措施，以便老人走失后的查找工作。

4.3.14 对患有精神病且病情不稳定的老人有约束保护措施和处理突发事件的措施。

4.3.15 有老人参与机构管理的管理委员会。

4.3.16 长期住院的“三无”老人的个人财产应予以登记，并办理有关代保管服务的手续。

4.3.17 工作人员在工作时间内领佩证上岗。

5 设 施 设 备

5.1 老 人 居 室

5.1.1 老人居室的单人间使用面积不小于10平方米；双人间使用面积不小于14平方米；三人间使用面积不小于18平方米；合居型居室每张床位的使用面积不小于5平方米。

5.1.2 根据老人实际需要，居室应配设单人床、床头柜、桌椅、衣柜、衣架、毛巾架、毯子、褥子、被子、床单、被罩、枕芯、枕套、枕巾、时钟、梳妆镜、洗脸盆、暖水瓶、痰盂、废纸桶、床头牌等，介助、介护老人的床头应安装呼叫铃。

5.1.3　室内家具、各种设备应无尖角凸出部分。

5.2　饭厅应配设餐桌、座椅、时钟、公告栏、废纸桶、窗帘、消毒柜、洗漱池、防蝇设备等。

5.3　洗手间及浴室应配备安装在墙上的尿池、坐便器、卫生纸、卫生纸专用夹、废纸桶、淋浴器、坐浴盆或浴池、防滑的浴池垫和淋浴垫、浴室温度计、抽气扇等。

5.4　有必备的洗衣设备，应有洗衣机、熨斗等。

5.5　建有老人活动室。有供其阅读、写字、绘画、娱乐的场所。该场所应提供图书、报刊、电视机和棋牌。

5.6　有配置了适合老人使用的健身、康复器械和设备的康复室和健身场所。

5.7　有接待来访的场所。接待室配备桌椅、纸笔及相关介绍材料。

5.8　室外活动场所不得少于150m^2，绿化面积达到60%。

5.9　公共区域应设有明显标志，方便识别。

5.10　有一部可供老人使用的电话。

5.11　根据老人健康情况，必须准备足够的医疗设备和物资，应有急救药箱和轮椅车等。不设医务室的老年人社会福利机构应与专业医院签订合同。合同医院必须具备处理老年人社会福利机构内各种突发性疾病和其他紧急情况的能力，并能够承担老年人常见病、多发病的日常诊疗任务。

5.12　及时解决消防、照明、报警、取暖、通讯、降温、排污等设施和生活设备出现的问题，严格执行相关规定，保证其随时处于正常状态。

5.13　保证水、电供应，冬季室温不低于16℃，夏季不超过28℃。

5.14　生活环境安静、清洁、优美，居室物品放置有序，顶棚、墙面、地面、桌面、镜面、窗户、窗台洁净。

4.9 城镇老年人设施规划规范

中华人民共和国国家标准

城镇老年人设施规划规范

Code for planning of city and town facilities for the aged

GB 50437-2007

主编部门：中华人民共和国建设部
批准部门：中华人民共和国建设部
施行日期：2 0 0 8 年 6 月 1 日

中华人民共和国建设部
公　　告

第746号

建设部关于发布国家标准《城镇老年人设施规划规范》的公告现批准《城镇老年人设施规划规范》为国家标准，编号为GB 50437－2007，自2008年6月1日起实施。其中，第3.2.2、3.2.3、5.3.1条为强制性条文，必须严格执行。

本规范由建设部标准定额研究所组织中国计划出版社出版发行。

中华人民共和国建设部
二〇〇七年十月二十五日

1 总　　则

1.0.1 为适应我国人口结构老龄化，加强老年人设施的规划，为老年人提供安全、方便、舒适、卫生的生活环境，满足老年人日益增长的物质与精神文化需要，制定本规范。

1.0.2 本规范适用于城镇老年人设施的新建、扩建或改建的规划。

1.0.3 老年人设施的规划，应符合下列要求：

1 符合城镇总体规划及其他相关规划的要求；

2 符合“统一规划、合理布局、因地制宜、综合开发、配套建设”的原则；

3 符合老年人生理和心理的需求，并综合考虑日照、通风、防寒、采光、防灾及管理等要求；

4 符合社会效益、环境效益和经济效益相结合的原则。

1.0.4 老年人设施规划除应执行本规范外，尚应符合国家现行的有关标准的规定。

2 术　　语

2.0.1 老年人设施　facilities for the aged　专为老年人服务的居住建筑和公共建筑。

2.0.2 老年公寓　artment for the aged　专为老年人集中养老提供独立或半独立家居形式的居住建筑。一般以栋为单位，具有相对完整的配套服务设施。

2.0.3 养老院　home for the aged　专为接待老年人安度晚年而设置的社会养老服务机构，设有起居生活、文化娱乐、医疗保健等多项服务设施。养老院包括社会福利院的老人部、护老院、护养院。

2.0.4 老人护理院　nursing home for the aged　为无自理能力的老年人提供居住、医疗、保健、康复和护理的配套服务设施。

2.0.5 老年学校（大学）　school for the aged　为老年人提供继续学习和交流的专门机构和场所。

2.0.6 老年活动中心　center of recreation activities for the aged　为老年人提供综合性文化娱乐活动的专门机构和场所。

2.0.7 老年服务中心（站）　station of service forthe aged　为老年人提供各种综合性服务的社区服务机构和场所。

2.0.8 托老所　nursery for the aged　为短期接待老年人托管服务的社区养老服务场所，设有起居生活、文化娱乐、医疗保健等多项服务设施，可分日托和全托两种。

3　分级、规模和内容

3.1　分　　级

3.1.1　老年人设施按服务范围和所在地区性质分为市（地区）级、居住区（镇）级、小区级。

3.1.2　老年人设施分级配建应符合表3.1.2的规定。

表3.1.2　老年人设施分级配建表

项　目	市（地区）级	居住区（镇）级	小区级
老年公寓	▲	△	
养老院	▲	▲	
老人护理院	▲		
老年学校（大学）	▲	△	
老年活动中心	▲	▲	▲
老年服务中心（站）		▲	▲
托老所		△	▲

注：1　表中▲为应配建；△为宜配建。
2　老年人设施配建项目可根据城镇社会发展进行适当调整。
3　各级老年人设施配建数量、服务半径应根据各城镇的具体情况确定。
4　居住区（镇）级以下的老年活动中心和老年服务中心（站），可合并设置。

3.2　配建指标及设置要求

3.2.1　老年人设施中养老院、老年公寓与老人护理院配置的总床位数量，应按1.5～3.0床位/百老人的指标计算。

3.2.2　老年人设施新建项目的配建规模、要求及指标，应符合表3.2.2-1和表3.2.2-2的规定，并应纳入相关规划。

表3.2.2-1　老年人设施配建规模、要求及指标

项目名称	基本配建内容	配建规模及要求	配建指标	
			建筑面积（m^2/床）	用地面积（m^2/床）
老年公寓	居家式生活起居、餐饮服务、文化娱乐、保健服务用房等	不应小于80床位	≥40	50～70
市（地区）级养老院	生活起居、餐饮服务、文化娱乐、医疗保健、健身用房及室外活动场地等	不应小于150床位	≥35	45～60

续表 3.2.2-1

项目名称	基本配建内容	配建规模及要求	配建指标	
			建筑面积（m^2/床）	用地面积（m^2/床）
居住区（镇）级养老院	生活起居、餐饮服务、文化娱乐、医疗保健用房及室外活动场地等	不应小于30床位	⩾30	40～50
老人护理院	生活护理、餐饮服务、医疗保健、康复用房等	不应小于100床位	⩾35	45～60

注：表中所列各级老年公寓、养老院、老人护理院的每床位建筑面积及用地面积均为综合指标，已包括服务设施的建筑面积及用地面积。

表 3.2.2-2　老年人设施配建规模、要求及指标

项目名称	基本配建内容	配建规模及要求	配建指标	
			建筑面积（m^2/床）	用地面积（m^2/床）
市（地区）级老年学校（大学）	普通教室、多功能教室、专业教室、阅览室及室外活动场地等	（1）应为5班以上；（2）市级应具有独立的场地、校舍	⩾1500	⩾3000
市（地区）级老年活动中心	阅览室、多功能教室、播放厅、舞厅、棋牌类活动室、休息室及室外活动场地等	应有独立的场地、建筑，并应设置适合老人活动的室外活动设施	1000～4000	2000～8000
居住区（镇）级老年活动中心	活动室、教室、阅览室、保健室、室外活动场地等	应设置大于300m^2的室外活动场地	⩾300	⩾600
居住区（镇）级老年服务中心	活动室、保健室、紧急援助、法律援助、专业服务等	镇老人服务中心应附设不小于50床位的养老设施；增加的建筑面积应按每床建筑面积不小于35m^2，每床用地面积不小于50m^2另行计算	⩾200	⩾400
小区老年活动中心	活动室、阅览室、保健室、室外活动场地等	应设不小于150m^2的室外活动场地	⩾150	⩾300
小区级老年服务站	活动室、保健室、家政服务用房等	服务半径应小于500m	⩾150	—
托老所	休息室、活动室、保健室、餐饮服务用房等	（1）不应小于10床位，每床建筑面积不应小于20；（2）应与老年服务站合并设置	⩾300	—

注：表中所列各级老年公寓、养老院、老人护理院的每床位建筑面积及用地面积均为综合指标，已包括服务设施的建筑面积及用地面积。

3.2.3　城市旧城区老年人设施新建、扩建或改建项目的配建规模、要求应满足老年人设施基本功能的需要．其指标不应低于本规范表3.2.2-1和表3.2.2-2中相应指标的70%，并应符合当地主管部门的有关规定。

4　布局与选址

4.1　布　　局

4.1.1　老年人设施布局应符合当地老年人口的分布特点，并宜靠近居住人口集中的地区布局。

4.1.2　市（地区）级的老人护理院、养老院用地应独立设置。

4.1.3　居住区内的老年人设施宜靠近其他生活服务设施，统一布局，但应保持一定的独立性，避免干扰。

4.1.4　建制镇老年人设施布局宜与镇区公共中心集中设置，统一安排，并宜靠近医疗设施与公共绿地。

4.2　选　　址

4.2.1　老年人设施应选择在地形平坦、自然环境较好、阳光充足、通风良好的地段布置。

4.2.2　老年人设施应选择在具有良好基础设施条件的地段布置。

4.2.3　老年人设施应选择在交通便捷、方便可达的地段布置，但应避开对外公路、快速路及交通量大的交叉路口等地段。

4.2.4　老年人设施应远离污染源、噪声源及危险品的生产储运等用地。

5　场地规划

5.1　建筑布置

5.1.1　老年人设施的建筑应根据当地纬度及气候特点选择较好的朝向布置。

5.1.2　老年人设施的日照要求应满足相关标准的规定。

5.1.3　老年人设施场地内建筑密度不应大于30%，容积率不宜大于0.8。建筑宜以低层或多层为主。

5.2　场地与道路

5.2.1　老年人设施场地坡度不应大于3%。

5.2.2　老年人设施场地内应人车分行，并应设置适量的停车位。

5.2.3　场地内步行道路宽度不应小于1.8m，纵坡不宜大于2.5%并应符合国家标准的相关规定。当在步行道中设台阶时，应设轮椅坡道及扶手。

5.3 场 地 绿 化

5.3.1 老年人设施场地范围内的绿地率：新建不应低于40%，扩建和改建不应低于35%。

5.3.2 集中绿地面积应按每位老年人不低于2m² 设置。

5.3.3 活动场地内的植物配置宜四季常青及乔灌木、草地相结合，不应种植带刺、有毒及根茎易露出地面的植物。

5.4 室 外 活 动 场 地

5.4.1 老年人设施应为老年人提供适当规模的休闲场地，包括活动场地及游憩空间，可结合居住区中心绿地设置，也可与相关设施合建。布局宜动静分区。

5.4.2 老年人游憩空间应选择在向阳避风处，并宜设置花廊、亭、榭、桌椅等设施。

5.4.3 老年人活动场地应有1/2的活动面积在标准的建筑日照阴影线以外，并应设置一定数量的适合老年人活动的设施。

5.4.4 室外临水面活动场地、踏步及坡道，应设护栏、扶手。

5.4.5 集中活动场地附近应设置便于老年人使用的公共卫生间。

本规范用词说明

1 为便于在执行本规范条文时区别对待，对要求严格程度不同的用词说明如下：

1）表示很严格，非这样做不可的用词：

正面词采用“必须”，反面词采用“严禁”。

2）表示严格，在正常情况下均应这样做的用词：

正面词采用“应”，反面词采用“不应”或“不得”。

3）表示允许稍有选择，在条件许可时首先应这样做的用词：

正面词采用“宜”，反面词采用“不宜”；

表示有选择，在一定条件下可以这样做的用词，采用“可”。

2 本规范中指明应按其他有关标准、规范执行的写法为“应符合……的规定”或“应按……执行”。

中华人民共和国国家标准

城镇老年人设施规划规范

GB 50437－2007

条 文 说 明

1 总 则

1.0.1 我国60岁以上人口占总人口数已超过10%，按联合国有关规定，我国已正式进入老年型社会。据预测，今后老年人口占总人口的比例还将继续增长。严峻的人口老龄化形势将给处于发展中的我国带来巨大的挑战。今天的社会应当关注老年人的生活需求，这些需求不仅包括“老有所养，老有所医”的基本物质需要，还应包括“老有所为，老有所学，老有所乐”等方面的精神需要。关心老年人，是社会文明和进步的标志之一，这个问题是否解决得好，关系到我国政治和社会的稳定和发展。

由于多方面的原因，我国未专门制定过有关老年人设施规划的技术性规范。将老年人设施纳入城市规划和建设的轨道，确保老年人设施的规划和建设质量，是编制本规范的根本目的。

1.0.2 我国已有不少城镇建起了一批老年人设施，在各种特定的条件限制下，这些设施普遍存在着数量不足、规模小、内容不全及设施简陋、环境质量差等问题，因此本规范明确提出不仅适用于新建，也适用于改建和扩建的要求。

1.0.3 老年人设施作为公共设施的一部分，应与城镇其他规划一样共同遵守总体规划及相关规划的要求。本条是老年人设施规划必须遵循的基本原则。

1 老年人设施规划也是城镇公共设施的一部分，因此应符合总体规划及其他相关规定。

2 在城市和乡镇规划区内进行老年人设施建设，必须遵守《中华人民共和国城市规划法》中提出的“统一规划、合理布局、因地制宜、综合开发、配套建设”的原则。

3 老年人由于生理机能衰退，出现年老体弱、行动迟缓、步履蹒跚等生理特点和内心孤独的心理特征，因此对环境的要求应比普通人更高，老年人设施的规划和建设必须符合老年人的特点。

4 过去老年人设施主要属于社会福利设施，经济效益考虑相对较少。我国现在和将来的老年人设施投资呈多元化趋势，老年人设施除了考虑社会和环境效益外，也需考虑经济效益。因此，提出“三个效益”相结合，以满足可持续发展的需要。

1.0.4 老年人设施规划涉及面广，因此除了符合本规范外，尚应于对本规范内容的正确理解和使用。符合和遵守其他相关规范的要求。

2 术 语

本章内容是对本规范设计的基本词汇给予统一的定义，以利于对本规范内容的正确理解和使用。

1 联合国规定：60岁及以上老年人占10%或65岁以上占7%的城市和社会称老龄

化城市或老龄化社会。我国民政部及学术界基本上使用60岁作为老年人界限，因此本规范使用60岁作为老年人的标准。

2　由于老年人设施现有的名词很多，本规范术语应力求反映时代特点。如养老院这一名词实际上涵盖社会福利院中的老人部、护老院、敬老院等内容。在老年教育设施方面，虽然“老年教育”不同于学历教育，但考虑到从20世纪80年代开始，在一些城市中将市级老年教育设施称“老年大学”，区（县）级老年教育设施称“老年学校”，被老年教育界、民政界等多部门所接受，所以本规范对此类名词予以纳入、肯定。

3　现有的老年人设施内容很多，本次老年人设施内容的选定，一方面参照国际惯例，但更主要的是从国情考虑。如老年病医院，由于老年病医院专业性很强，一般规模的城市使用得很少，因此本规范不予考虑。还有如养老设施方面，主要根据老年人从60岁到临终不同阶段的生理特点及需求，确定了老年公寓、养老院及老人护理院等三种养老方式。

3　分级、规模和内容

3.1　分　　级

3.1.1　老年人设施作为城市公共设施的一类，应当按照城市公共设施的分级序列相应地分级配置，分为三级：市（地区）级、居住区（镇）级、小区级。大、中城市由于城市规模大、人口多，应根据管理、服务需要在市级的下一层次增设地区级，由于市级、地区级功能相近，本规范合并为一级。建制镇的人口规模与居住区大致相同，对老年人设施的需求近似于居住区要求，故规范中合并至居住区级。

根据以上原则分级，形成的老年人设施网络能够基本覆盖城镇各级居民点，满足老年人使用的需求；其分级的方式应与现行国家标准《城市居住区规划设计规范》GB 50180衔接，有利于不同层次的设施配套；在实际运作中可以和现有的以民政系统管理为主的老年保障网络相融合，如市级要求两者基本相同，本规范地区级则相当于后者规模较大、辐射范围较大的区级设施，而本规范居住区级则和街道办事处管辖规模3～5万人相一致，便于组织管理，在原有基础上进一步充实、深化。

3.1.2　本条对各级老年人设施应配建或宜配建项目做出了具体规定。表3.1.2中的规定是依据老年人的需求程度、使用频率、设施的服务内容、服务半径以及经济因素综合确定的。如养老院，提供长期综合社会养老服务，要求设施齐全，服务半径大，因而设在居住区（镇）级以上。而老年服务中心（站）为居家养老的老年人提供日常服务，使用频率高，设施相对简单，因而需就近在居住区、小区内设置。我国地域辽阔，各区域中城镇的规模相差大，人口老龄化的程度亦不相同，所以老年人设施的配建规模、数量必须根据其具体的人口规模、人口老龄化程度等因素确定。此外，老年人设施目前多属公益设施，在城市新区建设中应当以本规范和相关规范为依据与其他设施同步规划，同步建设。

3.2　配建指标及设置要求

3.2.1　我国各区域经济水平差异较大，各地的养老观念和养老模式也不相同。世界平均养老床位为1.5床位/百老人，发达国家为4.0～7.0床位/百老人。我国现状还不到1.0床位/百老人，投资一张普通养老床位需3～5万元，故本规范将养老院、老年公寓与老人护理院配置的总床位数要求确定在1.5～3.0床位/百老人之间。各地可按实际情况确定具体的百老人床位数。

调查发现，各个城市老年人人口与本城市总人口关系不大。如新兴城市，工矿城市老年人人口不足7%，而老的城市则可达15%以上。因此，本规范养老机构床位数未采用千人指标。

3.2.2 本条对各级老年人设施的设置要求做出了具体规定。通过阀研、国内外资料的对比，以及对各种规范的参考借鉴，表中量了多数老年人设施的主要指标，如养老院的单床建筑面积，全国各地现状多为30～35m^2/床之间，日本同类设施建议值为33m^2，现行国家标准《城市居住区规划设计规范》GB 50180规定养老院单床建筑面积应大于等于40m^2。现行国家标准《老年人居住建筑设计标准》GB/T 50340规定养老院人均建筑面积25m^2。综合以上规定，本规范明确了相应指标。表3.2.2-1和表3.2.2-2中，设施的规模则是根据各项目自身经营管理及经济合理性决定的，如市（地区）级养老院，150床位规模是考虑到发挥其各类服务设施作用比较经济。表中的用地规模则是根据建筑密度、容积率推算确定的。

1 市（地区）级老年人机构对下级老年人设施具有业务上的示范和指导关系，有的还承担着培训老年人设施服务人员、认证其上岗资格的功能，因而在具体的设置规定中，用地面积、建筑面积等指标宜适当放宽，考虑到有些大城市中，城市或辖区人口多，老化程度高，该级设施应进行统一规划，可分若干处分步实施。

2 居住区（镇）级、小区级老年人设施对周围的老年人服务直接、频繁，因而在今后的新区建设中必须与住宅建设同步规划、同步实施，同时交付使用。

3.2.3 考虑到城市旧城区中，人口密度大，用地十分紧张，在旧城区中新建、扩建或改建老年人设施时，可酌情调整相关指标，但不应低于表3.2.2-1和表3.2.2-2中相应指标的70%，以满足基本功能需要。

4 布局与选址

4.1 布 局

4.1.1 根据调查结果显示，老年人口的分布情况不尽相同，表现在如下方面：东西部地区的差异、发达与不发达地区的差异、新城市与老城市的差异、不同规模的城市之间的差异、同一城市新区与旧区的差异。一般说来，城市老城区的老年人比例相对新城区要大。因此，老年人设施的布局应根据老年人在新旧城区的分布特点，并按照老年人设施规模合理配建。

4.1.2 市（地区）级的老人护理院、养老院等老年人设施，其服务对象不是为居家养老的老年人提供的，而是一种社会养老机构，尤其老人护理院是为生活已不能自理，特别是为需要临终关怀的老年轻人设立的，对环境的要求相对较高，因此这些机构应避开相同级别的其他公共设施而独立设置。

4.1.3　由于居住区内的老年人设施规模不大，服务内容和功能相对简单并相兼容，因此，为达到经济适用，社会效益明显，并方便老年人使用，规划时可集中设置，统一布局。

居住区内的老年人设施，属于居住区公共设施的组成部分，在满足老年人设施的一些特殊要求如安静、安全、避免干扰等条件的前提下，可以与其他的公共设施相对集中，方便使用，但应保证老年人设施具有一定的独立性。

4.1.4　由于一般建制镇的规模较小，老年人设施的布局可以与镇区其他公共设施综合考虑，并尽量与医疗保健、绿地、广场靠近，有利于方便使用、节约用地及设施的共享。但老年人设施应相对独立，确保老年人设施的安静、安全、避免干扰等特殊要求。

4.2 选　址

4.2.1　从生理和心理需求考虑，为有利于老年人的安全和体能的需要，老年人设施应选地形平坦的地段布置。老年人对自然，尤其是对阳光、空气有较高的要求，所以老年人设施应尽可能选择绿化条件较好、空气清新、接近河湖水面等环境的地段布置。

4.2.2　由于市级老年人设施如养老院、老人护理院等往往选在离市区较远的位置，因此除考虑用地本身所具备的基础设施条件外，还应考虑用地邻近地区中可利用的基础设施条件。

4.2.3　老年人设施的选址要考虑方便老年人的出行需要，尽量选择在交通便捷、方便可达的地段，以满足老年人由于体力不支和行动不便带来的乘车需求。特别是养老院、老年公寓等老年人设施，还要考虑子女与入住老年人探望联系的方便。从调查资料中分析，子女探望老人不但应有便捷和方便可达的交通，而且所花的路途时间以不超过一小时左右为最佳，这对老年人设施的入住率具有重要影响。从安全和安静的角度出发，老年人设施也应避开邻近对外交通、快速干道及交通量大的交叉路口路段。

4.2.4　老年人身体素质一般较差，对环境的敏感度也很高，因此在对老年人设施选址时，应特别考虑周边环境情况，尽量远离污染源、噪声源及危险品生产及储运用地，并应处在以上不利因素的上风向。

5 场 地 规 划

5.1 建 筑 布 置

5.1.1　日照对老年人健康至关重要，因此，对建筑物的朝向首先应作具体规定。由于我国地域辽阔，南部有些省地处北回归线以南而东北有些市县却在北纬50′以北，气候差别较大，对朝向要求也不同。受地理位置影响，不宜明确要求具体方位，为此提示老年人建筑应选择较好朝向便于设计人员有切合实际的灵活选择。

5.1.2　关于老年人建筑的日照标准，在现行国家标准《老年人居住建筑设计标准》GB/T 50340和《城市居住区规划设计规范》GB 50180已有明确指标，即老年人居住用房日照不应低于冬至日2小时的标准。此标准比普通住宅更高，体现了对老年人的关怀。

5.1.3 为保证老年人设施场地内有足够的活动空间，对建筑密度、容积率提出限制要求。另外，根据老年人的生理特点，提出建筑的高度应以低层或多层为主。三层及三层以上老年人建筑应设电梯的规定已在现行国家标准《老年人居住建筑设计标准》GB/T 50340 中明确，本规范不再重复。

5.2 场地与道路

5.2.1 我国真正意义上的平原不多，中部有些丘陵地，西部更多为山地，老年人设施用地不大，因此，提出场地坡度不应大于3%，以方便老年人活动，特别是为能够自理的老年人行动提供更好的条件。

5.2.2 老年人设施场地内人行道、车行道应分设，防止老年人因行动迟缓，视力、听力差而发生意外事故。随着小汽车的发展，本着方便老年人使用的原则，在老年人设施场地内靠近入口处应考虑一定量的停车位。

5.2.3 对老年人设施场地内步行道宽度作出明确的宽度规定，是考虑到两辆轮椅交会加上陪护人员的宽度。老年人设施场地应符合国家现行标准《城市道路和建筑物无障碍设计规范》GB 50763 的相关规定，主要是考虑轮椅行走方便，在步行道中遇有较大坡度需设台阶时，应在台阶一侧设轮椅坡度，并设扶手栏杆及提示标志。

5.3 场地绿化

5.3.1 对老年人设施场地内绿地率的指标数据，是根据老年人设施的建筑密度、容积率等要求提出的，应明显高于一般居住区。一般除建筑占地、道路、室外铺装地面等，均应绿化。

5.3.2 明确集中绿化面积的人均指标下限高于居住区人均 $1.5m^2$ 的指标，能有较大面积绿化环境效应和营造园艺气氛。

5.3.3 为营造良好的环境气氛，确保环境空气质量和较好的视觉效果，应精心考虑植物的配置，不应种植对老年人室外活动产生伤害的植物。

5.4 室外活动场地

5.4.1 室外活动场地内容应充分考虑老年人活动特点，场地布置时动静分区。一般将有活动器械或设施的场地作为“动区”，与供老年人休憩的“静区”适当隔离。

5.4.2 老年人户外空间要求比室内更严，冬日要有温暖日光，夏日要考虑遮阳。这类要求在选址时应考虑，有的还要在场地规划时做人为改造，诸如种树、建廊、遮阳等。花廊、亭、榭还应考虑更多功能，如两人闲谈，多人下棋等不同的需要，使老年人在这些场所相互交流，颐养天年。

5.4.3 老年人除了室内活动外更需要户外活动，户外活动是晒太阳、锻炼身体的需要，也是相互交流的方式。因此，本条提出室外活动场地的日照要求。室外活动场地应根据老年人的生理活动需求，设老年人活动设施，具体数量及内容按场地大小、经济实力和参与活动的老年人兴趣而定，本规范不做太具体的规定。

5.4.4 从安全角度考虑，凡老年人设施场地内的水面周围、室外踏步、坡道两侧均应设扶手、护栏，以保证老年人行动的方便和安全。

5.4.5 从老年人生理和心理特点出发，在活动场地附近设置公共卫生间十分必要。

4.10　老年养护院建设标准

第一章　总　　则

第一条　为加强与规范全国老年养护院的建设，提高工程项目决策和建设管理水平，充分发挥投资效益，推进我国养老服务事业的发展，制定本建设标准。

第二条　本建设标准是为老年养护院建设项目决策服务和合理确定建设水平的全国统一标准，是编制、评估和审批老年养护院项目建议书、可行性研究报告的依据，也是有关部门审查工程初步设计和督促检查建设全过程的重要依据。

第三条　本建设标准适用于老年养护院的新建、改建和扩建工程。本建设标准所指老年养护院是指为失能老年人提供生活照料、健康护理、康复娱乐、社会工作等服务的专业照料机构。

老年护理院、老年公寓、农村敬老院、社会福利院、光荣院、荣誉军人康复医院等机构相关设施建设可参照本建设标准相关规定执行。

第四条　老年养护院建设必须遵循国家经济建设的方针政策，符合相关法律、法规，从我国国情出发，立足当前，兼顾发展，因地制宜，合理确定建设水平。

第五条　老年养护院建设应充分体现失能老年人专业照料机构的特色，坚持以人为本，满足失能老年人生活照料、保健康复、精神慰藉、临终关怀等方面的基本需求，按照科学性、合理性和适用性相结合的原则，做到设施齐全、功能完善、配置合理、经济适用。

第六条　老年养护院建设应与社会经济发展水平相适应，并应纳入国民经济和社会发展规划，统筹安排，确保政府资金投入，其建设用地应纳入城市规划。

第七条　老年养护院建设应充分利用社会公共服务和其他社会福利设施，强调资源整合与共享；在建设中实行统一规划，一次或分期实施，并体现国家节能减排的要求。

第八条　老年养护院建设除应符合本建设标准外，尚应符合国家现行有关标准、定额的规定。

第二章　建设规模及项目构成

第九条　老年养护院的建设规模应根据所在城市的常住老年人口数并结合当地经济发展水平和机构养老服务需求等因素综合确定，每千老年人口养护床位数宜按19～23张床测算。

第十条　老年养护院的建设规模，按床位数量分为500床、400床、300床、200床、100床五类。规模500张床以上的宜分点设置。

第十一条　老年养护院的建设内容包括房屋建筑及建筑设备、场地和基本装备。

第十二条　老年养护院的房屋建筑包括老年人用房、行政办公用房和附属用房。其中老年人用房包括老年人入住服务、生活、卫生保健、康复、娱乐和社会工作用房。

老年养护院各类用房详见附录一。

第十三条　老年养护院的场地应包括室外活动场、停车场、衣物晾晒场等。

第三章 选址及规划布局

第十四条 新建老年养护院的选址应符合城市规划要求，并满足以下条件：

1. 地形平坦、工程地质和水文地质条件较好，避开自然灾害易发区；

2. 交通便利，供电、给排水、通讯等市政条件较好；

3. 便于利用周边的生活、医疗等社会公共服务设施；

4. 避开商业繁华区、公共娱乐场所，与高噪声、污染源的防护距离符合有关安全卫生规定。

第十五条 老年养护院应根据失能老年人的特点和各项设施的功能要求，进行总体布局，合理分区；老年人用房的建筑朝向和间距应充分考虑日照要求。

第十六条 老年养护院的建设用地包括建筑、绿化、室外活动、停车和衣物晾晒等用地，并按照建设要求和节约用地的原则确定用地面积，建筑密度不应大于30%，容积率不宜大于0.8；绿地率和停车场的用地面积不应低于当地城市规划要求；室外活动、衣物晾晒等用地不宜小于400m^2～600m^2。

第十七条 老年养护院老年人生活用房宜与卫生保健、康复、娱乐、社会工作服务等设施贯连，单独成区；并应根据便于为失能老年人提供服务和方便管理的原则设置养护单元，每个养护单元的床位数以50张为宜。

第四章 房屋建筑面积指标

第十八条 老年养护院的房屋建筑面积指标应以每床位所占房屋建筑面积确定。

第十九条 500床、400床、300床、200床、100床五类老年养护院房屋综合建筑面积指标应分别为42.5m^2/床、43.5m^2/床、44.5m^2/床、46.5m^2/床和50.0 m^2/床；其中直接用于老年人的入住服务、生活、卫生保健、康复、娱乐、社会工作用房所占比例不应低于总建筑面积的75%。

第二十条 老年养护院各类用房使用面积指标参照表1确定。

老年养护院各类用房使用面积指标表（m^2/床） **表1**

用房类别		使用面积指标				
		500床	400床	300床	200床	100床
老年人用房	入住服务用房	0.26	0.32	0.34	0.50	0.78
	生活用房	17.16	17.16	17.16	17.16	17.16
	卫生保健用房	1.23	1.35	1.47	1.68	1.93
	康复用房	0.57	0.63	0.72	0.84	1.20
	娱乐用房	0.77	0.81	0.84	1.02	1.20
	社会工作用房	1.48	1.50	1.54	1.56	1.62
行政办公用房		0.83	0.94	1.07	1.30	1.45
附属用房		3.57	3.81	3.97	4.34	5.19
合计		25.87	26.52	27.11	28.40	30.53

注：1. 老年人用房、其他用房（包括行政办公及附属用房）平均使用面积系数分别按0.60和0.65计算。

2. 建设规模不足100张的参照100张床老年养护院的面积指标执行。

第五章　建　筑　标　准

第二十一条　老年养护院建筑标准应根据失能老年人的身心特点和安全、卫生、经济、环保的要求合理确定，并具有逐步提高失能老年人养护水平的前瞻性，留有扩建改造的余地。

第二十二条　老年养护院建筑设计应符合老年人建筑设计、城市道路和建筑物无障碍设计及公共建筑节能设计等规范、标准的相关规定。

第二十三条　老年养护院外围宜设置通透式围栏，围栏形式宜与所处环境及道路风格相协调。

第二十四条　老年养护院的房屋建筑宜采用钢筋混凝土结构；老年人用房抗震强度应为重点设防类。

第二十五条　老年养护院应符合国家建筑设计防火规范相关规定，其建筑耐火等级不应低于二级。

第二十六条　老年养护院的老年人用房宜以低层和多层为主，垂直交通应至少设置一部医用电梯或无障碍专用坡道。

第二十七条　老年养护院老年人居室应按失能老年人的失能程度和护理等级分别设置，每室不宜超过四人，并宜设置阳台。老年人居室室内通道和床距应满足轮椅和救护床进出及日常护理的需要。

第二十八条　老年养护院老年人居室应具有衣物储藏的空间，并宜内设卫生间，卫生间地面应满足易清洗、不渗水和防滑的要求。

第二十九条　老年养护院老年人居室门净宽不应小于110cm，卫生洗浴用房门净宽不应小于90cm；老年人生活区走道净宽不应小于240cm。

第三十条　老年养护院老年人居室宜设置呼叫、供氧系统，并安装射灯及隐私帘。

第三十一条　老年养护院的建筑外观应做到色调温馨，简洁大方，自然和谐，统一标识；内装修应符合老年人建筑设计规范的相关规定，行政办公用房不应超过《党政机关办公用房建设标准》的中级装修水平。

第三十二条　老年养护院洗衣房内部设置应符合消毒、清洗、晾（烘）干等流程和洁污分流的要求，并设置必要的室内晾晒场地。

第三十三条　配餐、消毒、厕浴、污洗等有蒸汽溢出和结露的用房，应采用牢固、耐用、难玷污、易清洁的材料装修到顶，并设置排气、排水装置。

第六章　建筑设备和室内环境

第三十四条　老年养护院的建筑设备包括供电、给排水、采暖通风、安保、通讯、消防、网络设备等。

第三十五条　老年养护院的供电设施应满足照明和设备的需要，宜采用双回路供电，只能一路供电时，应自备电源。所用灯具及其照度应根据老年人特点和功能要求设置。

第三十六条　老年养护院宜采用城市供水系统，如自备水源应符合国家现行标准。生活污水应采用管道收集，排入市政污水管网；无市政污水管网时，应根据环保部门的要求及有关规范设计排水系统。

第三十七条 老年养护院老年人生活用房应具有热水供应系统，并有洗涤、沐浴设施。

第三十八条 严寒、寒冷及夏热冬冷地区的老年养护院应具有采暖设施，老年人居室宜采用地热供暖；最热月平均室外气温高于或等于25℃地区的老年人用房，应安装空气调节设备。

第三十九条 老年养护院老年人用房应保证良好的通风采光条件，窗地比不应低于1∶6,并应保证足够的日照时间。

第四十条 老年养护院应按网络服务、信息化管理以及视频传输的需要，敷设线路，预留接口。

第七章 基 本 装 备

第四十一条 老年养护院基本装备的配置应根据失能老年人在生活照料、保健康复、精神慰藉方面的基本需要以及管理要求，按建设规模分类配置。

第四十二条 老年养护院的基本装备包括生活护理、医疗、康复、安防设备和必要的交通工具等。

第四十三条 老年养护院应配备护理床、气垫床、专用沐浴床椅、电加热保温餐车等生活护理设备。

第四十四条 老年养护院应按不同规模配备相应的心电图机、B超机、抢救床、氧气瓶、吸痰器、无菌柜、紫外线灯等医疗设备。

第四十五条 老年养护院康复设备应包括物理治疗和作业治疗设备。

第四十六条 老年养护院应配备监控、定位、呼叫、计算机及网络、摄录像等设备。

第四十七条 老年养护院的交通工具应包括老年人接送车、物品采购车等。

第四十八条 各类老年养护院基本装备详见附录三。

附录一 老年养护院用房详表

功能用房		项目构成	类别					备注
			500床	400床	300床	200床	100床	
老年人用房	入住服务用房	接待服务厅	√	√	√	√	√	
		入住登记室	√	√	√	√	√	
		健康评估室	√	√	√	√	√	
		总值班室	√	√	√	√	√	含监控室
	生活用房	居室	√	√	√	√	√	含卫生间
		沐浴间	√	√	√	√	√	含更衣室
		配餐间	√	√	√	√	√	
		养护区餐厅	√	√	√	√	√	兼公共活动室
		会见聊天厅	√	√	√	√	√	
		亲情居室	√	√	√	√	√	
		护理员值班室	√	√	√	√	√	

续表

功能用房		项目构成	类别					备注
			500 床	400 床	300 床	200 床	100 床	
老年人用房	卫生保健用房	诊疗室	✓	✓	✓	✓	✓	
		化验室	✓	✓	✓	✓		
		心电图室	✓	✓	✓	✓		
		B 超室	✓	✓				
		抢救室	✓	✓	✓	✓	✓	
		药房	✓	✓	✓	✓	✓	
		消毒室	✓	✓	✓	✓	✓	
		临终关怀室	✓	✓	✓	✓	✓	
		医护办公室	✓	✓	✓	✓	✓	含医生办公室和护士工作室
	康复用房	物理治疗室	✓	✓	✓	✓	✓	
		作业治疗室	✓	✓	✓	✓	✓	
	娱乐用房	阅览室	✓	✓	✓	✓	✓	
		书画室	✓	✓	✓	✓	✓	
		棋牌室	✓	✓	✓	✓	✓	
		亲情网络室	✓	✓	✓	✓	✓	
	社会工作用房	心理咨询室	✓	✓	✓	✓	✓	
		社会工作室	✓	✓	✓	✓	✓	
		多功能厅	✓	✓	✓	✓	✓	
行政办公用房		办公室	✓	✓	✓	✓	✓	
		会议室	✓	✓	✓	✓	✓	
		接待室	✓	✓	✓	✓		
		财务室	✓	✓	✓	✓	✓	
		档案室	✓	✓	✓	✓	✓	
		文印室	✓	✓	✓	✓		
		信息室	✓	✓	✓	✓	✓	
		培训室	✓	✓	✓	✓	✓	
附属用房		警卫室	✓	✓	✓	✓	✓	
		食堂	✓	✓	✓	✓	✓	含老年人厨房、职工厨房和职工餐厅
		职工浴室	✓	✓	✓	✓	✓	
		理发室	✓	✓	✓	✓	✓	
		洗衣房	✓	✓	✓	✓	✓	含消毒、甩干、烘干室和缝补间、室内晾晒场地等
		库房	✓	✓	✓	✓	✓	含被服库、器材库、生活用品库、杂物库等
		车库	✓	✓	✓	✓	✓	
		公共卫生间	✓	✓	✓	✓	✓	
		设备用房	✓	✓	✓	✓	✓	含配电室、锅炉房、供氧站、电梯机房、通讯机房、空调机房等

注：✓表示应具备

附录二　老年养护院主要名词解释

失能老年人：至少有一项日常生活自理活动（一般包括吃饭、穿衣、洗澡、上厕所、上下床和室内走动这六项）不能自己独立完成的老年人。按日常生活自理能力的丧失程度，可分为轻度、中度和重度失能三种类型。

接待服务厅：供老年人及其他人员前来咨询或办理出入院手续时等候、休息，进行资料展示的处所。

入住登记室：为老年人办理出入院手续并提供咨询的用房。

健康评估室：老年人入住养护院时，对其进行初步健康检查和需求评估的用房。

配餐间：供护理员为入住失能老年人分配、加热、切分食物等的用房。

养护区餐厅：供入住失能老年人在养护区内进餐和活动的处所。

会见聊天厅：供入住失能老年人聊天休息及会见亲友的处所。

亲情居室：供入住失能老年人与前来探望的亲人短暂居住，共享天伦之乐的用房。

物理治疗室：供工作人员对入住失能老年人通过运动治疗、徒手治疗和仪器治疗等方法进行功能康复的用房。

作业治疗室：供工作人员对入住失能老年人以有目的的、经过选择的作业活动为主要治疗手段来进行功能康复的用房。

亲情网络室：供入住失能老年人上网娱乐及通过网络与亲人聊天的用房。

心理咨询室：对入住失能老年人进行心理咨询和疏导的用房。

社会工作室：供社会志愿者来院为入住失能老年人服务时工作和休息的用房。

培训室：对院内外护理员进行业务培训的用房。

养护单元：是老年养护院实现养护职能、保证养护质量的必要设置，养护单元内应包括老年人居室、餐厅、沐浴间、会见聊天厅、亲情网络室、心理咨询室、护理员值班室、护士工作室等用房。

附录三　老年养护院基本装备详表

项　目		500床	400床	300床	200床	100床
生活护理设备	护理床	√	√	√	√	√
	气垫床	√	√	√	√	√
	专用沐浴床椅	√	√	√	√	√
	电加热保温餐车	√	√	√	√	√
	餐车					

续表

项　目		500床	400床	300床	200床	100床
医疗设备	心电图机	√	√	√	√	
	B超机	√	√			
	抢救床	√	√	√	√	√
	氧气瓶	√	√	√	√	√
	吸痰器	√	√	√	√	√
	无菌柜	√	√	√	√	√
	紫外线灯	√	√	√	√	√
康复设备	物理治疗设备	√	√	√	√	√
	作业治疗设备	√	√	√	√	√
安防设备	监控设备	√	√	√	√	√
	定位设备	√	√	√	√	√
	呼叫设备	√	√	√	√	√
	计算机及网络设备	√	√	√	√	√
	摄录像机	√	√	√	√	√
交通工具	老年人接送车	√	√	√	√	√
	物品采购车	√	√	√	√	√

注：√表示应具备

附录四　用词和用语说明

1 为便于在执行本标准条文时区别对待，对要求严格程度不同的用词说明如下：

1） 表示很严格，非这样做不可的：

正面词采用“必须”，反面词采用“严禁”；

2） 表示严格，在正常情况下均应这样做的：

正面词采用“应”，反面词采用“不应”或“不得”；

3） 表示允许稍有选择，在条件许可时首先应这样做的：

正面词采用“宜”，反面词采用“不宜”；

表示有选择，在一定条件下可以这样做的，采用“可”。

2 条文中指明应按其他有关标准执行的写法为“应符合……的规定”或“应按……执行”。

《老年养护院建设标准》条文说明

第一章 总 则

第一条 本条阐明制定本建设标准的目的和意义。

老年养护院是为入住的丧失生活自理能力的失能老年人提供生活照料、健康护理、休闲娱乐和社会工作等服务，满足失能老年人生活照料、保健康复、精神慰藉、临终关怀等基本需求的专业照料机构。加强老年养护院的建设是贯彻落实科学发展观、推进社会建设，积极应对人口老龄化、强化政府公共服务责任的重要举措，也是建立基本养老服务体系的重要组成部分。

中国正在经历快速的人口老龄化。2020年我国老年人口将达到2.48亿，老龄化水平达到17.17%。与此相伴，老年人口中失能老人的数量越来越多，长期照料需求迅速扩张。中低收入失能老年人，特别是其中的重点优抚对象、“三无”老人及低保空巢老人，属于社会弱势群体，对他们的照料是一项具有长期性、综合性和专业性的工作，单纯依靠家庭和社区服务已不能使他们得到切实有效的养老服务。因此，加强老年养护院的建设已是一项刻不容缓的任务。

党中央和国务院高度重视失能老年人的老年养护机构建设。2005年以来，国务院领导同志多次就失能老年人的养护工作作出重要批示，并将爱心护理工程列入《国民经济和社会发展第十一个五年规划纲要》。2007年，《中共中央国务院关于全面加强人口和计划生育工作统筹解决人口问题的决定》中再次强调，要“积极探索和实施‘爱心护理工程’”。2008年年初，在全国老龄工作委员会第十次全体会议上，国务院领导同志又再次强调：“要加大工作力度，抓紧立项，争取有实质性进展”。

为了合理确定新建和改扩建老年养护院的建设规模和水平，完善配套设施，规范建筑布局和设计，制定相关建设标准尤为必要。通过本建设标准的编制和实施，可以进一步加强和规范老年养护机构的建设，提高投资效益，更好地为失能老年人服务。

第二条 本条阐明本建设标准的作用及其权威性。

本建设标准从规范政府工程建设投资行为，加强工程项目科学管理，合理确定投资规模和建设水平，充分发挥投资效益出发，严格按照工程建设标准编制的规定和程序，深入调查研究，总结实践经验，进行科学论证，广泛听取有关单位和专家意见；同时兼顾了地域、经济发展水平、服务人群数量等方面的差异，使之切合实际，便于操作。因此本建设标准是老年养护院工程建设的全国统一标准。

第三条 本条阐明本建设标准的适用范围。

由于我国的养老机构普遍设施简陋，针对失能老年人的专业养护机构更是少之又少，为满足失能老年人入住机构的需求，规范对失能老年人的服务，需要加以新建或在现有基础上改建、扩建，故本标准作此规定。为统一各地对老年养护院基础设施建设的认识，本标准从主要服务对象和基本功能的角度明确了老年养护院的定义。

考虑到不同类型福利机构服务对象的需求具有一定的共同性，故提出其他福利机构相关设施建设可参照本标准相关规定执行。

第四条　本条阐明老年养护院建设必须遵循的法律法规。

老年养护院作为政府投资项目，其建设必须遵循国家经济建设的方针政策，符合相关的法律法规。鉴于各地在经济发展水平、老龄化水平以及机构养老需求等方面的差异，在建设中应因地制宜，合理确定老年养护院的建设水平。

第五条　本条阐明老年养护院建设的指导思想、建设原则和总体要求。

这是根据老年养护院的工作性质、任务和特点提出的。作为为失能老年人提供服务的专业照料机构，老年养护院是强化社会公共服务的一项重大举措，因此其建设应"以人为本"，满足失能老年人的基本需求，从我国现阶段的经济发展水平出发，故确定老年养护院建设的总体要求是设施齐全、功能完善、配置合理、经济适用。

第六条　本条明确老年养护院建设的资金投入和建设用地的要求。

失能老年人的养护设施建设是一项重要的社会公益事业，因此其建设应纳入国民经济和社会发展规划，统筹安排，确保政府的资金投入；其建设用地也应纳入当地城市规划。

第七条　本条明确实施本建设标准的基本要求。

失能老年人的长期照料是一项系统工程，涉及面广，所需设施项目多，为充分利用社会资源，老年养护院应尽可能与其他社会福利机构实行资源整合与共享，尤其是改扩建项目更需要充分利用现有设施。对入住失能老年人的医疗卫生保障，应提倡与公共卫生医疗服务机构相衔接，避免不必要的重复建设。同时，考虑到各地经济发展水平不同，明确老年养护院可以进行一次规划，分期建设。节能减排作为一项国策，本建设标准对此也作了强调。

第八条　本条阐明本建设标准与现行其他有关标准、定额的关系。

第二章　建设规模及项目构成

第九条　本条阐明老年养护院建设规模的确定依据及其控制幅度。

老年养护院建设规模即床位数的确定必须综合考虑所在城市的常住老年人数量及增长趋势、经济发展水平、机构养老服务需求等因素。为控制建设规模，本建设标准明确了每千名老年人口宜配置的养护床位数量。具体测算过程如下：

1. 我国的社会福利事业的发展正逐步由传统的救济型福利（主要面向三无人员）向适度普惠型福利转变。党的十六届六中全会提出"加快发展以扶老、助残、救孤、济困为重点的社会福利事业"。本标准在进行政府投资的城市老年养护院建设规模全国平均水平的测算时，目标人群是城市中低收入和低收入老年人口。近年来国家统计局数据显示，城镇居民中收入低于平均水平的人群，也即中低收入者和低收入者占我国城镇人口的60%。可按这一比例估算我国城市中低收入和低收入老年人口规模，因此：

目标老年人口＝老年人口总数×0.6

2. 失能率和服务提供比是进行老年养护院建设规模测算所需的其他两个参数。失能率即老年人口中失能老年人口所占的比例。2004 年国家统计局的全国人口抽样调查专门针对老年人的生活自理能力进行了调查，数据显示城市老年人口的失能率为 6.9%。

服务提供比即可供入住的床位数与失能老年人口数的比例。目前我国失能老年人口能获得机构照料服务的比例非常低，大中城市养老机构中面向失能老年人的养护床位一床难求的情况非常突出。为满足大中城市中低收入及低收入失能老年人日益增长的入住机构的需求，推动基本养老服务体系的建设，发挥政府的带动和主导作用，根据相关文件精神及实际调研情况，将服务提供比定为50%。

3. 综合上述分析，可以得到我国每千位老年人口中宜设置的养护床位数量，计算公式如下：

$$\begin{aligned}\text{每千位老年人口中的供床数量} &= \frac{(\text{目标老年人口}\times\text{失能率}\times\text{服务提供比})}{\text{老年人口总数}}\times 1000\\ &=0.6\times\text{失能率}\times\text{服务提供比}\times 1000\\ &=0.6\times 0.069\times 0.5\times 1000\\ &=20.7\end{aligned}$$

因此，从全国平均水平来看，政府投资的城市老年养护院的建设规模宜按每千老年人口21张养护床位进行测算。考虑到各地差异，允许在此标准上上下浮动10%，故本标准提出政府投资的城市老年养护院的建设规模宜按每千老年人口19～23张养护床位进行测算。这一指标既符合我国国情，又能在一段时期内基本满足社会形势发展的需要，经充分调研论证是适当合理的。

第十条 本条明确老年养护院的规模分类。

失能老年人的养护机构必须具备相应的设施才能开展各项服务。为充分发挥资源配置的规模效应，本《标准》将100张床作为养护院的最低建设规模。同时，从确保服务质量和方便管理出发，提出建设规模在500张床以上的宜分点设置。将建设规模分为500床、400床、300床、200床、100床五类是鉴于不同规模老年养护院设施配置的要求不同，分类有助于合理确定不同规模老年养护院的建设水平。本《标准》中建设规模的床位数仅指老年人居室中设置的床位，不包括卫生保健等用房中设置的少量特殊用途床位。

第十一条 本条明确老年养护院建设工程的主要组成部分。

房屋建筑和场地是失能老年人日常生活所需的必要空间，建筑设备和基本装备是保障日常养护工作顺利进行的必要条件，四者相辅相成，缺一不可。

第十二条 本条明确老年养护院房屋建筑的基本项目。

失能老年人具有生活照料、保健康复、精神慰藉等多方面需求，根据民政部《老年人社会福利机构基本规范》相关规定，参照各地老年养护院功能用房设置的实际情况，本条明确了老年养护院房屋建筑的基本项目包括：老年人用房（入住服务、生活、卫生保健、康复、娱乐、社会工作用房）、行政办公用房和附属用房。

老年人入住服务用房的设置主要是满足老年人及其家属的咨询、等候及办理出入院手续的需要。

老年人生活用房是为入住失能老年人提供日常生活照料的基本用房。其中会见聊天厅的设置有助于营造亲情氛围，为入住失能老年人聚会聊天、会见家人和朋友提供场所，满足其在日常情感交流和社会交往的需要。亲情居室的设置则是为了满足入住失能老年人与前来探望的子女短暂居住，感受家庭亲情的需要。

失能老年人普遍年老体弱，是慢性病的高发人群，因此老年养护院除应具备突发性疾病和其他紧急情况的应急处置能力外，还应具备提供一般性医疗护理和卫生保健服务的能力。本建设标准按照建设规模对老年养护院的卫生保健用房进行了分类配置。

老年人康复用房应包括物理治疗室和作业治疗室。民政部《老年人社会福利机构基本规范》要求老年人社会福利机构“有配置适合老人使用的健身、康复器械和设备的康复室和健身场所”。物理治疗和作业治疗是老年福利机构帮助失能老年人进行康复训练的两种最为基本的手段。通过这些康复方法的治疗能使失能老年人获得功能改善，减少残疾、久病卧床及老年痴呆的发生。

老年人娱乐用房包括阅览室、书画室等。适当的娱乐活动可以消除入住失能老年人的孤独感和心理障碍，促进他们的身心健康，提高他们的生活质量。这是根据民政部《老年人社会福利机构基本规范》的要求而提出的。

老年人社会工作用房包括社会工作室、心理咨询室和多功能厅。社会工作是社会福利机构服务中不可缺少的一部分。民政部《老年人社会福利机构基本规范》规定老年人社会福利机构应配备社会工作人员。这就要求设置相应用房以满足社会工作者以及志愿者面向入住失能老年人开展心理咨询、个案辅导和小组活动等工作的需要。多功能厅的设置是为了满足组织老年人开展集体活动的需要，同时也可以为工作人员提供集体活动的场所。

第十三条　本条明确老年养护院应设置的场地。

为有利于入住失能老年人的身心健康，便于他们进行适当的室外活动，并有良好的生活氛围和环境，故应设置必要的室外活动场地和绿地。

第三章　选址及规划布局

第十四条　本条明确老年养护院的选址要求。

根据老年养护院的性质、任务和服务对象的特点，本条规定老年养护院新建项目在选址时要综合考虑工程地质、水文地质、市政条件和周边环境等因素。

第十五条　本条阐明老年养护院总体布局的原则。

第十六条　本条明确老年养护院建设用地的原则要求和适用指标。

老年养护院的建筑用地内容是根据老年养护院实际工作需求提出的。为控制用地指标，本《标准》参照《城镇老年人设施规划规范》GB 50437 确定了建筑密度和容积率。老年养护院室外活动、衣物晾晒场地的面积，是根据对不同规模老年养护院实际所需用地面积的测算，并参考实际调研数据确定的。

第十七条　本条明确老年养护院老年人用房的布局要求。

将入住失能老年人的居住、卫生保健、康复、娱乐、社会工作用房相对集中贯连，独立成区，是为了方便服务，同时保证老年人能够安静有序地生活。分设养护单元是为了提高服务效率和服务质量，增进工作人员和老年人的互动互信，并利于按照入住失能老年人的不同特点和需要，进行分类服务。参照目前我国医院一个护理单元的床位数，对老年养护院一个养护单元宜设置的床位数作出规定。

第四章　房屋建筑面积指标

第十八条　本条明确老年养护院房屋建筑面积指标的确定方法。

第十九条　本条对不同类别老年养护院房屋综合建筑面积指标分别作出规定。

不同类别老年养护院房屋综合建筑面积指标是根据各类用房的功能要求，对其实际所需面积进行测算，并参照近年来新建老年养护机构房屋建筑面积的实际水平确定的。规定直接用于老年人的用房面积所占比例，是为确保老年人的用房需要，防止盲目扩大行政办公等用房面积。

第二十条　本条明确老年养护院各类用房的使用面积指标。

本建设标准根据民政部、全国老龄工作委员会办公室等相关文件的要求，参照有关建设标准和工程技术规范，并结合调研数据，分别测算了500床、400床、300床、200床、100床老年养护院各类用房的使用面积指标，相加得出五类老年养护院的房屋综合使用面积指标。各类用房的使用面积指标测算表如下：

入住服务用房使用面积指标测算表（m^2/床）　　**附表1**

用房名称	使用面积指标				
	500床	400床	300床	200床	100床
接待服务厅	0.10	0.12	0.12	0.18	0.30
入住登记室	0.04	0.05	0.06	0.08	0.12
健康评估室	0.07	0.09	0.08	0.12	0.18
总值班室	0.05	0.06	0.08	0.12	0.18
合计	0.26	0.32	0.34	0.50	0.78

生活用房使用面积指标测算表（m^2/床）　　**附表2**

用房名称	使用面积指标				
	500床	400床	300床	200床	100床
居室	11.4	11.4	11.4	11.4	11.4
沐浴间	1.38	1.38	1.38	1.38	1.38
配餐间	0.48	0.48	0.48	0.48	0.48
养护区餐厅（兼公共活动室）	0.74	0.74	0.74	0.74	0.74
会见聊天厅	0.74	0.74	0.74	0.74	0.74
亲情居室	1.38	1.38	1.38	1.38	1.38
护理员值班室	1.04	1.04	1.04	1.04	1.04
合计	17.16	17.16	17.16	17.16	17.16

卫生保健用房使用面积指标测算表（m^2/床）　　**附表3**

用房名称	使用面积指标				
	500床	400床	300床	200床	100床
诊疗室	0.05	0.06	0.08	0.12	0.24
化验室	0.04	0.05	0.06	0.09	不单设
心电图室	0.02	0.03	0.04	0.06	不单设
B超室	0.02	0.03	不单设	不单设	不单设
抢救室	0.10	0.12	0.16	0.18	0.24
药房	0.05	0.06	0.06	0.09	0.15
消毒室	0.03	0.04	0.05	0.08	0.12

续表

用房名称	使用面积指标				
	500床	400床	300床	200床	100床
临终关怀室	0.14	0.18	0.20	0.24	0.32
医生办公室	0.16	0.16	0.20	0.20	0.24
护士工作室	0.62	0.62	0.62	0.62	0.62
合计	1.23	1.35	1.47	1.68	1.93

康复用房使用面积指标测算表（m^2/床）　　**附表4**

用房名称	使用面积指标				
	500床	400床	300床	200床	100床
物理治疗室	0.43	0.45	0.48	0.54	0.84
作业治疗室	0.14	0.18	0.24	0.30	0.36
合计	0.57	0.63	0.72	0.84	1.20

娱乐用房使用面积指标测算表（m^2/床）　　**附表5**

用房名称	使用面积指标				
	500床	400床	300床	200床	100床
阅览室	0.10	0.12	0.12	0.18	0.24
书画室	0.07	0.09	0.08	0.12	0.24
棋牌室	0.12	0.12	0.16	0.24	0.24
亲情网络室	0.48	0.48	0.48	0.48	0.48
合计	0.77	0.81	0.84	1.02	1.20

社会工作用房使用面积指标测算表（m^2/床）　　**附表6**

用房名称	使用面积指标				
	500床	400床	300床	200床	100床
心理咨询室	0.48	0.48	0.48	0.48	0.48
社会工作室	0.10	0.12	0.16	0.18	0.24
多功能厅	0.90	0.90	0.90	0.90	0.90
合计	1.48	1.50	1.54	1.56	1.62

行政办公用房使用面积指标测算表（m^2/床）　　**附表7**

用房名称	使用面积指标				
	500床	400床	300床	200床	100床
办公室	0.34	0.34	0.40	0.40	0.40
会议室	0.14	0.15	0.18	0.18	0.24
接待室	0.07	0.09	0.08	0.12	不单设
财务室	0.03	0.04	0.05	0.08	0.15
档案室	0.04	0.05	0.05	0.08	0.18

续表

用房名称	使用面积指标				
	500床	400床	300床	200床	100床
文印室	0.03	0.04	0.05	0.08	不单设
信息室	0.04	0.05	0.06	0.09	0.12
培训室	0.14	0.18	0.20	0.27	0.36
合计	0.83	0.94	1.07	1.30	1.45

附属用房使用面积指标测算表（m²/床） **附表8**

用房名称	使用面积指标				
	500床	400床	300床	200床	100床
警卫室	0.03	0.04	0.05	0.08	0.12
食堂	1.21	1.21	1.21	1.21	1.21
职工浴室	0.25	0.25	0.25	0.25	0.25
理发室	0.05	0.06	0.06	0.09	0.15
洗衣房	0.58	0.65	0.76	0.90	1.20
库房	0.67	0.72	0.72	0.72	0.78
车库	0.10	0.12	0.16	0.24	0.48
公共卫生间	0.39	0.40	0.40	0.43	0.46
设备用房	0.29	0.36	0.36	0.42	0.54
合计	3.57	3.81	3.97	4.34	5.19

在每个护理单元设置养护区餐厅（兼公共活动室）是为了鼓励老人自己进餐和集体进餐，同时也可以作为老年人日常活动和交流的场所。按养护单元80%的老年人到餐厅就餐，经测算人均使用面积为0.93m²，高于《饮食建筑设计规范》JGJ 64中每个就餐人员使用面积指标为0.85m²的规定，这是由于部分失能老人坐轮椅就餐所需面积较大。按养护单元50张床位数计算，则老年养护院养护区餐厅的床均使用面积指标为0.74m²/床。

老年养护院老年人用房的使用面积系数是根据对目前新建工程老年人用房的调研数据和养护单元的平面布置图测算得出。参照《党政机关办公用房建设标准》等相关标准的规定和对实际用房面积的测算，确定老年养护院行政办公及附属用房的平均使用面积系数为0.65。

第五章　建　筑　标　准

第二十一条　本条明确老年养护院建筑设计应遵循的原则。

考虑到我国经济发展水平和社会事业的不断提高与发展，失能老年人的养护工作也会相应进步和加强，因此本建设标准要求在老年养护院的建筑设计方面需有前瞻性，并便于扩建改造。

第二十二条　本条明确老年养护院建筑设计应符合的相关建筑标准和规范。

老年养护院建筑属于老年人居住建筑，而且要满足失能老年人的养护需要，因此本建设标准强调老年养护院的建筑设计必须符合老年人建筑等方面的设计标准、规范的相关规定。

第二十三条　本条对老年养护院的周界围栏提出要求。

第二十四条　本条对老年养护院的房屋建筑结构及抗震强度提出要求。

老年养护院老年人用房人员密集程度较高，而且失能老年人行动能力弱，自救能力差，故提出老年养护院老年人用房抗震强度应为重点设防类。

第二十五条　本条明确老年养护院建筑耐火要求。

第二十六条　本条阐明老年养护院建筑层数及对垂直交通的要求。

这是根据失能老年人的特点和有关设计规范提出的。

第二十七条　本条阐明老年养护院老年人居室设置的要求。

为方便对失能老年人的养护服务和管理，老年养护院老年人居室应根据不同失能程度老年人的身心特点和护理需求进行设置。根据调研，轻度失能老年人适合住2人间，中重度失能老年人则适合住多人间，便于集中提供全天候的照护，但一间也不宜超过四人。同时，对居室内的通道和床距作出规定。阳台可以为老年人提供室外空间，有利于放松情绪，陶冶性情。

第二十八条　本条对老年养护院老年人居室内物品储藏设施及卫生间提出要求。

养护院内的失能老年人居住时间长，必须向其提供相应的衣物及其他物品的存放设施，同时对卫生间地面提出要求。

第二十九条　本条明确老年养护院老年人居室门、卫生洗浴用房门以及过道的宽度。

考虑到失能老年人使用轮椅和推床的特殊要求，参照医疗机构的建筑设计规范及建设标准的相关要求，本《标准》对老年人居室门、卫生洗浴用房门以及过道的宽度作出了明确规定。

第三十条　本条对老年养护院老年人居室内部设施提出要求。

为满足失能老年人的特殊护理要求，并营造良好的居室环境，本条就老年人居室内呼叫、供氧系统的配备以及射灯、隐私帘的安装提出要求。这也是现有养老机构失能老年人居室所普遍采用的。

第三十一条　本条阐明老年养护院建筑内外装修的要求。

强调老年养护院建筑的外观色调并设置统一标识是为了增强入住失能老年人对养护院的认同感和归属感，满足老年人对“家”的心理需要。

第三十二条　本条明确老年养护院洗衣房的设置要求。

老年养护院失能老年人被服的消毒和清洗是养护工作的重要方面，故对洗衣房的设置提出要求，同时为了解决雨、雪天气时的衣物晾晒问题，还提出要设置室内晾晒场地。

第三十三条　本条对部分生活有特殊要求的用房的装修、排气、排水提出要求。

第六章　建筑设备和室内环境

第三十四条　本条列出老年养护院建设的主要建筑设备。

第三十五条　本条明确老年养护院的用电及电器装置要求。

这是根据失能老年人的特点和需要提出的。

第三十六条　本条明确对老年养护院的给排水要求。

第三十七条　本条明确对老年养护院的热水供应及相关设施的要求。

第三十八条 本条明确老年养护院供暖和空气调节的要求。

第三十九条 本条阐明老年养护院房屋建筑的通风采光和日照要求。

第四十条 本条对老年养护院网络管线的布置和预留接口提出要求。

第七章 基 本 装 备

第四十一条 本条阐明老年养护院基本装备配置的要求。

第四十二条 本条阐明老年养护院基本装备的主要项目及其分类。

第四十三条 本条明确老年养护院生活护理设备的基本项目。

配置护理床和气垫床是为了方便部分失能老年人进食、便溺，减少长期卧床而引起的褥疮发生等。此外还需配置送餐用的电加热保温餐车以及帮助部分失能老年人洗澡的专用沐浴设备。

第四十四条 本条明确老年养护院医疗设备的基本项目。

不同类别老年养护院所应配置的医疗设备是从老年养护院的规模及其工作特点出发，并根据实际调研情况确定的。

第四十五条 本条明确老年养护院康复设备的基本项目。

第四十六条 本条明确老年养护院安防设备的基本项目。

第四十七条 本条明确老年养护院交通工具的基本项目。

本建设标准仅列入老年养护院所必需的两种专用业务车辆。老年人接送车主要用于接收老年人入院，送老年人去医院就诊等方面；物品采购车主要用于老年养护院生活等用品的采购和其他后勤保障用途。

第四十八条 本条对不同类别老年养护院所应配备的基本装备列出详表。

4.11 社区老年人日间照料中心建设标准

第一章 总 则

第一条 为加强和规范社区老年人日间照料中心的基础设施建设，提高工程项目决策和建设管理水平，充分发挥投资效益，推进我国养老服务事业的发展，制定本建设标准。

第二条 本建设标准是社区老年人日间照料中心建设项目决策和合理确定建设水平的全国统一标准，是编制、评估和审批社区老年人日间照料中心项目建议书的依据，也是有关部门审查工程初步设计和监督检查建设全过程的重要依据。

第三条 本建设标准适用于社区老年人日间照料中心的新建工程项目，改建和扩建工程项目可参照执行。

本建设标准所指社区老年人日间照料中心是指为以生活不能完全自理、日常生活需要一定照料的半失能老年人为主的日托老年人提供膳食供应、个人照顾、保健康复、娱乐和交通接送等日间服务的设施。

第四条 社区老年人日间照料中心建设必须遵循国家经济建设的方针政策，符合国家相关法律法规，从老年人实际需求出发，综合考虑社会经济发展水平，因地制宜，按照本建设标准的规定，合理确定建设水平。

第五条　社区老年人日间照料中心建设应满足日托老年人在生活照料、保健康复、精神慰藉等方面的基本需求，做到规模适宜、功能完善、安全卫生、运行经济。

第六条　社区老年人日间照料中心建设应与经济、社会发展水平相适应，纳入国民经济和社会发展规划，统筹安排，确保政府资金投入，其建设用地应纳入城市规划。

第七条　社区老年人日间照料中心建设应充分利用其他社区公共服务和福利设施，实行资源整合与共享。统一规划，合理布局，并充分体现国家节能减排的要求。

第八条　社区老年人日间照料中心建设除应符合本建设标准外，尚应符合国家现行有关标准、定额的规定。

第二章　建设内容及项目构成

第九条　社区老年人日间照料中心建设内容包括房屋建筑及建筑设备、场地和基本装备。

第十条　社区老年人日间照料中心房屋建筑应根据实际需要，合理设置老年人的生活服务、保健康复、娱乐及辅助用房。其中：

老年人生活服务用房可包括休息室、沐浴间（含理发室）和餐厅（含配餐间）；

老年人保健康复用房可包括医疗保健室、康复训练室和心理疏导室；

老年人娱乐用房可包括阅览室（含书画室）、网络室和多功能活动室；

辅助用房可包括办公室、厨房、洗衣房、公共卫生间和其他用房（含库房等）。

第十一条　社区老年人日间照料中心的建筑设备应包括供电、给排水、采暖通风、通讯、消防和网络等设备。

第十二条　社区老年人日间照料中心的场地应包括道路、停车、绿化和室外活动等场地。

第十三条　社区老年人日间照料中心应配备生活服务、保健康复、娱乐、安防等相关设备和必要的交通工具。

第三章　建设规模及面积指标

第十四条　社区老年人日间照料中心建设规模应以社区居住人口数量为主要依据，兼顾服务半径确定。

第十五条　社区老年人日间照料中心建设规模分为三类，其房屋建筑面积指标宜符合表1规定。人口老龄化水平较高的社区，可根据实际需要适当增加建筑面积，一、二、三类社区老年人日间照料中心房屋建筑面积可分别按老年人人均房屋建筑面积0.26m^2、0.32m^2、0.39m^2核定。

社区老年人日间照料中心房屋建筑面积指标表　　表1

类别	社区人口规模（人）	建筑面积（m^2）
一类	30000～50000	1600
二类	15000～30000（不含）	1085
三类	10000～15000（不含）	750

注：平均使用面积系数按0.65计算

第十六条 社区老年人日间照料中心各类用房使用面积所占比例参照表2确定。

社区老年人日间照料中心各类用房使用面积所占比例表 **表2**

用房名称		使用面积所占比例（%）		
		一类	二类	三类
老年人用房	生活服务用房	43.0	39.3	35.7
	保健康复用房	11.9	16.2	20.3
	娱乐用房	18.3	16.2	15.5
辅助用房		26.8	28.3	28.5
合计		100.0	100.0	100.0

注：表中所列各项功能用房使用面积所占比例为参考值，各地可根据实际业务需要在总建筑面积范围内适当调整。

第四章 选址及规划布局

第十七条 社区老年人日间照料中心的选址应符合城市规划要求，并满足以下条件：

一、服务对象相对集中，交通便利，供电、给排水、通讯等市政条件较好；

二、临近医疗机构等公共服务设施；

三、环境安静，与高噪声、污染源的防护距离符合有关安全卫生规定。

第十八条 社区老年人日间照料中心宜在建筑低层部分，相对独立，并有独立出入口。二层以上的社区老年人日间照料中心应设置电梯或无障碍坡道。无障碍坡道的建筑面积不计入本标准规定的总建筑面积内。

第十九条 社区老年人日间照料中心建设应根据日托老年人的特点和各项设施的功能要求，进行合理布局，分区设置。

第二十条 社区老年人日间照料中心老年人休息室宜与保健康复、娱乐用房和辅助用房作必要的分隔，避免干扰。

第五章 建筑标准及有关设施

第二十一条 社区老年人日间照料中心建筑标准应根据日托老年人的身心特点和服务流程，结合经济水平和地域条件合理确定，主要建筑的结构型式应考虑使用的灵活性并留有扩建、改造的余地。

第二十二条 社区老年人日间照料中心建筑设计应符合老年人建筑设计、城市道路和建筑物无障碍设计和公共建筑节能设计等规范、标准的要求和规定。

第二十三条 社区老年人日间照料中心房屋建筑宜采用钢筋混凝土结构；其抗震设防标准应为重点设防类。

第二十四条 社区老年人日间照料中心消防设施的配置应符合建筑设计防火规范的有关规定，其建筑防火等级不应低于二级。

第二十五条 社区老年人日间照料中心老年人休息室以每间容纳4～6人为宜，室内通道和床（椅）距应满足轮椅进出及日常照料的需要。老年人休息室可内设卫生间，其地面应满足易清洗和防滑的要求。

第二十六条　社区老年人日间照料中心老年人用房门净宽不应小于90cm，走道净宽不应小于180cm。

第二十七条　社区老年人日间照料中心老年人用房应保证充足的日照和良好的通风，充分利用天然采光，窗地比不应低于1∶6。

第二十八条　社区老年人日间照料中心的建筑外观应做到色调温馨、简洁大方、自然和谐、统一标识；室内装修应符合无障碍、卫生、环保和温馨的要求，并按老年人建筑设计规范的相关规定执行。

第二十九条　社区老年人日间照料中心供电设施应符合设备和照明用电负荷的要求，并宜配置应急电源设备。

第三十条　社区老年人日间照料中心应有给排水设施，并应符合国家卫生标准。其生活服务用房应具有热水供应系统，并配置洗涤、沐浴等设施。

第三十一条　严寒、寒冷及夏热冬冷地区的社区老年人日间照料中心应具有采暖设施；最热月平均室外气温高于或等于25℃地区的社区老年人日间照料中心应设置空调设备，并有通风换气装置。

第三十二条　社区老年人日间照料中心应根据网络服务和信息化管理的需要，敷设线路，预留接口。

附录一　主要名词解释

1. 日托老年人：到社区老年人日间照料中心接受照料和服务的老年人。

2. 医疗保健室：为日托老年人提供简单医疗服务和健康指导的用房。

3. 康复训练室：为日托老年人提供康复训练的用房。

4. 网络室：供日托老年人上网及通过网络与亲人、朋友聊天的用房。

5. 多功能活动室：供日托老年人开展娱乐、讲座等集体活动的用房。

6. 心理疏导室：为日托老年人及老年人家庭照顾者提供心理咨询和情绪疏导服务的用房。

附录二　用词和用语说明

1　为便于在执行本标准条文时区别对待，对要求严格程度不同的用词说明如下：

1）表示很严格，非这样做不可的：

正面词采用“必须”，反面词采用“严禁”；

2）表示严格，在正常情况下均应这样做的：

正面词采用“应”，反面词采用“不应”或“不得”；

3）表示允许稍有选择，在条件许可时首先应这样做的：

正面词采用“宜”，反面词采用“不宜”；

表示有选择，在一定条件下可以这样做的，采用“可”。

2　条文中指明应按其他有关标准执行的写法为“应符合……的规定”或“应按……执行”。

《社区老年人日间照料中心建设标准》条文说明

第一章　总　　则

第一条　本条阐明制定本建设标准的目的和意义。

我国人口老龄化具有发展迅速、规模巨大、持续时间长的特点。到2020年我国老年人口将达到2.48亿，老龄化水平达到17.17%。许多年老体弱、患有慢性病或残疾的老年人，由于白天家中无人照顾，不仅生活质量低下，而且面临诸多不安全的风险因素。目前，我国生活自理能力部分受损，日常生活需他人照料的半失能老年人的数量接近两千万。在家庭规模和家庭照料资源日益缩小的背景下，如何依托社区满足这些老年人的照料需求，使他们能继续生活在自己熟悉的家庭和社区中，已经引起了政府和社会的广泛关注。

党和政府高度重视发展社区养老服务，《中共中央、国务院关于加强老龄工作的决定》中明确指出“建立以家庭养老为基础、社区服务为依托、社会养老为补充的养老机制”。全国老龄委办公室、发展改革委、民政部等十部委联合发布的《关于加快发展养老服务业的意见》和《关于全面推进居家养老服务工作的意见》分别指出“要逐步建立和完善以居家养老为基础、社区服务为依托、机构养老为补充的服务体系”，“要在城市社区基本建立起多种形式、广泛覆盖的居家养老服务网络”。

加强社区老年人日间照料设施的建设是贯彻落实养老服务“以社区服务为依托”这一政策精神的集中体现，是构建养老服务体系不可或缺的一个重要环节。社区老年人日间照料中心近年来得到了迅速发展，在满足社区老年人的日间照料服务方面发挥了重要作用。

然而，目前我国老年人日间照料基础设施的建设整体上较为薄弱，设施缺乏，已有设施则存在面积小、功能单一、服务水平低等突出问题。为了合理确定新建和改扩建社区老年人日间照料中心的建设规模和水平，完善配套设施，规范建筑布局和设计，制定相关建设标准尤为必要。通过本建设标准的编制和实施，可以进一步加强和规范社区老年人日间照料中心的建设，提高投资效益和社会效益，更好地为老年人服务。

第二条　本条阐明本建设标准的作用及其权威性。

本建设标准从规范政府投资工程建设行为，加强工程项目科学管理，合理确定投资规模和建设水平，充分发挥投资效益出发，严格按照工程建设标准编制的规定和程序，深入调查研究，总结实践经验，进行科学论证，广泛听取有关单位和专家意见，确保编制质量；同时兼顾了地域、经济发展水平、服务人群数量等方面的差异，以切合实际，便于操作。因此本建设标准是社区老年人日间照料中心建设的全国统一标准。

第三条　本条阐明本建设标准的适用范围。

考虑到各地社区老年人日间照料中心现状不尽相同，分别需要新建、改建和扩建，为便于实际操作，故本标准对适用范围作此规定。为了贯彻落实养老服务“以社区服务为依托”的政策精神，更好地发挥社区在养老服务中的作用，满足社区老年人多样化的养老服务需求，因此本标准对社区老年人日间照料中心的服务对象和功能做出了规定。

第四条 本条阐明社区老年人日间照料中心建设的指导思想和原则。

社区老年人日间照料中心是直接服务于日托老年人的基础设施，其建设必须遵循国家经济建设的方针政策，并符合相应的法律法规。从实际需要出发，因地制宜，合理确定社区老年人日间照料中心的建设水平，正确处理需求和可能的关系，避免不切实际的盲目建设。

第五条 本条阐明社区老年人日间照料中心建设的总体要求。

这是根据社区老年人日间照料中心的工作性质、任务和特点提出的。

第六条 本条明确社区老年人日间照料中心资金投入和建设用地的要求。

社区老年人日间照料中心属于社会公共服务设施，故其建设水平应符合国情、地情，立足实际，不超前也不滞后于经济、社会发展水平，并且其建设项目应纳入国民经济和社会发展规划，并确保政府的资金投入，建设用地也要纳入当地的城市规划。

第七条 本条明确实施本建设标准的基本要求。

为充分利用社会资源，避免不必要的重复建设，社区老年人日间照料中心应与其他社区公共服务和福利设施实现资源整合与共享。同时，作为社区老年人公共服务设施，必须与社区其他为老服务设施进行统一规划、合理布局。节能减排作为一项国策，本建设标准对此也作了强调。

第八条 本条阐明本建设标准与国家有关标准、规范及定额的关系。

第二章 建设内容及项目构成

第九条 本条明确社区老年人日间照料中心建设工程的主要组成内容。

这是社区老年人日间照料中心为老年人提供生活照料、保健康复、娱乐、交通接送等各项服务并开展其他保障工作所必须具备的基本建设项目。

第十条 本条明确社区老年人日间照料中心房屋建筑的主要内容。考虑到各地老年人需求的差异，允许各地根据实际需要，因地制宜，合理确定社区老年人日间照料中心房屋建筑的具体内容。

老年人生活服务用房主要满足日托老年人在休息、进餐、助浴等方面的需要，可包括休息室、餐厅和沐浴间。

老年人保健康复用房是为日托老年人提供简单医疗服务、基本康复训练及心理保健服务的用房，可包括医疗保健室、康复训练室和心理疏导室。其中，心理疏导室的设置是为了向有需要的日托老年人和老年人的家庭照顾者提供心理疏导和心理支持服务。

老年人娱乐用房是供日托老年人开展娱乐活动和进行社会交往的用房，可包括阅览室（含书画室）、网络室和多功能活动室。多功能活动室的设置一方面可供日托老年人聚会聊天，另一方面也可满足中心开展娱乐、讲座、培训等集体活动的需要。

辅助用房是保障社区老年人日间照料中心日常管理和后勤服务工作有序开展所必须设置的基本用房。

第十一条 本条明确社区老年人日间照料中心建筑设备的基本内容。

第十二条 本条明确社区老年人日间照料中心应设置的场地。

社区老年人日间照料中心需要为部分日托老年人提供往返于社区老年人日间照料中心的车辆接载服务，因此需设置道路和停车场。为满足日托老年人进行户外活动和康复训练的需要，还应设置必要的室外活动场地和绿地。

第十三条 本条明确社区老年人日间照料中心应配备的相关设备。

这是根据社区老年人日间照料中心的服务内容和功能要求提出的。各类社区老年人日间照料中心的相关设备配置详见附表1。

社区老年人日间照料中心装备配置表 **附表1**

设备种类	具体设备	类别		
		一类	二类	三类
生活服务	洗澡专用椅凳	√	√	√
	轮椅	√	√	√
	呼叫器	√	√	√
保健康复	按摩床/椅	√	√	√
	平衡杠、肋木、扶梯手指训练器、股四头肌训练器、训练垫	√	√	√
	血压计、听诊器	√	√	√
娱乐	电视机、投影仪、播放设备	√	√	√
	计算机及网络设备	√	√	√
安防	监控设备	√	√	√
	定位设备	√	√	√
	摄录像机	√	√	√
交通工具	老年人接送车	√	√	√
	物品采购车	√	√	

注：√表示应具备

第三章 建设规模及面积指标

第十四条 本条明确社区老年人日间照料中心建设规模的确定依据。

社区老年人日间照料中心的建设规模取决于其服务对象——日托老年人的数量，而日托老年人的数量又与所在社区居住人口数量直接相关，因此本建设标准以社区居住人口数量作为社区老年人日间照料中心规模分类的主要依据。同时考虑到日托老年人大多行动不便，为确保社区老年人日间照料中心为老服务的便利性，确定社区老年人日间照料中心的建设规模时还应兼顾其服务半径等因素。

第十五条 第十六条 本两条明确社区老年人日间照料中心的规模分类和各类面积指标，并对社区老年人日间照料中心各类用房的使用面积在总的使用面积中所占比例做出了规定。

《城市居住区规划设计规范》GB 50180将居住区按人口规模或居住户数分为居住区

（30000～50000 人、10000～16000 户）、小区（10000～15000 人、3000～5000 户）和组团（1000～3000 人、300～1000 户）三级。《城镇老年人设施规划规范》GB 50437 明确提出托老所（社区养老服务场所，可分为日托和全托两种）宜在居住区和小区进行配建。社区老年人日间照料中心为日托老年人提供膳食供应、个人照顾、保健康复、娱乐和交通接送等日间服务，因此需要达到一定的服务人口规模才能维持正常的运营管理，同时也有利于充分实现资源整合以及土地的集约使用。考虑到社区人口规模的差异性及实际建设的可操作性，本《标准》将社区老年人日间照料中心分为了三类，并给出了各类面积指标。

为适应人口老龄化快速发展的形势，本《标准》在面积指标测算时采用了 2015 年全国人口老龄化水平（人口老龄化水平＝60 岁以上老年人口数量/总人口数量）的预测值 15.3%，但考虑到不同类型社区的人口老龄化水平存在较大差异，为满足部分人口老龄化水平较高、老年人口数量较多的社区对老年人日间照料中心房屋建筑面积的实际需求，还对老年人人均建筑面积指标做出了规定。

社区老年人日间照料中心总建筑面积指标和各类房屋使用面积指标是根据社区老年人日间照料中心开展各项工作的实际需求，结合对各地调研数据的认真分析和总结，反复论证确定的。各类用房使用面积指标详见附表 2～附表 6。

生活服务用房使用面积测算表　　**附表 2**

用房名称	使用面积（m^2）		
	一类	二类	三类
休息室	321	180	101
沐浴间（含理发室）	48	42	36
餐厅（含配餐间）	78	55	38
合计	447	277	174

保健康复用房使用面积测算表　　**附表 3**

用房名称	使用面积（m^2）		
	一类	二类	三类
医疗保健室	48	42	36
康复训练室	58	54	48
心理疏导室	18	18	15
合计	124	114	99

娱乐用房使用面积测算表　　**附表 4**

用房名称	使用面积（m^2）		
	一类	二类	三类
阅览室（含书画室）	64	36	27
网络室	30	24	18
多功能活动室	96	54	30
合计	190	114	75

辅助用房使用面积测算表 　　**附表 5**

用房名称	使用面积（m^2）		
	一类	二类	三类
办公室	36	30	24
厨房	159	89	55
洗衣房	24	24	18
公共卫生间	36	36	24
其他用房	24	21	18
合计	279	200	139

各类用房使用面积测算表 　　**附表 6**

用房名称		使用面积（m^2）		
		一类	二类	三类
老年人用房	生活服务用房	447	277	174
	保健康复用房	124	114	99
	娱乐用房	190	114	75
辅助用房		279	200	139
合计		1040	705	487

考虑到人口老龄化水平较高的社区适当增加社区老年人日间照料中心建筑面积的需要，为便于实际操作，在对各类用房使用面积测算的基础上，给出了各类用房使用面积在总使用面积中所占的比例。各地可因地制宜，在保持中心总建筑面积不变的前提下，适当调整各业务用房的面积分配。

第四章　选址及规划布局

第十七条　本条明确社区老年人日间照料中心的选址要求。

根据社区老年人日间照料中心的性质和任务，其建设项目在选址时要综合考虑人口分布、市政条件和周边环境等因素，做到方便群众，便于开展服务。同时选址宜与其他为老服务福利设施邻近，利于资源整合和共享。

第十八条　本条阐明社区老年人日间照料中心的房屋建筑及垂直交通的要求。

根据社区老年人日间照料中心的工作性质以及日托老年人大多行动不便的身体特点，本条对社区老年人日间照料中心的房屋建筑提出要求。鉴于社区老年人日间照料中心建设规模较小，为节约土地资源，提倡与其他社区服务设施合并建设，但应设置在建筑低层且相对独立，并宜有独立的出入口，禁止使用地下层。为方便老年人使用，建议垂直交通设有电梯等无障碍设施。资金投入有困难的，需设置无障碍坡道。坡道建筑面积应独立计算，不计入本标准规定的总建筑面积。

第十九条　本条阐明社区老年人日间照料中心总体布局的原则。

第二十条　本条阐明社区老年人日间照料中心老年人休息室的设置要求。

为了使老年人在日间休息时不受打扰，故本条作此规定。

第五章　建筑标准及有关设施

第二十一条　本条明确社区老年人日间照料中心建筑设计应遵循的原则。

这是根据社区老年人日间照料中心的工作特点和服务要求提出的。随着社会经济的发展，社区老年人日间照料中心的服务内容、形式及要求也将不断扩展、丰富和提高，为满足未来发展需求，故提出其主要建筑设计时应留有扩建、改造的余地。

第二十二条　本条明确社区老年人日间照料中心建筑设计应符合的相关建筑标准和规范。

第二十三条　本条对社区老年人日间照料中心的房屋建筑结构及抗震强度提出要求。

第二十四条　本条明确社区老年人日间照料中心建筑防火的要求。

第二十五条　本条阐明社区老年人日间照料中心老年人休息室设置的要求。

据调研，为方便对老年人的服务，满足不同类型日托老年人的需求，老年人休息室以每间容纳 4～6 人为宜。同时，为方便部分行动不便老年人的出行并确保其安全，本条对室内的通道、床（椅）距和卫生间地面做出规定。

第二十六条　本条明确社区老年人日间照料中心老年人用房门和走道的宽度。

这是考虑到部分日托老年人坐轮椅出入房间、在走道回转和并行的实际需求而做出的规定。

第二十七条　本条明确社区老年人日间照料中心老年人用房的日照、通风与采光条件。

第二十八条　本条阐明社区老年人日间照料中心建筑内外装修的要求。

强调社区老年人日间照料中心建筑的外观色调并设置统一标识是为了增强老年人对社区老年人日间照料中心的认同感和归属感。为了方便老年人生活，满足老年人的情感需求，故对社区老年人日间照料中心的室内装修做出规定。

第二十九条　本条明确社区老年人日间照料中心的用电要求。

第三十条　本条对社区老年人日间照料中心给排水和热水供应系统提出要求。

第三十一条　本条明确社区老年人日间照料中心供暖和空气调节的要求。

第三十二条　本条对社区老年人日间照料中心网络管线的布置和预留接口提出要求。

4.12 养老设施建筑设计规范

中华人民共和国国家标准

养老设施建筑设计规范

Design code for buildings of elderly facilities

GB 50867－2013

主编部门：中华人民共和国住房和城乡建设部
批准部门：中华人民共和国住房和城乡建设部
施行日期：2 0 1 4 年 5 月 1 日

中华人民共和国住房和城乡建设部
公　　告

第 142 号

住房城乡建设部关于发布国家标准《养老设施建筑设计规范》的公告

现批准《养老设施建筑设计规范》为国家标准，编号为 GB 50867 - 2013，自 2014 年 5 月 1 日起实施。其中，第 3.0.7、5.2.1 条为强制性条文，必须严格执行。

本规范由我部标准定额研究所组织中国建筑工业出版社出版发行。

中华人民共和国住房和城乡建设部

2013 年 9 月 6 日

前　言

根据原建设部《关于印发〈2004年工程建设国家标准规范制定、修订计划〉的通知》（建标［2004］67号）和住房和城乡建设部《关于同意哈尔滨工业大学主编养老设施建筑设计规范》（建标标函［2010］3号）的要求，规范编制组经广泛调查研究，认真总结实践经验，参考有关国际标准和国外先进标准，并在广泛征求意见的基础上，编制本规范。

本规范的主要技术内容是：1. 总则；2. 术语；3. 基本规定；4. 总平面；5. 建筑设计；6. 安全措施；7. 建筑设备。

本规范中以黑体字标志的条文为强制性条文，必须严格执行。

本规范由住房和城乡建设部负责管理和对强制性条文的解释，由哈尔滨工业大学负责具体技术内容的解释。执行过程中如有意见或建议，请寄送哈尔滨工业大学国家标准《养老设施建筑设计规范》编制组（地址：哈尔滨市南岗区西大直街66号建筑学院1505信箱，邮编：150001）。

本规范主编单位：哈尔滨工业大学

本规范参编单位：上海市建筑建材业市场管理总站
上海现代建筑设计（集团）有限公司
上海建筑设计研究院有限公司
河北建筑设计研究院有限责任公司
中南建筑设计院股份有限公司
华通设计顾问工程有限公司
中国建筑西北设计研究院有限公司
华侨大学
全国老龄工作委员会办公室
苏州科技学院设计研究院有限公司
北京来博颐康投资管理有限公司

本规范参加单位：雍柏荟老年护养（杭州）有限公司

本规范主要起草人员：常怀生　郭　旭　王大春　崔永祥　蒋群力　俞　红　王仕祥
陆　明　卫大可　邢　军　于　戈　安　军　李　清　梁龙波
余　倩　李健红　陈　旸　陈华宁　施　勇　殷　新　唐振兴
苏志钢　李桂文　邹广天

本规范主要审查人员：黄天其　陈伯超　刘东卫　孟建民　李邦华　沈立洋　周燕珉
王　镛　赵　伟　陆　伟　全珞峰　张　陆

目　次

Contents

1 总 则

1.0.1 为适应我国养老设施建设发展的需要，提高养老设施建筑设计质量，使养老设施建筑适应老年人体能变化和行为特征，制定本规范。
1.0.2 本规范适用于新建、改建和扩建的老年养护院、养老院和老年日间照料中心等养老设施建筑设计。
1.0.3 养老设施建筑应以人为本，以尊重和关爱老年人为理念，遵循安全、卫生、适用、经济的原则，保证老年人基本生活质量，并按养老设施的服务功能、规模等进行分类分级设计。
1.0.4 养老设施建筑设计除应符合本规范外，尚应符合国家现行有关标准的规定。

2 术 语

2.0.1 养老设施 elderly facilities

为老年人提供居住、生活照料、医疗保健、文化娱乐等方面专项或综合服务的建筑通称，包括老年养护院、养老院、老年日间照料中心等。

2.0.2 老年养护院 nursing home for the aged

为介助、介护老年人提供生活照料、健康护理、康复娱乐、社会工作等服务的专业照料机构。

2.0.3 养老院 home for the aged

为自理、介助和介护老年人提供生活照料、医疗保健、文化娱乐等综合服务的养老机构，包括社会福利院的老人部、敬老院等。

2.0.4 老年日间照料中心 day care center for the aged

为以生活不能完全自理、日常生活需要一定照料的半失能老年人为主的日托老年人提供膳食供应、个人照顾、保健康复、娱乐和交通接送等日间服务的设施。

2.0.5 养护单元 nursing unit

为实现养护职能、保证养护质量而划分的相对独立的服务分区。

2.0.6 亲情居室 living room for family members

供入住老年人与前来探望的亲人短暂共同居住的用房。

2.0.7 自理老人 self-helping aged people

生活行为基本可以独立进行，自己可以照料自己的老年人。

2.0.8 介助老人 device-helping aged people

生活行为需依赖他人和扶助设施帮助的老年人，主要指半失能老年人。

2.0.9 介护老人 under nursing aged people

生活行为需依赖他人护理的老年人，主要指失智和失能老年人。

3 基 本 规 定

3.0.1 各类型养老设施建筑的服务对象及基本服务配建内容应符合表3.0.1的规定。其中，场地应包括道路、绿地和室外活动场地及停车场等；附属设施应包括供电、供暖、给排水、污水处理、垃圾及污物收集等。

表3.0.1 养老设施建筑的服务对象及基本服务配建内容

养老设施	服务对象	基本服务配建内容
老年养护院	介助老人、介护老人	生活护理、餐饮服务、医疗保健、康复娱乐、心理疏导、临终关怀等服务用房、场地及附属设施
养老院	自理老人、介助老人、介护老人	生活起居、餐饮服务、医疗保健、文化娱乐等综合服务用房、场地及附属设施
老年日间照料中心	介助老人	膳食供应、个人照顾、保健康复、娱乐和交通接送等服务用房、场地及附属设施

3.0.2 养老设施建筑可按其配置的床位数量进行分级，且等级划分宜符合表3.0.2的规定。

表3.0.2 养老设施建筑等级划分

设施 规模 等级	老年养护院（床）	养老院（床）	老年日间照料中心（人）
小型	≤100	≤150	≤40
中型	101～250	151～300	41～100
大型	251～350	301～500	—
特大型	>350	>500	—

3.0.3 对于为居家养老者提供社区关助服务的社区老年家政服务、医疗卫生服务、文化娱乐活动等养老设施建筑，其建筑设计宜符合本规范的相关规定。

3.0.4 养老设施建筑基地应选择在工程地质条件稳定、日照充足、通风良好、交通方便、临近公共服务设施且远离污染源、噪声源及危险品生产、储运的区域。

3.0.5 养老设施建筑宜为低层或多层，且独立设置。小型养老设施可与居住区中其他公共建筑合并设置，其交通系统应独立设置。

3.0.6 养老设施建筑中老年人用房的主要房间的采光窗洞口面积与该房间楼（地）面面积之比宜符合表3.0.6的规定。

表3.0.6 老年人用房的主要房间的采光窗洞口面积与该房间楼（地）面面积之比

房间名称	窗地面积之比
活动室	1:4
起居室、卧室、公共餐厅、医疗用房、保健用房	1:6
公用厨房	1:7
公用卫生间、公用沐浴间、老年人专用浴室	1:9

3.0.7　二层及以上楼层设有老年人的生活用房、医疗保健用房、公共活动用房的养老设施应设无障碍电梯，且至少1台为医用电梯。

3.0.8　养老设施建筑的地面应采用不易碎裂、耐磨、防滑、平整的材料。

3.0.9　养老设施建筑应进行色彩与标识设计，且色彩柔和温暖，标识应字体醒目、图案清晰。

3.0.10　养老设施建筑中老年人用房建筑耐火等级不应低于二级，且建筑抗震设防标准应按重点设防类建筑进行抗震设计。

3.0.11　养老设施建筑及其场地均应进行无障碍设计，并应符合现行国家标准《无障碍设计规范》GB 50763的规定，无障碍设计具体部位应符合表3.0.11的规定。

表3.0.11　养老设施建筑及其场地无障碍设计的具体部位

<table>
<tr><td rowspan="2">室外场地</td><td>道路及停车场</td><td>主要出入口、人行道、停车场</td></tr>
<tr><td>广场及绿地</td><td>主要出入口、内部道路、活动场地、服务设施、活动设施、休憩设施</td></tr>
<tr><td rowspan="6">建筑</td><td>出入口</td><td>主要出入口、入口门厅</td></tr>
<tr><td>过厅和通道</td><td>平台、休息厅、公共走道</td></tr>
<tr><td>垂直交通</td><td>楼梯、坡道、电梯</td></tr>
<tr><td>生活用房</td><td>卧室、起居室、休息室、亲情居室、自用卫生间、公用卫生间、公用厨房、老年人专用浴室、公用沐浴间、公共餐厅、交往厅</td></tr>
<tr><td>公共活动用房</td><td>阅览室、网络室、棋牌室、书画室、健身室、教室、多功能厅、阳光厅、风雨廊</td></tr>
<tr><td>医疗保健用房</td><td>医务室、观察室、治疗室、处置室、临终关怀室、保健室、康复室、心理疏导室</td></tr>
</table>

3.0.12　养老设施建筑应进行节能设计，并应符合现行国家相关标准的规定。夏热冬冷地区及夏热冬暖地区老年人用房地面应避免出现返潮现象。

4　总　平　面

4.0.1　养老设施建筑总平面应根据养老设施的不同类别进行合理布局，功能分区、动静分区应明确，交通组织应便捷流畅，标识系统应明晰、连续。

4.0.2　老年人居住用房和主要公共活动用房应布置在日照充足、通风良好的地段，居住用房冬至日满窗日照不宜小于2h。公共配套服务设施宜与居住用房就近设置。

4.0.3　养老设施建筑的主要出入口不宜开向城市主干道。货物、垃圾、殡葬等运输宜设置单独的通道和出入口。

4.0.4　总平面内的道路宜实行人车分流，除满足消防、疏散、运输等要求外，还应保证救护车辆通畅到达所需停靠的建筑物出入口。

4.0.5　总平面内应设置机动车和非机动车停车场。在机动车停车场距建筑物主要出入口最近的位置上应设置供轮椅使用者专用的无障碍停车位，且无障碍停车位应与人行通道衔接，并应有明显的标志。

4.0.6　除老年养护院外，其他养老设施建筑的总平面内应设置供老年人休闲、健身、娱乐等活动的室外活动场地，并应符合下列规定：

1　活动场地的人均面积不应低于1.20m²；

2 活动场地位置宜选择在向阳、避风处，场地范围应保证有1/2的面积处于当地标准的建筑日照阴影之外；

3 活动场地表面应平整，且排水畅通，并采取防滑措施；

4 活动场地应设置健身运动器材和休息座椅，宜布置在冬季向阳、夏季遮荫处。

4.0.7 总平面布置应进行场地景观环境和园林绿化设计。绿化种植宜乔灌木、草地相结合，并宜以乔木为主。

4.0.8 总平面内设置观赏水景的水池水深不宜大于0.6m，并应有安全提示与安全防护措施。

4.0.9 老年人集中的室外活动场地附近应设置公共厕所，且应配置无障碍厕位。

4.0.10 总平面内应设置专用的晒衣场地。当地面布置困难时，晒衣场地也可布置在上人屋面上，并应设置门禁和防护设施。

5 建 筑 设 计

5.1 用 房 设 置

5.1.1 养老设施建筑应设置老年人用房和管理服务用房，其中老年人用房应包括生活用房、医疗保健用房、公共活动用房。不同类型养老设施建筑的房间设置宜符合表5.1.1的规定。

表5.1.1 不同类型养老设施建筑的房间设置

<table>
<tr><th colspan="4" rowspan="2">用房配置 / 养老设施 / 房间类别</th><th colspan="3">养老设施类型</th><th rowspan="2">备注</th></tr>
<tr><th>老年养护院</th><th>养老院</th><th>老年日间照料中心</th></tr>
<tr><td rowspan="14">老年人用房</td><td rowspan="14">生活用房</td><td rowspan="4">居住用房</td><td>卧室</td><td>□</td><td>□</td><td>○</td><td rowspan="2">—</td></tr>
<tr><td>起居室</td><td>—</td><td>○</td><td>△</td></tr>
<tr><td>休息室</td><td>—</td><td>—</td><td>□</td><td>—</td></tr>
<tr><td>亲情居室</td><td>△</td><td>△</td><td>—</td><td>附设专用卫浴、厕位设施</td></tr>
<tr><td rowspan="10">生活辅助用房</td><td>自用卫生间</td><td>△</td><td>□</td><td>○</td><td>—</td></tr>
<tr><td>公用卫生间</td><td>□</td><td>□</td><td>□</td><td>—</td></tr>
<tr><td>公用沐浴间</td><td>□</td><td>—</td><td>□</td><td>附设厕位</td></tr>
<tr><td>公用厨房</td><td>—</td><td>△</td><td>—</td><td>—</td></tr>
<tr><td>公共餐厅</td><td>□</td><td>□</td><td>□</td><td>可兼活动室，并附设备餐间</td></tr>
<tr><td>自助洗衣间</td><td>△</td><td>△</td><td>—</td><td>—</td></tr>
<tr><td>开水间</td><td>□</td><td>□</td><td>□</td><td>—</td></tr>
<tr><td>护理站</td><td>□</td><td>□</td><td>○</td><td>附设护理员值班室、储藏间，并设独立卫浴</td></tr>
<tr><td>污物间</td><td>□</td><td>□</td><td>○</td><td>—</td></tr>
<tr><td>交往厅</td><td>□</td><td>□</td><td>○</td><td>—</td></tr>
</table>

续表 5.1.1

房间类别			用房配置	老年养护院	养老院	老年日间照料中心	备注
				养老设施类型			
老年人用房	生活用房	生活服务用房	老年人专用浴室	—	△	—	附设厕位
			理发室	□	□	△	—
			商店	△/○	△/○	—	中型及以上宜设置
			银行、邮电、保险代理	△/○	△/○	—	大型、特大型宜设置
	医疗保健用房	医疗用房	医务室	□	□	○	—
			观察室	△	△	—	中型、大型、特大型应设置
			治疗室	△	△	—	大型、特大型宜设置
			检验室	△	△	—	大型、特大型宜设置
			药械室	□	□	—	—
			处置室	□	□	—	—
			临终关怀室	△	△	—	大型、特大型应设置
		保健用房	保健室	□	△	△	—
			康复室	□	△	△	—
			心理疏导室	△	△	△	—
	公共活动用房	活动室	阅览室	○	△	△	—
			网络室	○	△	△	—
			棋牌室	□	□	□	—
			书画室	○	△	△	—
			健身室	—	□	△	—
			教室	○	△	△	—
		多功能厅		△	△	○	—
		阳光厅/风雨廊		△	△	—	—
管理服务用房			总值班室	□	□	—	—
			入住登记室	□	□	△	—
			办公室	□	□	□	—
			接待室	□	□	—	—
			会议室	△	△	○	—
			档案室	□	□	△	—
			厨房	□	□	□	—
			洗衣房	□	□	△	—
			职工用房	□	□	□	可含职工休息室、职工沐浴间、卫生间、职工食堂
			备品库	□	□	△	—
			设备用房	□	□	□	—

注：表中□为应设置；△为宜设置；○为可设置；—为不设置。

5.1.2 养老设施建筑各类用房的使用面积不宜小于表 5.1.2 的规定。旧城区养老设施改建项目的老年人生活用房的使用面积不应低于表5.1.2的规定，其他用房的使用面积不应低于表5.1.2规定的70％。

表5.1.2 养老设施建筑各类用房最小使用面积指标

用房类别 \ 面积指标 \ 养老设施		老年养护院（m^2/床）	养老院（m^2/床）	老年日间照料中心（m^2/人）	备注
老年人用房	生活用房	12.0	14.0	8.0	不含阳台
	医疗保健用房	3.0	2.0	1.8	—
	公共活动用房	4.5	5.0	3.0	不含阳光厅/风雨廊
管理服务用房		7.5	6.0	3.2	—

注：对于老年日间照料中心的公共活动用房，表中的使用面积指标是指独立设置时的指标；当公共活动用房与社区老年活动中心合并设置时，可以不考虑其面积指标。

5.1.3 老年养护院、养老院的老年人生活用房中的居住用房和生活辅助用房宜按养护单元设置，且老年养护院养护单元的规模宜不大于50床；养老院养护单元的规模宜为（50～100）床；失智老年人的养护单元宜独立设置，且规模宜为10床。

5.2 生活用房

5.2.1 老年人卧室、起居室、休息室和亲情居室不应设置在地下、半地下，不应与电梯井道、有噪声振动的设备机房等贴邻布置。

5.2.2 老年人居住用房应符合下列规定：

1 老年养护院和养老院的卧室使用面积不应小于6.00m^2/床，且单人间卧室使用面积不宜小于10.00m^2，双人间卧室使用面积不宜小于16.00m^2；

2 居住用房内应设每人独立使用的储藏空间，单独供轮椅使用者使用的储藏柜高度不宜大于1.60m；

3 居住用房的净高不宜低于2.60m；当利用坡屋顶空间作为居住用房时，最低处距地面净高不应低于2.20m，且低于2.60m高度部分面积不应大于室内使用面积的1/3；

4 居住用房内宜留有轮椅回转空间，床边应留有护理、急救操作空间。

5.2.3 老年养护院每间卧室床位数不应大于6床；养老院每间卧室床位数不应大于4床；老年日间照料中心老年人休息室宜为每间4人～8人；失智老年人的每间卧室床位数不应大于4床，并宜进行分隔。

5.2.4 失智老年人用房的外窗可开启范围内应采取防护措施，房间门应采用明显颜色或图案进行标识。

5.2.5 老年养护院和养老院的老年人居住用房宜设置阳台，并应符合下列规定：

1 老年养护院相邻居住用房的阳台宜相连通；

2 开敞式阳台栏杆高度不低于1.10m，且距地面0.30m高度范围内不宜留空；

3 阳台应设衣物晾晒装置；

4 开敞式阳台应做好雨水遮挡及排水措施；严寒及寒冷地区、多风沙地区宜设封闭阳台；

5 介护老年人中失智老年人居住用房宜采用封闭阳台。

5.2.6　老年人自用卫生间的设置应与居住用房相邻，并应符合下列规定：

1　养老院的老年人自用卫生间应满足老年人盥洗、便溺、洗浴的需要；老年养护院、老年日间照料中心的老年人自用卫生间应满足老年人盥洗、便溺的需要；卫生洁具宜采用浅色；

2　自用卫生间的平面布置应留有助厕、助浴等操作空间；

3　自用卫生间宜有良好的通风换气措施；

4　自用卫生间与相邻房间室内地坪不应有高差，地面应选用防滑耐磨材料。

5.2.7　老年人公用厨房应具备天然采光和自然通风条件。

5.2.8　老年人公共餐厅应符合下列规定：

1　公共餐厅的使用面积应符合表5.2.8的规定；

2　老年养护院、养老院的公共餐厅宜结合养护单元分散设置；

3　公共餐厅应使用可移动的、牢固稳定的单人座椅；

4　公共餐厅布置应能满足供餐车进出、送餐到位的服务，并应为护理员留有分餐、助餐空间；当采用柜台式售饭方式时，应设有无障碍服务柜台。

表5.2.8　养老设施建筑的公共餐厅使用面积（m^2/座）

老年养护院	1.5～2.0
养老院	1.5
老年日间照料中心	2.0

注：1　老年养护院公共餐厅的总座位数按总床位数的60%测算；养老院公共餐厅的总座位数按总床位数的70%测算；老年日间照料中心的公共餐厅座位数按被照料老人总人数测算。

2　老年养护院的公共餐厅使用面积指标，小型取上限值，特大型取下限值。

5.2.9　老年人公用卫生间应与老年人经常使用的公共活动用房同层、邻近设置，并宜有天然采光和自然通风条件。老年养护院、养老院的每个养护单元内均应设置公用卫生间。公用卫生间洁具的数量应按表5.2.9确定。

表5.2.9　公用卫生间洁具配置指标（人/每件）

洁具	男	女
洗手盆	≤15	≤12
坐便器	≤15	≤12
小便器	≤12	—

注：老年养护院和养老院公用卫生间洁具数量按其功能房间所服务的老人数测算；老年日间照料中心的公用卫生间洁具数量按老人总数测算，当与社区老年活动中心合并设置时应相应增加洁具数量。

5.2.10　老年人专用浴室、公用沐浴间设置应符合下列规定：

1　老年人专用浴室宜按男女分别设置，规模可按总床位数测算，每15个床位应设1个浴位，其中轮椅使用者的专用浴室不应少于总床位数的30%，且不应少于1间；

2　老年日间照料中心，每15～20个床位宜设1间具有独立分隔的公用沐浴间；

3　公用沐浴间内应配备老年人使用的浴槽（床）或洗澡机等助浴设施，并应留有助浴空间；

4　老年人专用浴室、公用沐浴间均应附设无障碍厕位。

5.2.11 老年养护院和养老院的每个养护单元均应设护理站，且位置应明显易找，并宜适当居中。

5.2.12 养老设施建筑内宜每层设置或集中设置污物间，且污物间应靠近污物运输通道，并应有污物处理及消毒设施。

5.2.13 理发室、商店及银行、邮电、保险代理等生活服务用房的位置应方便老年人使用。

5.3 医疗保健用房

5.3.1 医疗用房中的医务室、观察室、治疗室、检验室、药械室、处置室，应按现行行业标准《综合医院建筑设计规范》JGJ 49执行，并应符合下列规定：

1 医务室的位置应方便老年人就医和急救；

2 除老年日间照料中心外，小、中型养老设施建筑宜设观察床位；大型、特大型养老设施建筑应设观察室；观察床位数量应按总床位数的1%～2%设置，并不应少于2床；

3 临终关怀室宜靠近医务室且相对独立设置，其对外通道不应与养老设施建筑的主要出入口合用。

5.3.2 保健用房设计应符合下列规定：

1 保健室、康复室的地面应平整，表面材料应具弹性，房间平面布局应适应不同康复设施的使用要求；

2 心理疏导室使用面积不宜小于10.00m^2。

5.4 公共活动用房

5.4.1 公共活动用房应有良好的天然采光与自然通风条件，东西向开窗时应采取有效的遮阳措施。

5.4.2 活动室的位置应避免对老年人卧室产生干扰，平面及空间形式应适合老年人活动需求，并应满足多功能使用的要求。

5.4.3 多功能厅宜设置在建筑首层，室内地面应平整并设休息座椅，墙面和顶棚宜做吸声处理，并应邻近设置公用卫生间及储藏间。

5.4.4 严寒、寒冷地区的养老设施建筑宜设置阳光厅。多雨地区的养老设施建筑宜设置风雨廊。

5.5 管理服务用房

5.5.1 入住登记室宜设置在主要出入口附近，并应设置醒目标识。

5.5.2 老年养护院和养老院的总值班室宜靠近建筑主要出入口设置，并应设置建筑设备设施控制系统、呼叫报警系统和电视监控系统。

5.5.3 厨房应有供餐车停放及消毒的空间，并应避免噪声和气味对老年人用房的干扰。

5.5.4 职工用房应考虑工作人员休息、洗浴、更衣、就餐等需求，设置相应的空间。

5.5.5 洗衣房平面布置应洁、污分区，并应满足洗衣、消毒、叠衣、存放等需求。

6　安　全　措　施

6.1　建 筑 物 出 入 口

6.1.1　养老设施建筑供老年人使用的出入口不应少于两个，且门应采用向外开启平开门或电动感应平移门，不应选用旋转门。

6.1.2　养老设施建筑出入口至机动车道路之间应留有缓冲空间。

6.1.3　养老设施建筑的出入口、入口门厅、平台、台阶、坡道等应符合下列规定：

1　主要入口门厅处宜设休息座椅和无障碍休息区；

2　出入口内外及平台应设安全照明；

3　台阶和坡道的设置应与人流方向一致，避免迂绕；

4　主要出入口上部应设雨篷，其深度宜超过台阶外缘1.00m以上；雨篷应做有组织排水；

5　出入口处的平台与建筑室外地坪高差不宜大于500mm，并应采用缓步台阶和坡道过渡；缓步台阶踢面高度不宜大于120mm，踏面宽度不宜小于350mm；坡道坡度不宜大于1/12，连续坡长不宜大于6.00m，平台宽度不应小于2.00m；

6　台阶的有效宽度不应小于1.50m；当台阶宽度大于3.00m时，中间宜加设安全扶手；当坡道与台阶结合时，坡道有效宽度不应小于1.20m，且坡道应作防滑处理。

6.2　竖　向　交　通

6.2.1　供老年人使用的楼梯应符合下列规定：

1　楼梯间应便于老年人通行，不应采用扇形踏步，不应在楼梯平台区内设置踏步；主楼梯梯段净宽不应小于1.50m，其他楼梯通行净宽不应小于1.20m；

2　踏步前缘应相互平行等距，踏面下方不得透空；

3　楼梯宜采用缓坡楼梯；缓坡楼梯踏面宽度宜为320mm～330mm，踢面高度宜为120mm～130mm；

4　踏面前缘宜设置高度不大于3mm的异色防滑警示条；踏面前缘向前凸出不应大于10mm；

5　楼梯踏步与走廊地面对接处应用不同颜色区分，并应设有提示照明；

6　楼梯应设双侧扶手。

6.2.2　普通电梯应符合下列规定：

1　电梯门洞的净宽度不宜小于900mm，选层按钮和呼叫按钮高度宜为0.90m～1.10m，电梯入口处宜设提示盲道。

2　电梯轿厢门开启的净宽度不应小于800mm，轿厢内壁周边应设有安全扶手和监控及对讲系统。

3　电梯运行速度不宜大于1.5m/s，电梯门应采用缓慢关闭程序设定或加装感应装置。

6.3 水 平 交 通

6.3.1 老年人经过的过厅、走廊、房间等不应设门槛，地面不应有高差，如遇有难以避免的高差时，应采用不大于1/12的坡面连接过渡，并应有安全提示。在起止处应设异色警示条，临近处墙面设置安全提示标志及灯光照明提示。

6.3.2 养老设施建筑走廊净宽不应小于1.80m。固定在走廊墙、立柱上的物体或标牌距地面的高度不应小于2.00m；当小于2.00m时，探出部分的宽度不应大于100mm；当探出部分的宽度大于100mm时，其距地面的高度应小于600mm。

6.3.3 老年人居住用房门的开启净宽应不小于1.20m，且应向外开启或推拉门。厨房、卫生间的门的开启净宽不应小于0.80m，且选择平开门时应向外开启。

6.3.4 过厅、电梯厅、走廊等宜设置休憩设施，并应留有轮椅停靠的空间。电梯厅兼作消防前室（厅）时，应采用不燃材料制作靠墙固定的休息设施，且其水平投影面积不应计入消防前室（厅）的规定面积。

6.4 安 全 辅 助 措 施

6.4.1 老年人经过及使用的公共空间应沿墙安装安全扶手，并宜保持连续。安全扶手的尺寸应符合下列规定：

1 扶手直径宜为30mm～45mm，且在有水和蒸汽的潮湿环境时，截面尺寸应取下限值；

2 扶手的最小有效长度不应小于200mm。

6.4.2 养老设施建筑室内公共通道的墙（柱）面阳角应采用切角或圆弧处理，或安装成品护角。沿墙脚宜设350mm高的防撞踢脚。

6.4.3 养老设施建筑主要出入口附近和门厅内，应设置连续的建筑导向标识，并应符合下列规定：

1 出入口标识应易于辨别。且当有多个出入口时，应设置明显的号码或标识图案；

2 楼梯间附近的明显位置处应布置楼层平面示意图，楼梯间内应有楼层标识。

6.4.4 其他安全防护措施应符合下列规定：

1 老年人所经过的路径内不应设置裸放的散热器、开水器等高温加热设备，不应摆设造型锋利和易碎饰品，以及种植带有尖刺和较硬枝条的盆栽；易与人体接触的热水明管应有安全防护措施；

2 公共疏散通道的防火门扇和公共通道的分区门扇，距地0.65m以上，应安装透明的防火玻璃；防火门的闭门器应带有阻尼缓冲装置；

3 养老设施建筑的自用卫生间、公用卫生间门宜安装便于施救的插销，卫生间门上宜留有观察窗口；

4 每个养护单元的出入口应安装安全监控装置；

5 老年人使用的开敞阳台或屋顶上人平台在临空处不应设可攀登的扶手；供老年人活动的屋顶平台女儿墙的护栏高度不应低于1.20m；

6 老年人居住用房应设安全疏散指示标识，墙面凸出处、临空框架柱等应采用醒目的色彩或采取图案区分和警示标识。

7 建 筑 设 备

7.1 给 水 与 排 水

7.1.1 养老设施建筑宜供应热水，并宜采用集中热水供应系统。热水配水点出水温度宜为40℃～50℃。热水供应应有控温、稳压装置。有条件采用太阳能的地区，宜优先采用太阳能供应热水。

7.1.2 养老设施建筑应选用节水型低噪声的卫生洁具和给排水配件、管材。

7.1.3 养老设施建筑自用卫生间、公用卫生间、公用沐浴间、老年人专用浴室等应选用方便无障碍使用与通行的洁具。

7.1.4 养老设施建筑的公用卫生间宜采用光电感应式、触摸式等便于操作的水嘴和水冲式坐便器冲洗装置。室内排水系统应畅通便捷。

7.2 供暖与通风空调

7.2.1 严寒和寒冷地区的养老设施建筑应设集中供暖系统，供暖方式宜选用低温热水地板辐射供暖。夏热冬冷地区应配设供暖设施。

7.2.2 养老设施建筑集中供暖系统宜采用不高于95℃的热水作为热媒。

7.2.3 养老设施建筑应根据地区的气候条件，在含沐浴的用房内安装暖气设备或预留安装供暖器件的位置。

7.2.4 养老设施建筑有关房间的室内冬季供暖计算温度不应低于表7.2.4的规定。

表7.2.4　养老设施建筑有关房间的室内冬季供暖计算温度

房间	居住用房	生活辅助用房	含沐浴的用房	生活服务用房	活动室多功能厅	医疗保健用房	管理服务用房
计算温度（℃）	20	20	25	18	20	20	18

7.2.5 养老设施建筑内的公用厨房、自用与公用卫生间，应设置排气通风道，并安装机械排风装置，机械排风系统应具备防回流功能。

7.2.6 严寒、寒冷及夏热冬冷地区的公用厨房，应设置供房间全面通风的自然通风设施。

7.2.7 严寒、寒冷及夏热冬冷地区的养老设施建筑内，宜设置满足室内卫生要求的机械通风，并宜采用带热回收功能的双向换气装置。

7.2.8 最热月平均室外气温高于25℃地区的养老设施建筑，应设置降温设施。

7.2.9 养老设施建筑内的空调系统应设置分室温度控制措施。

7.2.10 养老设施建筑内的水泵和风机等产生噪声的设备，应采取减振降噪措施。

7.3 建 筑 电 气

7.3.1 养老设施建筑居住用房及公共活动用房宜设置备用照明，并宜采用自动控制方式。

7.3.2 养老设施建筑居住、活动及辅助空间照度值应符合表7.3.2的规定，光源宜选用暖色节能光源，显色指数宜大于 80，眩光指数宜小于 19。

表 7.3.2 养老设施建筑居住、活动及辅助空间照度值

房间名称	居住用房	活动室	卫生间	公用厨房	公共餐厅	门厅走廊
照度值（lx）	200	300	150	200	200	100～150

7.3.3 养老设施建筑居住用房至卫生间的走道墙面距地 0.40m 处宜设嵌装脚灯。居住用房的顶灯和床头照明宜采用两点控制开关。

7.3.4 养老设施建筑照明控制开关宜选用宽板翘板开关，安装位置应醒目，且颜色应与墙壁区分，高度宜距地面 1.10m。

7.3.5 养老设施建筑出入口雨篷底或门口两侧应设照明灯具，阳台应设照明灯具。

7.3.6 养老设施建筑走道、楼梯间及电梯厅的照明，均宜采用节能控制措施。

7.3.7 养老设施建筑的供电电源应安全可靠，宜采用专线配电，供配电系统应简明清晰，供配电支线应采用暗敷设方式。

7.3.8 养老院宜每间（套）设电能计量表，并宜单设配电箱，配电箱内宜设电源总开关，电源总开关应采用可同时断开相线和中性线的开关电器。配电箱内的插座回路应装设剩余电流动作保护器。

7.3.9 养老设施建筑的电源插座距地高度低于 1.8m 时，应采用安全型电源插座。居住用房的电源插座高度距地宜为 0.60m～0.80m；厨房操作台的电源插座高度距地宜为 0.90m～1.10m。

7.3.10 养老设施建筑的居住用房、公共活动用房和公共餐厅等应设置有线电视、电话及信息网络插座。

7.3.11 养老设施建筑的公共活动用房、居住用房及卫生间应设紧急呼叫装置。公共活动用房及居住用房的呼叫装置高度距地宜为 1.20m～1.30m，卫生间的呼叫装置高度距地宜为0.40m～0.50m。

7.3.12 养老设施建筑以及室外活动场所（地）应设置视频安防监控系统或护理智能化系统。在养老设施建筑的各出入口和单元门、公共活动区、走廊、各楼层的电梯厅、楼梯间、电梯轿厢等场所应设置安全监控设施

7.3.13 安全防护

1 养老设施建筑应做总等电位联结，医疗用房和卫生间应做局部等电位联结；

2 养老设施建筑内的灯具应选用Ⅰ类灯具，线路中应设置 PE 线；

3 养老设施建筑中的医疗用房宜设防静电接地；

4 养老设施建筑应设置防火剩余电流动作报警系统。

本规范用词说明

1 为便于在执行本规范条文时区别对待，对要求严格程度不同的用词说明如下：

1）表示很严格，非这样做不可的用词：

正面词采用“必须”，反面词采用“严禁”；

2）表示严格，在正常情况下均应这样做的用词：

正面词采用“应”，反面词采用“不应”或“不得”；

3）表示允许稍有选择，在条件许可时首先应这样做的用词：

正面词采用“宜”，反面词采用“不宜”；

4）表示有选择，在一定条件下可以这样做的用词，采用“可”。

2 条文中指明应按其他有关标准执行的写法为：“应符合……的规定”或“应按……执行”。

引用标准名录

1 《无障碍设计规范》GB 50763

2 《综合医院建筑设计规范》JGJ 49

中华人民共和国国家标准

养老设施建筑设计规范

GB 50867 - 2013

条 文 说 明

制　订　说　明

《养老设施建筑设计规范》GB 50867－2013，经住房和城乡建设部2013年9月6日以第142号公告批准、发布。

本规范制订过程中，编制组进行了广泛深入的调查研究，认真总结了我国不同地区近年来养老设施建设的实践经验，同时参考了国外先进技术法规、技术标准，通过实地调研和广泛征求全国有关单位的意见及多次修改，取得了符合中国国情，可操作性较强的重要技术参数。

为便于广大设计、施工、科研、学校等单位有关人员在使用本规范时能正确理解和执行条文规定，《养老设施建筑设计规范》编制组按章、节、条顺序编制了本规范的条文说明，对条文规定的目的、依据以及执行中需要注意的有关事项进行了说明，还着重对强制性条文的强制性理由做了解释。但是，本条文说明不具备与规范正文同等的法律效力，仅供使用者作为理解和把握规范规定的参考。

目　次

1　总　　则

1.0.1　随着我国社会经济的发展，城乡老年人的生活水平和医疗水平不断提高，老年人的寿命呈现出高龄化倾向，家庭模式空巢化现象也显得越来越突出，众多介护老人长期照料护理服务需求日益迫切。据第六次全国人口普查统计显示，我国60岁及以上人口为1.78亿人，占总人口的13.26%，预计到2050年我国老龄化将达到峰值，60岁以上的老年人数量将达到4.37亿人。截止到2009年80岁以上高龄老年人达到1899万人，占全国人口的1.4%，年均增速达5%，快于老龄化的增长速度，也高于世界平均3%的水平。我国城乡老年空巢家庭超过50%，部分大中城市老年空巢家庭达到70%，而各类老年福利机构3.81万个，床位266.2万张，养老床位总数仅占全国老年人口的1.59%，不仅低于发达国家5%～7%的比例，也低于一些发展中国家2%～3%的水平。可见，我国目前已进入老龄化快速发展阶段，关注养老与养老机构建设已是当前最大民生问题之一。中国老龄事业发展"十二五"规划及我国社会养老服务体系"十二五"规划中也针对目前我国老龄化发展的现状，从机构养老、社区养老和居家养老三个方面提出了今后五年的发展建设目标和任务。因此，适时编制养老设施建筑设计规范，为养老设施建筑的设计和管理提供技术依据，以满足当今老年人对社会机构养老的迫切需要，是编制本规范的根本前提和目的。

1.0.2　根据《社会养老服务体系建设规划（2011—2015年）》，我国的社会养老服务体系主要由居家养老、社会养老和机构养老等三个有机部分组成。本规范主要针对机构养老和社区养老设施，机构养老主要包括老年养护院、养老院等，社区养老主要包括老年日间照料中心。由于区域发展和人口结构的变化，出现的将既有建筑改、扩建为养老设施的建筑，如原幼儿园、小学、医院等改造为养老设施项目，其建筑设计可以按本规范执行。

1.0.3　本条提出了养老设施建筑设计的理念、原则。养老设施建筑需要针对自理、介助（即半自理的、半失能的）和介护（即不能自理的、失能的、需全护理的）等不同老年人群体的养老需求及其身体衰退和生理、心理状况以及养护方式，进行个性化、人性化设计，切实保证老年人的基本生活质量。

1.0.4　本条规定是为了明确本标准与相关标准之间的关系。这里的"国家现行有关标准"是指现行的工程建设国家标准和行业标准。与养老设施建筑有关的规划及建筑结构、消防、热工、节能、隔声、照明、给水排水、安全防范、设施设备等设计，除需要执行本规范外，还需要执行其他相关标准。例如《城镇老年人设施规划规范》GB 50437、《建筑设计防火规范》GB 50016、《无障碍设计规范》GB 50763、《老年人社会福利机构基本规范》MZ 008等。

2 术　语

2.0.1 养老设施是专项或综合服务的养老建筑服务设施的通称。为满足不同层次、不同身体状况的老年人的需求，根据养老设施的床位数量、设施条件和综合服务功能，养老设施建筑划分为老年养护院、养老院、老年日间照料中心等。

2.0.2～2.0.4 为使术语反映时代特点，并与相关标准表述内容一致，规定了各类养老设施建筑的内涵。如老年养护院以接待患病或健康条件较差，需医疗保健、康复护理的介助、介护老年人为主。这也与《老年养护院建设标准》建标 144－2010 中的表述："老年养护院是指为失能老年人提供生活照料、健康护理、康复娱乐、社会工作等服务的专业照料机构"是一致的。养老院为自理、介助、介护老年人提供集中居住和综合服务，它包括社会福利院的老人部、敬老院等。老年日间照料中心通常设置在居住社区中，例如社区的日托所、老年日间护理中心（托老所）等，是一种适合介助老年人的"白天人托接受照顾和参与活动，晚上回家享受家庭生活"的社区居家养老服务新模式。与《社区老年人日间照料中心建设标准》建标 143－2010："社区老年人日间照料中心是指为以生活不能完全自理、日常生活需要一定照料的半失能老年人为主的日托老年人提供膳食供应、个人照顾、保健康复、娱乐和交通接送等日间服务的设施"的内容一致。

2.0.5 在老年养护院和养老院中，为便于老年人养护及管理，通常将老年人养护设施分区设置，划分为相对独立的护理单元。养护单元内包括老年人居住用房、餐厅、公共浴室、会见聊天室、心理咨询室、护理员值班室、护士工作室等用房。从消防与疏散角度考虑，养护单元最好与防火分区结合设计。

2.0.6 为了体现对失能老年人的人文关怀，满足入住失能老年人与前来探望的子女短暂居住，共享天伦之乐，感受家庭亲情需要的居住用房。通常养老院和老年养护院设置亲情居室。

2.0.7～2.0.9 根据老年人的身体衰退状况、行为能力特征，根据国家现行有关标准，将老年人按自理老人，介助老人和介护老人等行为状态区分，以科学地、动态地反映老年人的体能变化及行为障碍状态，力求建筑设计充分体现适老性。

3 基 本 规 定

3.0.1 本条规定了养老设施的服务对象及基本服务配置。需要强调的是，养老设施的服务配置应当在适应当前、预留发展、因地制宜的原则指导下，在满足服务功能和社会需求基础上，尽可能综合布设并充分利用社会公共设施。

3.0.2 根据我国民政部颁布的现行行业标准《老年人社会福利机构基本规范》MZ 008，以及建设标准《老年养护院建设标准》建标 144－2010、《社区老年人日间照料中心建设标准》建标143 -2010，养老设施可以根据配建和设施规模划分等级。国家和各地的民政部门在养老设施管理规定中将提供居养和护理的养老机构按床位数分级，以便于配置人员和设施。因此，建设标准主要满足养老设施的规划建设和项目投资的需要。本规范根据现行国家标准《城镇老年人设施规划规范》GB 50437 分级设置的规定，并参考国内外养老机构的建设情况，根据养老设施建筑用房配置要求将养老设施中的老年养护院和养老院按其床位数量分为小型、中型、大型和特大型四个等级，主要满足建筑设计的最低技术指标。老年日间照料中心按照社区人口规模 10000～15000 人、15000～30000 人、30000～50000 人分为小型、中型和大型三个等级，按照 2015 年全国老龄化水平的预测值 15.3%，并根据小型、中型和大型的社区老年人日间照料中心的建筑面积分别按照老年人人均房屋建筑面积 0.26m^2、0.32m^2、0.39m^2 进行估算，则三类的面积规模分别为 300m^2～800m^2、800m^2～1400m^2、1400m^2～2000m^2。同时根据现行国家标准《城镇老年人设施规划规范》GB 50437 中对托老所的配建规模及要求，托老所不应小于 10 床位，每床建筑面积不应小于 20m^2。综合以上因素，考虑到老年人日间照料中心多为社区层面的养老设施，且应与其他养老设施的等级划分相协调，因此本规范将老年日间照料中心确定小型和中型两个等级，分别为小于或等于 40 人和 41～100 人。

根据以上原则分级，配合规划形成的养老设施网络能够基本覆盖城镇各级居民点，满足老年人使用的需求；其分级的方式也能够与现行国家标准《城市居住区规划设计规范》GB 50180 取得良好的衔接，利于不同层次的设施配套。在实际运作中可以和现有的以民政系统管理为主的老年保障网络相融合，如大型、特大型养老设施与市（地区）级要求基本相同，中型养老设施则相当于规模较大辐射范围较广的区级设施，而小型养老设施则与居住区级的街道和乡镇规模相一致，这样便于民政部门的规划管理。

3.0.3　本规范中的老年养护院、养老院和老年日间照料中心是社会养老机构设施。为适应我国“以家庭养老为基础，以社区养老为依托，以机构养老为支撑”的养老发展模式，社区中为居家养老者提供社区关助服务的养老设施，如老年家政服务中心（站）、老年活动中心（站）、老年医疗卫生服务中心（站）、社区老年学园（大学）等，可以从实际出发独立设置或合设于社区服务中心（站）、社区活动中心（站）、社区医疗服务中心（站）、老年学园（大学）等社区配套的公共服务场所内，并且在条件许可的情况，其建筑设计可以按本规范执行。

3.0.4　养老设施建筑基地选择，一方面要考虑到老年人的生理和心理特点，对阳光、空气、绿化等自然条件要求较高，对气候、风向及周边生活环境敏感度较强等；另一方面还应考虑到老年人出行方便和子女探望的需要，因此基地要选择在工程地质条件稳定、日照充足、通风良好、交通方便、临近公共服务设施及远离污染源、噪声源及危险品生产、储运的区域。

3.0.5　考虑到老年人特殊的体能与行为特征，养老设施建筑宜为低层或多层并独立设置，以便于紧急情况下的救助与疏散，以及减少外界的干扰。受用地等条件所限，社区内的小型养老设施可以与其他公共设施建筑合并设置，但需要具备独立的交通系统，便于安全疏散。

3.0.6　老年人由于长时间生活在室内，因此老年人用房的朝向和阳光就非常重要。本规范规定养老设施建筑主要用房的窗地比，以保证良好朝向和采光。

3.0.7 为了便于老年人日常使用与紧急情况下的抢救与疏散，养老设施的二层及以上楼层设有老年人用房时，需要以无障碍电梯作为垂直交通设施，且至少 1 台能兼作医用电梯，以便于急救时担架或医用床的进出。

3.0.8 为保证老年人的行走安全及方便，对养老设施建筑中的地面材料提出了设计要求，以防止老年人滑倒或因滑倒引起的碰伤、划伤、扭伤等。

3.0.9 考虑到老年人视力、反应能力等不断衰退，强调色彩和标识设计非常必要。色彩柔和、温暖，易引起老年人注意与识别，既提高老年人的感受能力，也从心理上营造了一种温馨和安全感。标识的字和图案都要比一般场所的要大些，方便识别。

3.0.10 针对老年人行动能力弱、自救能力差的特点，专门提出养老设施建筑中老年人用房可按重点公建做好抗震与防火等安全设计。

3.0.11 老年人体能衰退的特征之一，表现在行走机能弱化或丧失，抬腿与迈步行为不便或需靠轮椅等扶助，因此，新建及改扩建养老设施的建筑和场地都需要进行无障碍设计，并且按现行国家标准《无障碍设计规范》GB 50763 执行。本规范对养老设施相应用房设置提出了进行无障碍设计的具体位置，以方便设计与提高养老设施建筑的安全性。

3.0.12 夏热冬冷地区及夏热冬暖地区养老设施的老年人用房的地面，在过渡季节易出现地面湿滑的返潮现象，为防止老年人摔伤，特做此规定。

4 总 平 面

4.0.1 养老设施一般包括生活居住、医疗保健、休闲娱乐、辅助服务等功能，需要按功能关系进行合理布局。明确动静分区，减少干扰。合理组织交通，沿老年人通行路径设置明显、连续的标识和引导系统，以方便老年人使用。

4.0.2 保证养老设施的居住用房和主要公共活动用房充足的日照和良好的通风对老年人身心健康尤为重要。考虑到地域的差异，日照时间按当地城镇规划要求执行，其中老年人的起居室、活动室应满足日照 2h，卧室宜满足日照 2h。公共配套服务设施与居住用房就近设置，以便服务老年人的日常生活。

4.0.3 城市主干道往往交通繁忙、车速较快，养老设施建筑的主要出入口开向城市主干道时，不利于保证老年人出行安全。货物、垃圾、殡葬等运输最好设置具有良好隔离和遮挡的单独通道和出入口，避免对老年人身心造成影响。

4.0.4 考虑到老年人出行方便和休闲健身等安全，养老设施中道路要尽量做到人车分流，并应当方便消防车、救护车进出和靠近，满足紧急时人群疏散、避难逃生需求，并且应设置明显的标志和导向系统。

4.0.5 考虑介助老年人的需要，在机动车停车场距建筑物主要出入口最近的位置上设置供轮椅使用者专用的无障碍停车位，明显的标志可以起到强化提示的功能。

4.0.6 满足老年人室外活动需求，室外活动场地按人均面积不低于 $1.20m^2$ 计算，且保证一定的日照和场地平整、防滑等条件。根据老年人活动特点进行动静分区，一般将运动项目场地作为动区，设置健身运动器材，并与休憩静区保持适当距离。在静区根据情况进行园林设计，并设置亭、廊、花架、座椅等设施，座椅布置宜在冬季向阳、夏季遮荫处，可便于老年人使用。

4.0.7 为创造良好的景观环境，养老设施建筑总平面需要根据各地情况适宜做好庭院景观绿化设计。

4.0.8 老年人低头观察事物，易发生头晕摔倒事件。因此，养老设施建筑总平面中观赏水景的水深不宜超过0.60m，且水池周边需要设置栏杆、格栅等防护措施。

4.0.9 根据老年人生理特点，养老设施需要在老年人集中的室外活动场地附近设置便于老年人使用的公共厕所，且考虑轮椅使用者的需要。

4.0.10 为保证老年人身体健康，满足老年人衣服、被褥等清洗晾晒要求，总平面布置时需要设置专用晾晒场地。当室外地面晾衣场地设置困难时，可利用上人屋面作为晾衣场地，但需要设置栏栅、防护网等安全防护设施，防止老年人误入。

5 建 筑 设 计

5.1 用 房 设 置

5.1.1 根据老年人使用情况，养老设施建筑的内部用房可以划分为两大类：即老年人用房和管理服务用房。

老年人用房是指老年人日常生活活动需要使用的房间。根据不同功能又可划分为三类：即生活用房、医疗保健用房、公共活动用房。各类用房的房间在无相互干扰且满足使用功能的前提下可合并设置。

生活用房是老年人的生活起居及为其提供各类保障服务的房间，包括居住用房、生活辅助用房和生活服务用房。其中居住用房包括卧室、起居室、休息室、亲情居室；生活辅助用房包括自用卫生间、公用卫生间、公用沐浴间、公用厨房、公共餐厅、自助洗衣间、开水间、护理站、污物间、交往厅；生活服务用房包括老年人专用浴室、理发室、商店和银行、邮电、保险代理等房间。

医疗保健用房分为医疗用房和保健用房。医疗用房为老年人提供必要的诊察和治疗功能，包括医务室、观察室、治疗室、检验室、药械室、处置室和临终关怀室等房间；保健用房则为老年人提供康复保健和心理疏导服务功能，包括保健室、康复室和心理疏导室。

公共活动用房是为老年人提供文化知识学习和休闲健身交往娱乐的房间，包括活动室、多功能厅和阳光厅（风雨廊）。其中活动室包括阅览室、网络室、棋牌室、书画室、健身室和教室等房间。

管理服务用房是养老设施建筑中工作人员管理服务的房间，主要包括总值班室、入住登记室、办公室、接待室、会议室、档案室、厨房、洗衣房、职工用房、备品库、设备用房等房间。

为提高养老设施建筑用房使用效率，在满足使用功能和相互不干扰的前提下，各类用房可合并设置。

5.1.2 本条面积指标分为两部分。老年养护院、养老院按每床使用面积规定，老年日间照料中心按每人使用面积规定。

老年养护院、养老院的面积指标是参照《城镇老年人设施规划规范》GB 50437 中规定的各级老年护理院、养老院的配建指标，以及《老年养护院建设标准》建标 144－2010 中规定的五类养护院每床建筑面积指标综合确定的，即老年养护院、养老院的每床建筑面积标准为 45m²/床。以上建筑面积标准乘以平均使用系数 0.60，得出每床使用面积标准。又根据《老年养护院建设标准》建标 144－2010 中规定的各类用房使用面积指标，确定老年养护院的各类用房每床使用面积标准。同时根据养老院开展各项工作的实际需求，结合对各地调研数据的认真分析和总结，确定养老院的各类用房使用面积标准。

老年日间照料中心的面积指标是参照《社区老年人日间照料中心建设标准》建标 143－2010 中规定的各类用房使用面积的比例综合确定的。各地可根据实际业务需要在总使用面积范围内适当调整。

5.1.3 为便于为老年人提供各项服务和有效的管理，养老院、老年养护院的老年人生活用房中的居住用房和生活辅助用房宜分单元设置。经调研，养老设施中能够有效照料和巡视自理老年人的服务单元规模为 100 人左右，考虑到一些养老院中可能有一部分老年人为介助老年人，并结合国内外家庭养老发展方向，其养护单元的老年人数量宜适当减少，因此本条确定老年养护院养护单元的规模宜不大于 50 床；养老院养护单元的规模宜为 50 床～100 床；介护老年人中的失智老年人，护理与服务方式较为特殊，其养护单元宜独立设置，参照国内外有关资料其规模宜为 10 床。

5.2 生 活 用 房

5.2.1 居住用房是老年人久居的房间，强调本条主要考虑设置在地下、半地下的老年人居住用房的阳光、自然通风条件不佳和火灾紧急状态下烟气不易排除，对老年人的健康和安全带来危害。噪声振动对老年人的心脑功能和神经系统有较大影响，远离噪声源布置居住用房，有利于老年人身心健康。

5.2.2 据调查现在实际老年人居住用房普遍偏小。由于老年人动作迟缓，准确度降低以及使用轮椅和方便护理的需要，特别是对文化层次越来越高的老年人，生活空间不宜太小。日本老年看护院标准单人间卧室 10.80m²，香港安老院标准每人 6.50m² 等，本规范参照国内外标准综合确定了面积指标。

5.2.3 根据目前国内经济状况和现有养老院调查情况，本规范规定每卧室的最多床位数标准。其中规定失智老人的床位进行适当分隔，是为了避免相互影响及发生意外损伤。

5.2.4 为防止介护老年人中失智老年人发生高空坠落等意外发生，本条规定失智老年人养护单元用房的外窗可开启范围内设置防护措施。房间门采用明显颜色或图案加以显著标识，以便于失智老年人记忆和辨识。

5.2.5 老年养护院相邻居室的阳台平时可分开使用，紧急情况下可以连通，以便于防火疏散与施救。开敞式阳台栏杆高度不低于 1.10m，且距地面 0.30m 高度范围内不留空，并做好雨水遮挡和排水措施，以保证介助老年人使用安全。考虑地域特征，寒冷地区、多风沙地区，阳台设封闭避风设置。介护老年人中失智老年人居室的阳台采用封闭式设置，以便于管理服务。

5.2.6 老年人身患泌尿系统病症较普遍，自用卫生间位置与居室相邻设置，以方便老年人使用。卫生洁具浅色最佳，不仅感觉清洁而且易于随时发现老年人的某些病变。卫生间的平面布置要考虑可能有护理员协助操作，留有助厕、助浴空间。自用卫生间需要保证良好的自然通风换气、防潮、防滑等条件，以提高环境卫生质量。

5.2.7 养老设施建筑的公用厨房，保证天然采光和自然通风条件，以提高安全性和方便性。

5.2.8 老年人多依赖于公共餐厅就餐，本规范参照《老年养护院建设标准》建标 144－2010 中的相关标准，规定最低配建面积标准。老年养护院和养老院的公共餐厅结合养护单元分散设置，与老年人生活用房的距离不宜过长，便于老年人就近用餐。老年人的就餐习惯、体能心态特征各异，且行动不便，因此公共餐厅需使用可移动的单人座椅。在空间布置上为护理员留有分餐、助餐空间，且应设有无障碍服务柜台，以便于更好地为老年人就餐服务。

5.2.9 养老设施建筑中除自用卫生间外，还需在老年人经常活动的生活服务用房、医疗保健用房、公共活动用房等设置公用卫生间，且同层、临近、分散设置，并应考虑采光、通风及男女性别特点。老年养护院、养老院的每个养护单元内均应设置公用卫生间，以方便老年人使用。

5.2.10 当用地紧张时，小型养老设施的老年人专用浴室，可男女合并设置分时段使用；介助和介护的老年人，多有助浴需要，应留有助浴空间；公用沐浴间一般需要结合养护单元分散设置，规模可按总床位数测算。

5.2.11 护理站是护理员值守并为老年人提供护理服务的房间。规定每个养护单元均设护理站，是为了方便和及时为介助和介护老年人服务。

5.2.12 污物间靠近污物运输通道，便于控制污染。

5.2.13 购物、取钱、邮寄等是老年人日常生活中必不可少的。因此，商店、银行、邮电及保险代理等用房，需就近居住用房设置，以方便老年人生活。

5.3 医疗保健用房

5.3.1 由于老年人疾病发病率高、突发性强，因此养老设施建筑均需要具有必要的医疗设施条件，并根据不同的服务类别和规模等级进行设置。医疗用房中的医务室、观察室、治疗室、检验室、药械室、处置室等，按《综合医院建筑设计规范》JGJ 49 的相关规定设计，并尽可能利用社会资源为老年人就医服务。其中医务室临近生活区，便于救护车的靠近和运送病人；临终关怀室靠近医疗用房独立设置，可以避免对其他老年人心理上产生不良影响。由于老年人遗体的运送相对私密隐蔽，因此其对外通道需要独立设置。

5.3.2 养老设施建筑的保健用房包括保健室、康复室和心理疏导室等。其中保健室和康复室是老年人进行日常保健和借助各类康复设施进行康复训练的房间，房间应地面平整、表面材料具有一定弹性，可以防止和减轻老年人摔倒所引起的损伤，房间的平面形式应考虑满足不同保健和康复设施的摆放和使用要求。规定心理疏导室使用面积不小于 $10.00m^2$，是为了满足沙盘测试的要求，以缓解老年人的紧张和焦虑心理。

5.4 公共活动用房

5.4.1 公共活动用房是老年人从事文化知识学习、休闲交往娱乐等活动的房间，需要具有良好的自然采光和自然通风。

5.4.2 活动室通常要相对独立于生活用房设置，以避免对老年人居室产生干扰。其平面及空间形式需充分考虑多功能使用的可能性，以适合老年人进行多种活动的需求。

5.4.3 多功能厅是为老年人提供集会、观演、学习等文化娱乐活动的较大空间场所，为了便于老年人集散以及紧急情况下的疏散需要，多功能厅通常设置在建筑首层。室内地面平整且具有弹性，墙面和顶棚采用吸声材料，可以避免老年人跌倒摔伤和噪声的干扰。在多功能厅邻近设置公用卫生间和储藏间（仓库）等，便于老年人就近使用。

5.4.4 严寒地区和寒冷地区冬季时间较长，老年人无法进行室外活动，因此养老设施设置阳光厅，并保证其在冬季有充足的日照，以满足老年人日光浴的需要。夏热冬暖地区、温和地区和夏热冬冷地区（多雨多雪地区）降雨量较大，养老设施建筑设置风雨廊，以便于老年人进行室外活动。

5.5 管理服务用房

5.5.1 入住接待登记室设置在主入口附近，且有醒目的标识，便于老年人找到或其家属咨询、办理入住登记。

5.5.2 老年养护院和养老院的总值班室，靠近建筑主入口设置，从管理与安保要求出发，设置建筑设备设施控制系统、呼叫报警系统和电视监控系统，以便于及时发现和处置紧急情况。

5.5.3 厨房应当便于餐车的出入、停放和消毒，设置在相对独立的区域，并采用适当的防潮、消声、隔声、通风、除尘措施，以避免蒸汽、噪声和气味对老年人用房的干扰。

5.5.4 职工用房应含职工休息室、职工沐浴间、卫生间、职工食堂等，宜独立设置，既方便职工人员使用，并可避免对老年人用房的干扰。

5.5.5 洗衣房主要是护理服务人员为介护老年人清洁衣物和为其他老年人清洁公共被品等，为达到必要的卫生要求，平面布置需要做到洁污分区。洗衣房除具有洗衣功能外，还需要为消毒、叠衣和存放等功能提供空间。

6 安全措施

6.1 建筑物出入口

6.1.1 养老设施建筑的出入口是老年人集中使用的场所，考虑到老年人的体能衰退和紧急疏散的要求，专门规定了老年人使用的出入口数量。为方便轮椅出入及回转，外开平开门是最基本形式。如条件允许，推荐选用电动推拉感应门，且旁边增设外平开疏散门。

6.1.2 考虑老年人缓行、停歇、换乘等方便，养老设施建筑出入口至机动车道路之间需留有充足的避让缓冲空间。

6.1.3 出入口门厅、平台、台阶、坡道等设计的各项参数和要求均取自较高标准，目的是降低通行障碍，适应更多的老年人方便使用。

6.2 竖 向 交 通

6.2.1 本条规定了养老设施建筑的楼梯设计要求。需要强调的是对反应能力、调整能力逐渐降低的老年人而言，在楼梯上行或下行时，如若踏步尺度不均衡，会造成行走楼梯的困难。而踏面下方透空，对于拄杖老年人而言，容易造成打滑失控或摔伤。通过色彩和照明的提示，引起过往老年人注意，可以提高通行安全的保障力。

6.2.2 电梯运行速度不大于 1.5m/s，主要考虑其启停速度不会太快，可减少患有心脏病、高血压等症老年人搭乘电梯时的不适感。放缓梯门关闭速度，是考虑老年人的行动缓慢，需留出更多的时间便于老年人出入电梯，避免因门扇突然关闭而造成惊吓和夹伤。

6.3 水 平 交 通

6.3.1 养老设施建筑的过厅、走廊、房间的地面不应设有高差，如遇有难以避免的高差时，在高差两侧衔接处，要充分考虑轮椅通行的需要，并有安全提示装置。

6.3.2、**6.3.3** 走廊的净宽和房间门的尺寸是考虑轮椅和担架床、医用床进出且门扇开启后的净空尺寸。1.2m 的门通常为子母门或推拉门。当房门向外开向走廊时，需要留有缓冲空间，以防阻碍交通。在水平交通中既要保证老年人无障碍通行，又要保证担架床、医用床全程进出所有老年人用房。

6.3.4 由于老年人体能逐渐减弱，他们活动的间歇明显加密。在老年人的活动和行走场所以及电梯候梯厅等，加设休息座椅，对缓解疲劳，恢复体能大有裨益。同时老年人之间的交往无处不在，这些休息座椅也提供了老年人相互交流的机会，利于老年人的身心健康。但休息座椅的设置是有前提的，不能以降低消防前室（厅）的安全度为代价。

6.4 安 全 辅 助 措 施

6.4.1 老年人因身体衰退常常在经过公共走廊、过厅、浴室和卫生间等处需借助安全扶手等扶助技术措施通行，本条文中专门规定了养老设施建筑中安全扶手的适宜设计尺寸，其中最小有效长度是考虑不小于老年人两手同时握住扶手的尺寸。

6.4.2 老年人行为动作准确性降低，转角与墙面的处理，利于保证老年人通行时的安全以及避免轮椅等助行设备的磕碰。

6.4.3 养老设施建筑的导向标识系统是必要的安全措施，它对于记忆和识别能力逐渐衰退的老年人来说更加重要。出入口标识、楼层平面示意图、楼梯间楼层标识等连续、清晰，可导引老年人安全出行与疏散，有效地减少遇险时的慌乱。

6.4.4 本条的主要目的是防止因日常疏忽导致老年人发生意外。

1 老年人行动迟缓，反应较慢，沿老年人行走的路线，做好各种安全防护措施，以防烫伤、扎伤、擦伤等。

2 防火门上设透明的防火玻璃，便于对老年人的行动观察与突发事件的救助。防火门的开关设有阻尼缓冲装置，以避免在门扇关闭时，容易夹碰轮椅或拐杖，造成伤害。

3 本规定主要是便于对老年人发生意外时的救助。

4 失智老年人行为自控能力差，在每个养护单元的出入口处设置视频监控、感应报警等安全措施，以防老年人走失及意外事故。

5 养老设施建筑的开敞阳台或屋顶上人平台上的临空处不应设可攀登扶手，防止老年人攀爬失足，发生意外。供老年人活动的屋顶平台女儿墙护栏高度不应低于1.20m，也是防止老年人意外失足，发生高空坠落事件。在医院及其他建筑的无障碍设计中，经常有双层扶手的使用需要，这在养老设施建筑的开敞阳台和屋顶上人平台上的临空处是禁止的。

6 为便于老年人在发生火灾时有序疏散及实施外部救援，在老年人居室设置了安全疏散指向图标。考虑到老年人视力减弱，在墙面凸出处、临空框架柱等特殊位置加以显著标识提示，增强辨识度和安全警示。

7 建筑设备

7.1 给水与排水

7.1.1 在寒冷、严寒、夏热冬冷地区由于气候因素应供应热水，其余地区可酌情考虑是否设置热水供应。为方便老年人使用，一般情况下采用集中热水供应系统，并保证集中热水供应系统出水温度适合、操作简单、安全。有条件的地方优先使用太阳能，既方便使用，也符合绿色、节能的理念。

7.1.2 世界卫生组织（WHO）研究了接触噪声的极限，比如心血管病的极限，是长期在夜晚接受50dB（A）的噪声；而睡眠障碍的极限较低，是42dB（A）；更低的是一般性干扰，只有35dB（A）。老年人大多患有心脏病、高血压、抑郁症、神经衰弱等疾病，对噪声很敏感，尤其是65dB（A）以上的突发噪声，将严重影响患者的康复，甚至导致病情加重。因此，需选用流速小，流量控制方便的节水型、低噪声的卫生洁具和给排水配件、管材。

7.1.3 为符合无障碍要求，方便轮椅的进出，自用卫生间、公用卫生间、公用沐浴间、老年人专用浴室等可以选用悬挂式洁具且下水管尽可能地进墙或贴墙。

7.1.4 由于老年人行动不便及记忆力衰退，需要选用具有自控、便于操作的水嘴和卫生洁具。

7.2 供暖与通风空调

7.2.1 “集中供暖”从节能、供暖质量、环保等因素来看，是供暖方式的主流，严寒和寒冷地区应用尤为普遍。从供暖舒适度及安全保护等角度出发，考虑使用低温地板辐射供暖系统对养老设施的适用性和实用性是比较好的。本条对于夏热冬冷地区的供暖系统形式未作明确规定，主要是考虑这些地区基本可以设置分体空调或多联中央空调来解决夏季供冷，冬季供热的问题。

7.2.2 采用集中供暖的养老设施建筑，常用的供暖系统形式为低温地板辐射供暖系统和散热器采暖系统。以高温热水或者蒸汽作为热源，由于其压力和温度均较高，系统运行故障发生时不便于排除，以不高于95℃的热水作为供暖热媒，从节能、温度均匀、卫生和安全等方面，均比直接采用高温热水和蒸汽合理。

7.2.3　当养老设施设有集中供暖系统时，公用沐浴间、老年人专用浴室需设置供暖设施。对于不设集中供暖系统的养老设施，公用沐浴间、老年人专用浴室需留有采暖设备安装空间，并根据当地的实际情况确定公用浴室的供暖方式。

7.2.4　根据养老设施建筑的使用特点，本条专门强调了有关房间的室内供暖计算温度。走道、楼梯间、阳光厅/风雨廊的室内供暖计算温度可以按 18℃计算。考虑到老年人经常理发的需要，生活服务用房中的理发室可按 20℃计算。

7.2.5　养老设施建筑的公用厨房和自用、公用卫生间的排气和通风，是老年人生活保障、个人卫生的重要需求。设置机械排风设施有利于室内污浊空气的快速排除。

7.2.6　严寒、寒冷及夏热冬冷地区的公用厨房，冬季关闭外窗和非炊事时间排气机械不运转的情况下，应有向室外自然排除燃气或烟气的通路。设置有避风、防雨构造的外墙通风口或通风器等可做到全面通风。

7.2.7　严寒、寒冷及夏热冬冷地区的养老设施建筑，冬季往往长时间关闭外窗，这对空气质量极为不利。而老年人又长期生活在室内，且体弱多病，抵抗力差等，非常需要更多更好的通风换气环境。通风换气量以使用单元体积为基础不低于 1.5 次/每小时的换气量为宜。

7.2.8　本条是为了提高养老设施在夏季的室内舒适性。

7.2.9　考虑到养老设施的使用特点，室温控制是保证舒适性的前提。采用分室温度控制，可根据采用的空调方式确定。一般集中空调系统的风机盘管可以方便地设置室温控制设施，分体式空调器（包括多联机）的室内机也均具有能够实现分室温控的功能。设置全空气空调系统的房间实现分室温控会有一定难度，设备投资相对加大，在经济不许可的条件下不推荐使用。

7.2.10　老年人对噪声和其他的干扰可能会更加敏感和脆弱。因此，对水泵和风机等设备所产生的噪声和其他干扰，需特别强调避免。

7.3　建筑电气

7.3.1、7.3.2　本条规定了养老设施建筑居住、活动和辅助空间的照明配置与照度值，考虑到老年人的视力较弱，其照度标准稍有提高。

7.3.3　设置脚灯既方便老年人夜间如厕，还可兼消防应急疏散标识照明。

7.3.4　从老年人特点出发，养老设施建筑的照明开关应当昼夜都易识别，安装高度方便轮椅使用者的使用。

7.3.5　考虑到老年人的行动安全，雨篷灯及门口灯可以不采用节能自熄开关。

7.3.6　为节约能源，同时考虑到老年人的行动特点，养老设施建筑公共交通空间的照明，均宜采用声光控开关控制。

7.3.7、7.3.8　养老设施建筑设专线配电，每间（套）设电能计量表并单设配电箱，主要是出于供电的可靠性和方便管理的考虑。老年人行动不便、视力与记忆力不好，经常停电会给老年人的安全生活带来隐患，但从实际情况考虑，可能有些地区供电条件不允许，故提出为宜。

7.3.9　养老设施建筑中的安全型电源插座，主要是从安全与使用方面考虑，以防老年人无意碰到或使用不当时，造成触电危险。养老设施建筑的居住用房插座高度的确定是以床头柜的高度为依据，厨房操作台电源插座的高度是以坐轮椅的人方便操作为依据。

7.3.10 从老年人的居住、活动规律和需要出发，配备电话、电视和信息网络终端口，为老年人创造良好的生活环境。

7.3.11 考虑老年人易出现突发状况，规定设置紧急呼叫的设施。高度分别按老年人站姿、坐姿或卧姿的不同状态来规定。

7.3.12 设置视频安防监控系统的目的是为了及时保护老年人的人身安全，养老设施建筑应根据功能需求设置相应的护理智能化系统。视频安防监控系统应设置在公共部位。对于老年人在卫生间洗澡、如厕易发生意外的情况，如有条件可设置红外探测报警仪或地面设置低卧位探测报警探头等。

7.3.13 老年人的安全是第一位的，因而做好电气安全防护是非常重要的。

附录 A　编制的过程

本规范严格按照国家工程建设标准编制程序，编制工作经历了十个阶段：

A.1　准备与启动

2010 年 6 月主编单位开始筹备成立编制组，确定参编单位和专家，并完成了《工作大纲》的初稿。2010 年 7 月 22～23 日在哈尔滨工业大学召开了《养老设施建筑设计规范》编制组成立暨第一次工作会议，正式成立编制组，启动了编制工作。会议讨论和通过了《工作大纲》，明确了编制内容、任务、分工及计划进度等。住建部定额司领导、省住建厅和哈工大领导到会并作重要指示，编制组成员均参加了会议。

A.2　实地调研

2010 年 8～12 月先后在华北地区、华东地区、华南地区、华中地区、西北地区、东北地区和台湾等地分组分区域进行了集中调研；2012 年 1 月和 7 月组织部分编制组成员分别到日本和美国等境外进行了调研。

1）实地调研汇总

规范编制组分区域分组认真开展了实地调研，先后调研了国内外 9 个片区 24 个重点城市 50 个养老机构。

调研情况汇总表

	地区	重点城市	养老设施
境内	华北	北京	牛街民族敬老院
			颐寿轩养老院
			银龄老年公寓
		天津	天津市养老院
		石家庄	石家庄市长安社区老年公寓
			石家庄市新华区夕阳红老年公寓
		衡水市	衡水颐年老年公寓
			武邑县中心敬老院
			衡水有力护理院武邑分院
			衡水市光荣院
		沧州市孟村回族自治县	孟村回族自治县民政事业服务中心
			卜老桥村老年服务中心
			辛店村老年服务中心

续表

	地区	重点城市	养老设施
境内	华东	上海	上海第一福利院
			上海第三福利院
			上海亲和源养老社区
			上海浦东新区潍坊二村老年人日间服务中心
		杭州	金色年华老年公寓
		苏州	苏州福星护理院
			苏州颐和家园护理院
		济南	济南市社会福利院
			济南市风合家人老年公寓
		厦门	明珠养老院
			爱欣养老院
	华南	广州	广州市白云区良典养老院
		深圳	深圳市敬老院
	华中	武汉	武汉社会福利院
	西北	西安	三桥养老院
			未央老年福利服务中心
	东北	沈阳	沈阳市养老院（光荣院）
		长春	净月晚晴疗养院
			东站十委益寿院
			朝阳区广善安养老院
			双手老年公寓
			益民福利院
		哈尔滨	哈尔滨市第一社会福利院
			哈尔滨市安康福利院
			哈尔滨市春华德善养老公寓
			哈尔滨市道里区敬老服务中心
		齐齐哈尔	齐齐哈尔市第一福利院
			齐齐哈尔市虹桥家园
			齐齐哈尔新世纪老年公寓
		大庆	大庆市第一福利院
			大庆市第二福利院
	中国台湾	高雄	仁爱之家
			悠然之家
境外	日本	三重	三重养老公寓
		大阪	大阪丰寿庄养老院（日间照料中心）
	美国	华盛顿	华盛顿卫斯理老年之家（森林分部）
		巴尔的摩	巴尔的摩维纳布尔老年公寓（体育馆分部）

2）现状及突出问题

（1）规模、质量差距大。养老设施在规模上相差较大，有可容纳千人以上的大规模综合养老设施，也有只能接纳几十人的街道敬老院，且养老设施的服务水平、设施条件、环境质量也相差很大。民营的和改建的养老设施条件较差。

（2）居住设施配置低。在居住设施配置方面，单人间极少，双人间、三人间较多，各功能房间缺少联系。室内设施也过于简单，一般仅设壁柜和书桌。

（3）盥洗设备简陋。卫生间、浴室设备简陋，且不方便老年人使用。因气候因素，有老年人冬季不洗浴或少洗浴的情况。

（4）“养、医、乐”结合不够。绝大多数养老机构仅满足老年人吃住需要，缺少康复、医疗、护理、精神慰藉以及休闲娱乐服务，甚至空白。

（5）服务水平参差不齐。对老年人的服务及护理水平有好有坏，有的养老设施条件较好，管理人员多，服务范围也相应广些，反之则不然。

（6）机构型养老设施难以满足需求。机构型养老设施受某些因素影响，大多收住自理老人，缺少对介护、介助老人的专门服务，专门的老年护理院护理技术难度大、收费标准高而且数量少。不论公办还是民营的都存在一床难求的现象。社区日间照料中心补充居家养老和机构养老的作用还需开发。

（7）无障碍设计考虑不周。表现为：不设扶手、地面存在高差、地面和坡道不防滑、电梯设置不当等。

（8）缺少安全报警装置。部分养老设施缺少电视监控、紧急呼救等安全报警装置等。

A.3 召开工作会议

由哈尔滨工业大学（以下简称“哈工大”）、北京华通设计顾问工程有限公司、北京来博颐康投资管理有限公司、河北省建筑设计研究院责任有限公司等主编和参编单位承办，召开了5次工作会议。

（1）2010.7.22～23在哈工大：开题并讨论确定编制大纲、人员组成与编制任务；住建部定额司标准规范处梁锋副处长参加会议并作了重要指导。

（2）2011.2.19～21在哈工大：针对《规范》编制的难点与重点进行讨论与研究，国家老龄办事业发展部唐振兴副主任、周宏同志等参加了会议并作了重要指导。

（3）2011.4.16～17在北京华通设计顾问有限公司：对初稿进行了逐条逐句的讨论与研究。并邀请国家老龄办阎青春主任、中元国际工程设计有限公司上海分院李锋亮院长、沈立洋总建筑师、哈工大建筑学院邹广天教授为编制组同志作了养老建筑设计的专题学术报告；住房城乡建设部定额司标准规范处王果英处长、梁锋副处长、李萍同志及全国老龄办阎青春副主任、事业发展部唐振兴副主任、李明镇处长、周宏同志等分别参加了会议并作了重要指导。

(4) 2013.5.18～19 在北京来博颐康投资管理有限公司：规范修改的情况汇报及启动宣贯教材的编写工作。住房和城乡建设部标准定额司王果英处长、梁峰副处长，全国老龄办事业发展部唐振兴副主任，住房和城乡建设部建筑设计标准委员会郭景秘书长，住房和城乡建设部标准定额所林常青副处长，中国建筑工业出版社第一图书中心陆新之主任等参加了会议并作了重要指导。

(5) 2013.11.23～24 在河北建筑设计研究院责任有限公司：对三年来规范编制工作做了总结，并讨论审查了《养老设施建筑设计规范》宣贯教材的初稿等。全国老龄办闫青春副主任，全国老龄办事业发展部吴秋风主任、唐振兴副主任，住房城乡建设部标准定额司标准规范处梁锋副处长、综合处余山川同志等参加了会议并作了重要指导。

A.4 专题研究

编制组成员结合实地调查与研究，围绕养老设施建筑的分级规划、建筑设计、室内外环境、安全性及养老机构发展趋势等进行了专题研究，并在《华中建筑》2011 年第 8 期发表了养老专题专栏，研究论文成果是：

1)《养老建筑的室内外空间环境营造》　　付琰煜　李健红　邢剑锋

2）《海西地区养老设施公共空间设计初探》　王墨林　李健红
3）《浅谈老年公寓居住环境设计》　夏飞廷　李健红
4）《与老年文化业相契合的老年公寓规划设计
——以嵩山夕阳红生态园规划为例》　刘文佳　孙大伟
5）《关于寒地城市公寓式老年住宅的思考》　杨悦　吴健梅
6）《“持续照护”老人社区的适宜性设计》　王晓亮　徐聪艺　李桂文
7）《我国养老设施建筑与规划设计探析》　孟杰　郭旭　刘芳
8）《基于社会老龄化的养老居住外环境安全性探析》李岩　郭旭　赵立恒
9）《基于快速老龄化的城市养老设施的整合与优化》曹新红　郭旭　张荣辰
10）《适应我国养老模式的养老设施分级规划研究》　陆明　邢军　郭旭
11）《“两岸三地”养老设施比较研究》　李健红　王墨林
12）《西安地区机构养老现状及建筑的适应性初探》　安军　王舒　刘月超
13）《养老设施建筑设计的相关问题思考》　卫大可　于戈
14）《上海人口老龄化的现状及养老设施发展趋势》　施勇　崔永祥

A.5 各地征求意见

按编制规程要求，编制组从 2012.1.12～2.29 在 CCSN 信息网上和各地民政部门、老龄委、社会养老机构以及各地建筑设计院等对规范的《征求意见稿》进行广泛征求意见，发出征求意见表 98 份，收回征求意见表 80 份。

征求意见反馈统计表

分组地区	份数	
	专业类	民政类
特邀专家	3	0
北京地区	14	3
上海地区	1	1
华北地区	5	3
华中地区	1	
西北地区	6	4
西南地区	14	0
华南地区	4	3
东北地区	17	1
合计	65（54 个单位）	15（13 个单位）

A.6 征求意见反馈

收回征求意见表 80 份，其中，专业类：65 份（54 个单位）；民政类：15 份（13 个单位）。规范组于 2012.3.1～3.30 对各方意见进行了认真的梳理与修改，收到反馈意见数量 280 个，采纳 216 个，部分采纳 24 个，未采纳 40 个。

A.7 组织内审

在哈尔滨的编制组成员于2012.3.31专门邀请黑龙江省建筑设计院、哈工大等建筑界知名专家对规范初稿进行内审（徐勤、邹广天、杜茂安、全络峰等四位建筑、水暖、电气专家参加了评审）。

A.8 提前预审

规范组全体成员于2012.4.28赴京专门邀请中国房地产业协会老年住区委员会朱中一会长及有关专家对规范进行了预审（朱中一、江书平、开彦、周燕珉、沈立洋、赵良羚、赵晓征、陈首春、王建文、王英等10位建筑、管理专家参加了预审）。

A.9　送审稿审查会

规范编制组于2012.6.7在哈工大召开了规范送审稿审查会，并得到各级领导和评审专家的高度重视和重要指导（住房城乡建设部标准定额司田国民副司长、全国老龄办阎青春副主任、民政部社会福利处李邦华副处长、住房城乡建设部房地产协会老年住区委员会朱中一会长、住房城乡建设部建筑设计标准化技术委员会刘东卫主任、孟建民副主任、郭景秘书长、住房城乡建设部标准定额研究所林常青副处长、黑龙江省住房城乡建设厅科技处王力处长、哈尔滨工业大学校长助理安实、建筑学院梅洪元院长等领导到会并作了重要讲话），会议由住房城乡建设部建筑设计标准化技术委员会秘书长郭景主持。审查会成立了由重庆建筑大学黄天琪教授为组长、沈阳建筑大学陈伯超教授为副组长的专家委员会，来自全国各地区、各专业以及养老院管理者代表等11位专家组成的审查委员会。审查委员一致认为：《养老设施建筑设计规范》（送审稿）的内容适应我国老龄化国情发展，技术指标合理，可操作性强，符合规范编制规程与要求，同意通过审查。

A.10 规范送审与批准

审查会后，编制组根据送审会意见，逐条逐句进行研究与修改，2012 年 8 月形成报批稿上报。编制组之后又根据住房城乡建设部建筑设计标准化技术委员会、住房城乡建设部强制性条文协调委员会、住房城乡建设部标准定额研究所等领导与专家的审查意见多次修改，于 2013 年 9 月 6 日住建部正式批准《养老设施建筑设计规范》为国家规范，编号为 GB 50867－2013，自 2014 年 5 月 1 日起实施。2013 年 10 月 9 日网上发布了公告，并已于 2013 年 12 月底由中国建筑工业出版社出版发行。

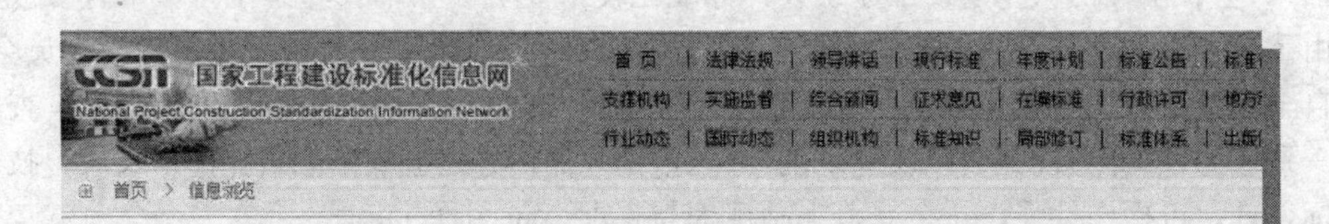

住房城乡建设部关于发布国家标准《养老设施建筑设计规范》的公告

日期：2013年10月09日　　【文字大小：大 中 小】【打印】【关闭】

中华人民共和国住房和城乡建设部

公　　告

第142号

住房城乡建设部关于发布国家标准《养老设施建筑设计规范》的公告

现批准《养老设施建筑设计规范》为国家标准，编号为GB50867-2013，自2014年5月1日起实施。其中，第3.0.7、5.2.1条为强制性条文，必须严格执行。

本规范由我部标准定额研究所组织中国建筑工业出版社出版发行。

住房城乡建设部

2013年9月6日

UDC

中华人民共和国国家标准

P GB 50867-2013

养老设施建筑设计规范

Design code for buildings of elderly facilities

2013-09-06 发布 2014-05-01 实施

中华人民共和国住房和城乡建设部
中华人民共和国国家质量监督检验检疫总局 联合发布

附录B 审查意见与处理

根据本规范审查会审查意见，编制组作出了相应修改。

1. 关于“在总则中的适用范围不应只限在城镇，要扩大到城乡”的意见，编制组已采纳。在条文1.0.2中去掉城镇二字，考虑乡村养老设施的现状和将来发展的趋势，修改为“本规范适用于新建、改建和扩建的老年养护院、养老院和老年日间照料中心等养老设施建筑设计”。适用范围虽然没有刻意地写城乡二字，但实际上已隐含扩大到城乡的范围了，这就给设计者和建设开发者留出了一定的余地和发展空间。

2. 关于“名词术语的表达应与《中国老龄事业发展十二五规划》、国家《社会养老服务体系建设规划（2011～2015）》及民政部门的相关表述一致。”的意见，编制组已采纳。在条文2.0.2老年养护院、2.0.4老年日间照料中心、2.0.8介助老人、2.0.9介护老人的术语表述中，分别与《老年养护院建设标准》（建标144—2010）、《社区老年人日间照料中心建设标准》（建标143—2010）一致起来，修改为老年养护院：为介助、介护老年人提供生活照料、健康护理、康复娱乐、社会工作等服务的专业照料机构；老年日间照料中心：为以生活不能完全自理、日常生活需要一定照料的半失能老年人为主的日托老年人提供膳食供应、个人照顾、保健康复、娱乐和交通接送等日间服务的设施；介助老人：生活行为需依赖他人和扶助设施帮助的老年人，主要指半失能老年人；介护老人：生活行为需依赖他人护理的老年人，主要指失智和失能老年人。

3. 关于“养老设施建筑的分类应按养护需求的强度来划分等级，即养护院、养老院、日间照料中心的顺序排列，并可不考虑老年公寓。养老设施建筑按公建类，老年公寓按住宅类考虑，将其纳入新修编的《老年人居住建筑设计标准》来考虑”的意见，编制组已采纳。调整了分类的排序及在规范通篇研究中去掉了老年公寓这一类，把养老设施建筑分为：老年养护院、养老院、老年日间照料中心等三类和小型、中型、大型、特型等四个等级。

4. 关于“强条可删减和具体化表述”的意见，编制组已采纳，强条从五条简化确定为两条。即在3.0.7强条中将“3层及以上养老设施应设电梯，且至少1台兼作医用电梯”，修改为“二层及以上楼层设有老年人的生活用房、医疗保健用房、公共活动用房的养老设施应设无障碍电梯，且至少1台为医用电梯”；在第5.2.1条的强制性条文中“老年人居室不应设置在地下、半地下，不应与电梯、设备机房等有噪声的房间贴邻布置”，修改为“老年人卧室、起居室、休息室和亲情居室不应设置在地下、半地下，不应与电梯井道、有噪声振动的设备机房等贴邻布置”；原3.0.11新建及改扩建养老设施的建筑和场地等均应进行无障碍设计，并应符合现行国家标准的有关规定；6.1.1养老设施建筑供老年人使用的出入口不应少于两个，门开启方式选用外开平开门，不应选用旋转门，推拉门；7.2.4养老设施建筑各种用房室内冬季采暖计算温度的规定等三条可取消强条限制，参照国家相应规范执行。

5. 关于“对个别量化指标做适当调整，在条文说明中，对与其他规范标准中未涉及的指标或不同之处要做出解释，有关内容还需与现行和在编的相关规范、标准进一步协调一致”的意见，编制组已采纳。

编制组在条文中对量化指标进行认真核对与调整，并在说明中对本规范提出的技术指标进行专门说明，如养老设施建筑的分类指标，养护院、养老院按床位数计算，老年日间照料中心按人数计算，以及在调研基础上确定了小、中、大、特各级各类的具体数量；养护单元的规模确定，尤其是失智老人养护单元的规模确定等。还明晰《无障碍建筑设计规范》、《建筑设计防火规范》、《老年人居住建筑设计标准》、《城镇老年人设施规划规范》、《老年养护院建设标准》、《社区老年人日间照料中心建设标准》等规范之间的关系和简化相应的设计指标，避免了一些重复与矛盾。

附录C　专题研究成果

《养老设施建筑设计规范》编制过程中，编制组成员结合实地调研与分项研究内容，撰写论文进行了专题研究，发表在《华中建筑》2011年第8期养老专题专栏。

以下是专题研究成果。

C.1　“老吾老，以及人之老”

俞红　中南建筑设计院股份有限公司 教授级高级建筑师
《华中建筑》主编《养老设施建筑设计规范》分项负责人

我国是世界上老年人口最多的国家，据人口专家估计，我国目前已有1.67亿60岁以上的老年人口，到20世纪中期将达到4亿，比法国、德国、英国、意大利四国人口的总和还要多。按照联合国的标准，我国已经步入老龄社会，人口老龄化速度和程度超乎我们的想象。

根据最新统计显示，我国老龄化发展存在三个阶段：第一阶段，从2001年到2020年是快速老龄化阶段。这一阶段，中国将平均每年新增596万老年人口，年均增长速度达到3.28％，到2020年，老年人口将达到2.48亿，老龄化水平将达到17.17％，其中，80岁及以上老年人口将达到3067万人，占老年人口的12.37％。

第二阶段，从2021年到2050年是加速老龄化阶段。伴随着20世纪60年代到70年代中期第二次生育高峰人群进入老年，中国老年人口数量开始加速增长，平均每年增加620万人。到2023年，老年人口数量将增加到2.7亿，与0～14岁少儿人口数量相等。到2050年，老年人口总量将超过4亿，老龄化水平推进到30％以上，其中，80岁及以上老年人口将达到9448万，占老年人口的21.78％。

第三阶段，从2051年到2100年是稳定的重度老龄化阶段。2051年，中国老年人口规模将达到峰值4.37亿，约为少儿人口数量的2倍。这一阶段，老年人口规模将稳定在（3～4）亿，老龄化水平基本稳定在31％左右，80岁及以上高龄老人占老年总人口的比重将保持在25％～30％，进入一个高度老龄化的平台期。

我国除老年人口规模较大，人口老龄化增速较快外，还存在着“未富先老”、“空巢老人”等现象。因此，人口老龄化在养老保障、医疗保障、养老服务等方面向我们提出了严峻的挑战，将在一定程度上决定中国是否能够成为稳定和繁荣的发达国家。面对中国的老龄化，国家也出台了很多对老年人关爱的政策，将会对我国政治、经济、社会、教育、文化各个方面产生相当的影响。老年人口规模的迅速增大为我国养老事业的发展带来沉重压力，同时也带来了前所未有的发展机遇和无比广阔的市场。《我国国民经济和社会发展十二五规划纲要》中应对人口老龄化提出了“积极发展社区日间照料中心和专业化养老服务机构。建立以居家为基础、社区为依托、机构为支撑的养老服务体系。加快发展社会养老服务，培育壮大老龄事业和产业，加强公益性养老服务设施建设，鼓励社会资本兴办具有护理功能的养老服务机构，拓展养老服务领域，实现养老服务从基本生活照料向医疗健康、辅具配置、精神慰藉、法律服务、紧急援助等方面延伸。增加社区老年活动场所和便利化设施。开发利用老年人力资源等”对策。养老问题成为社会关注的话题。

尊老敬老是我们中华民族的传统美德，自古就有。孟子说过：“老吾老，以及人之老”、“谨庠序之教，申之以孝悌之义，颁白者不负戴于道路矣”。庄子也说道：“挟泰山以超北海，此不能也，非不为也；为老人折枝，是不为也，非不能也”。老年，是一个人经历、阅历丰富后的沉淀；是一个人对所度过人生的多方面的总结；更是一个人一生中思想、观念、知识等最成熟的阶段；也是我们每个人都将经历的自然过程。本《实施指南》中特辟“专题研究成果”一章，一方面是对《养老设施建筑设计规范》编写过程中的研究成果进行集中和总结；另一方面也希望我们前期的研究和探索能为广大建筑师在今后的养老设施建筑实践中提供参考和借鉴，用我们的智慧为老年人创造舒适、方便、安全，符合老年人生理和心理两方面的养老设施，使我国老年人今后的生活真正实现“老有所养、老有所医、老有所为、老有所学、老有所乐”。

C.2　养老建筑的室内外空间环境营造

傅琰煜　华侨大学建筑学院 硕士研究生
李健红　华侨大学建筑学院 副教授 硕士生导师
邢剑锋　南通四建集团建筑设计有限公司 助理工程师

C.2.1　养老建筑室内外空间营造的必要性

据联合国预测，1990年～2020年世界老龄人口平均年增速度为2.5%，同期我国老龄人口的递增速度为3.3%；世界老龄人口占总人口的比重从1995年的6.6%上升至2020年的9.3%，同期我国由6.1%上升至11.5%。中国老龄化进程无论从增长速度和比重都超过了世界老龄化进程。发达国家老龄化进程长达几十年至100多年，如法国用了115年，瑞士用了85年，英国用了80年，美国用了60年，而我国只用了18年（1981年～1999年）就进入了老龄化社会，而且老龄化的速度还在加快。概言之，我国人口老龄化与先期进入人口老年型的国家相比，具有老龄化发展快、老年人口数量大、地区之间不平衡、超前于社会经济发展等特点。

据调查，厦门市人口平均预期寿命为76.62岁。截至2008年6月底，60岁以上老龄人口21.2万，其中80岁以上高龄老人达到3.42万，占老龄人口的16.1%。另一方面，截至2008年6月底，厦门市32家养老服务机构的总床位只有1925张，每千人不足10张，不足服务对象的1%，远远低于国际标准要求的8%，供求关系紧张。

然而，在实际中我们发现多数养老机构的空床率很高，有的甚至达到40%，这个结果显然与需求量矛盾。其原因主要有以下两个：一、机构养老与在宅养老的传统观念冲突，许多老年人还不能接受机构养老的生活方式；二、许多养老院的居住生活空间无法满足老年人生活需求尤其是心理需求。随着国家经济水平的日益增长，政府及各机构对养老机构的投入也逐渐增多，但是养老机构的室内外空间环境的营造还与人们的期望相距甚远，很多养老机构硬件设施虽好，但是其室内外空间不满足老年人需求的亲切氛围与环境，老年人没有入住欲望。养老机构的目的就是要改善老年人晚年的生活环境，完善其日常生活空间使其不仅满足基本的生活条件，更重要的是在精神上、心理上也能得到全面细致照顾。如果身在其中，老年人不能感受环境的亲切、温情、归属与安全感，这样的环境就不能被老年人所认同与接受。因此，营造出良好的室内外的空间值得全社会特别是专业人员的关注。

C. 2. 2 室内空间的营造

1. 室内空间的类型及功能要求

养老建筑是指专为老年人设计，供其起居生活使用，符合老年人生理、心理要求的居住建筑，包括老年人住宅、老年人公寓等，属于特殊住宅。

养老建筑与老年人关系最为密切的室内空间主要分为四类：居住空间、餐饮空间、休闲活动空间和医护空间。

● 居住空间

居住空间是为老年人提供睡眠休息场所、盥洗洗浴场所，其主要功能就是要满足老年人日常起居生活的基本条件。以厦门为例，厦门气候常年潮湿 ，日照时间较长，所以居室内通风、防潮、遮阳要满足老年人的特殊要求。

● 餐饮空间

餐饮空间要满足老年人日常餐饮 、短暂休息，有时兼作满足特定活动的要求。包括用餐空间、操作空间，有的甚至可以设置小型舞台。

● 休闲娱乐空间

休闲娱乐空间要满足老年人室内休闲娱乐活动的要求。主要包括一些活动室、交流大厅、阅览室、游艺室、休息门廊、太阳房等。并依据养老建筑的规模和服务对象的差别增设其他休闲娱乐用房。

● 医护空间

医护空间要满足老年人日常体检、基本治疗、保健的要求。主要包括诊断室、治疗室、保健室。

2. 空间形态

养老建筑的空间形态是氛围营造的重要方面。主要指通过空间尺度、形态、比例及空间层次关系对人的心理感受产生影响从而令人产生领域感、私密感、亲切感，同时根据环境功能的需要使人产生各类不同情绪。例如对称或矩形的空间的严谨性，能营造出一种宁静、祥和、典雅的气氛；圆形、椭圆形的围合及包容性特点，能营造出具有安全感及活泼的气氛；曲线动态的特点，能营造出自由、亲切、宜人的气氛，而且自由曲线由于其很强的自由度，更自然，更有生活气息，其营造的氛围容易产生积极向上的生命的力量，能激发使用者的情感，而引起共鸣感 ，而由此引发的心理层面的意识活动正是老年人建筑所需要传达的。

(1) 居住空间的最小面积及平面形式

居住空间是养老建筑最主要的空间，要为老年人营造出安静、祥和、舒适的并且具有一定私密性的氛围。无论是空间的实用性还是心理需求，平面形式宜选用矩形。老年人由于身体机能的衰退决定了行动能力迟缓，活动半径有限，通常使用3.9～4m乘以7.5～8m的尺寸。同时，家具满足使用的最小尺寸，尽量减少那些非必需的家具，这是减小室内尺寸的有效途径。

简洁的矩形平面形式能够营造出宁静祥和的氛围，符合老年人睡眠休息的特定空间形象；据实态调查结果显示，居住空间尺度的过大会给他们心理上带来荒凉感，同时也给老年人的日常生活带来疲劳感，所以在居住空间尺度上宜偏重于实用紧凑，这有别于其他建筑追求大和宽敞，既没有紧迫感也不会感到空阔。居室空间主要功能是睡眠，老年人由于身体机能衰退，睡眠质量差，较普通人易受到外界因素干扰，为保证老年人的睡眠质量，在墙体的厚度、材质上有不同的要求，强化墙体的隔音效果。在设计平面时应当注意设置适当的灵活的隔墙或幕帘以维护老年人的私密空间。通过以上的方法以求营造出适合老年人舒适、宁静、私密、祥和的空间。

（2）高效安全的医护空间

医护空间最重要的也是最基本的要求是其效率与安全性。老年人大多记忆力弱、空间辨识力差，这就要求医护空间内部各空间关系处理要直接、明确、清晰；内部流线畅通不迂回、便捷，提高空间的高效性和安全性。矩形的平面形式空间利用率高而且空间简单明确，符合医护空间的特点（图C.2.2-1）。

矩形的简洁平面给人宁静、舒适的感觉，从心理上缓解老年人由于病痛造成的不适感。便捷的路线和明确的空间关系带来安全感，这样能缓解考虑老年人缺乏安全感的心理特征。医护空间的开窗应尽量朝向景观，美好的景观使老人们放松心情减轻病痛，同时能激发快速恢复的信心，对治疗有益。

（3）创造舒畅、活泼的餐饮空间，增添趣味性、层次性

餐厅要容纳多人同时用餐，因此平面应适当灵活且不失轻松活泼的氛围。通常采用六边形、椭圆形、圆形，这种空间内部呈曲线，曲线给人以活泼、富有节奏感、自由的感觉，有条件的可以设置若干单间餐厅。可将食物操作台配餐台做成开敞的形式（图C.2.2-2）。

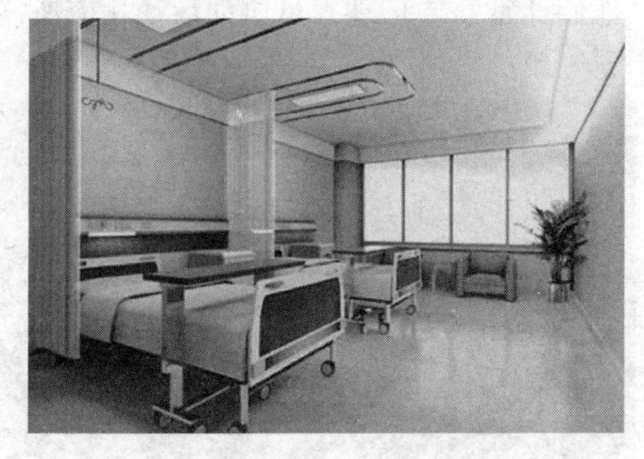

图C.2.2-1　医护空间

图C.2.2-2　餐厅空间一

其一，六边形、椭圆形、圆形营造出的轻松活泼氛围能使用餐者放松愉悦。局部的单间餐厅便于非正式的家庭规模交往活动，也使空间更有层次性（图C.2.2-3）。其二，开敞厨房的形式能调动用餐的积极性。把厨房设置在餐厅也能看见的地方，厨师在加工食品

的时候老人也能看到，这样老年人虽没有实际参与但通过视觉上和心理上感受到自己也同时参与其中了，整个餐饮空间就形成了一种交互的空间，而不仅是一个用餐的地方。这样的氛围会在用餐前就调动老年人的情绪。

餐具的碰撞声，加工食物的声音对老年人都是一种良性的刺激，能激发他们的食欲。这种用餐模式可以借鉴日本的寿司店的模式。首先，这种模式能提高用餐者的积极性及参与性，而且在老年人建筑的用餐模式也是一种较为新颖的模式，让老年人的用餐更具有趣味性。其次，这也使用餐空间层次丰富。具体形式如图。平面形式可以是操作台位于中部，座位围绕操作台，平面采用圆形、椭圆形更增添空间的趣味（图C.2.2-4）。

图C.2.2-3　餐厅空间二

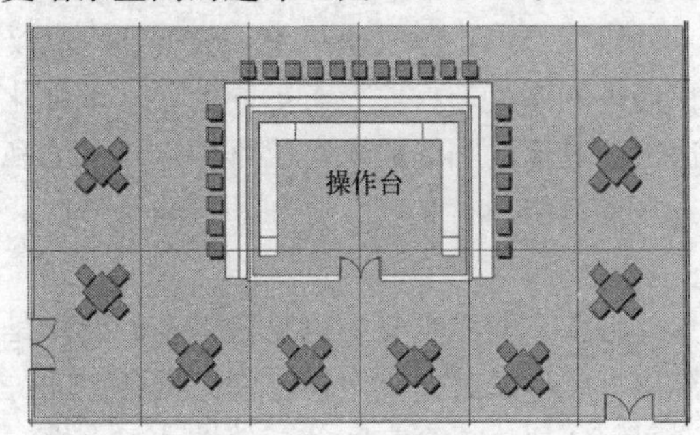

图C.2.2-4　用餐空间

（4）休闲娱乐空间形态的多样性，提高参与性

休闲娱乐空间应当营造出活泼、放松的氛围。其中重点阐述的是共享交流空间，阅览室及游艺室等不再赘述。共享交流空间由于是一种过度空间，空间形式多样，可以结合门厅、走廊、屋顶平台，有的受功能限制也可以结合餐厅，多种形式的过度空间也为各种形式交流创造可能性。笔者认为该空间的形态具有多样化，是最能体现养老建筑形式丰富多变的特征。内部空间按需要划分，一般分为3～5人、6～10人的空间。通常能自理老人的共享交流空间不需很大，大概容纳3～5人即可（图C.2.2-5），因为这类老人活动自由度大，所需要的私密空间较多，他们如需要交流多半会在自己的居室内进行。而对比介护与介助老人，共享交流空间大概容纳6～10人，他们通常需要护理人员协助活动相应所需空间较大，停留时间也较长（图C.2.2-6）。

图C.2.2-5　共享空间

图C.2.2-6　起居室空间

随着老年人身体的各部分功能的衰减给他们心理上带来自卑感与孤独感，内心孤独，

渴望与人的交流。交流能促使老年人多与外界接触，与同龄人的交流有助于他们找到认同感同时也能排除孤独与被抛弃的感受，对老年人的身心健康都有积极意义。

大量研究发现老年人在人多和大空间的地方会产生恐惧感与混乱心理，使其产生失落感而且注意力容易分散。这就要求建筑师找到在营造大尺度交流空间与老年人心理感受之间的平衡点。交流空间的意义在于尽量为老人们创造更多的交流机会，增加老年人的参与性。我们可以通过围合、覆盖、分隔、下沉等手法来营造既相互渗透联系又有分界和细节处理的小空间，创造出一种半私密性质的交流空间，这种半私密的空间让老人在交流活动的时候既有安全感，同时享有自在的、舒适的感受。内部空间按照交流人数的多少分为几个空间层次以适应多种不同形式的交流。

C.2.3　物理环境的营造

1. 光环境

不同的光环境对人的心理感受的影响程度不同。自然光随着时间和气候的变化而产生不同的光影效果，使得内部空间氛围也在变化。不同的光环境直接影响到人们对室内空间形态、色彩、质感的感知。

很多老年人对待生活的态度日渐消极，养老建筑的内部空间就更应当营造出生命、积极的氛围。老年人多数视力差、色弱、光感差，对光线的要求比普通人要高。如餐饮空间，要十分充足的光线但是又不能太强烈。可以使用百叶镂空等手法使得内部光线柔和轻松。医护空间的光线也应当是柔和温暖的。休闲娱乐空间的光线则可以是明快通透的感觉。人工光的设置也要符合这四类不同空间的特质（图 C.2.3-1、图 C.2.3-2）。

图 C.2.3-1　光环境一

图 C.2.3-2　光环境二

交流空间的采光形式有条件可采用天窗采光，天窗做成双层玻璃，这种形式的采光是漫射光，这样室内的光线是柔和不刺眼同时也是很明亮的，为保证采光亮，通常大面积的侧窗会造成光线强烈眩光，尤其是厦门地区日照程度强烈，更要注意侧窗的比例。如果适当的采用天窗会使内部光环境舒适而且内部空间丰富。

2. 色彩环境

色彩在室内空间的意境形成方面有很重要的作用。不同的色彩能够影响人对一个空间尺度不同的认知感受。不同的色彩具有不同的象征意义，对人的生理和心理上有着不同程度的影响：①色调对人心理的影响是不同的，红色的热烈活泼有刺激作用；蓝色的宁静轻盈有安抚作用。白色的单纯、黑色的凝重、灰色的质朴等等，色调的倾向能够决定室内空间的性质，表达出一种情绪和象征。②不同的明度也产生不同感觉，明度高使人明快、兴奋；明度低使人压抑、沉闷。③颜色的顺序应当遵循上浅下深的原则。自上而下，天花最浅，墙面稍深，护墙更深，不同的色彩给人不同的重量感，符合稳定感原则。

居住空间可采用明度中等的淡绿色、淡黄色等易于营造宁静的氛围（图 C. 2. 3-3）。餐厅与公共活动空间的色彩可采用明度较高的暖色调如橙色、黄色、红色等（图 C. 2. 3-4），营造出轻松活泼的氛围，提升用餐及休闲娱乐的情绪。医护空间可采用明度中等的蓝色，蓝色具有安抚作用，减轻病痛对老年人身心的刺激。由于老年人大多色弱，对颜色的辨识力差，对色彩的感知力较弱，采用明度高的色彩对其空间感知力、辨识度有益，老年人在这些空间中能轻松辨认空间范围，提高生活上的自主性，同时加强领域感与安全感，并创造出积极的社会交往氛围。

图 C. 2. 3-3　色彩环境一

图 C. 2. 3-4　色彩环境二

3. 声音环境

声环境对人的生理和心理都有直接影响，对于老年人的影响尤为突出。例如老年人的睡眠质量较通常较差，一般表现为睡眠时间短、睡眠浅、容易警醒等。睡眠质量又直接影响到他们的身体和情绪，因此，居住空间与医护空间应该设置在较为安静的位置有助于老人们的休息与治疗。同时，老年人处在无声源的环境中，自觉耳内有一种高频声音，此即为人们常说的老年人耳鸣。耳鸣多为高频，如蝉鸣、蚊叫、铃声等。在耳鸣时，外界如有声音，耳鸣可被掩盖而减轻。反之，在安静环境中耳鸣的感觉会加重，所以，老年人生活的环境也不能太过安静，人们对老年人有误解，认为他们喜欢安静，其实不然，老年人心理本来就有孤独感，过于安静反而会加剧这种感受。听别人讲话、外面人活动的声音、鸟叫声等会让老年人感受到生机，感受到自己也是参与各个活动中，进而削弱了孤独感。

4. 自然环境

人类与大自然共生，热爱大自然、依附大自然是人的天性。无论从生理上还是心理上，人都愿意接近自然，向往自然环境。老年人由于身体因素多数时间在室内度过，因此，他们更渴望回归自然，感受大自然带来的生机。如何将室内环境营造出自然的生机，对老年人居住质量也相当重要。如居室空的窗台能设置小的花池（图 C.2.3-5）；餐厅空间也能通过借景把自然的氛围带进室内。笔者认为交流空间与活动空间结合布置，可以将活动室围绕中庭形成围合空间，中庭顶部采光，中庭种植花草树木，有条件的甚至可以布置小水池、假山石，周边走廊上布置桌椅形成交流空间，这样的空间温馨祥和同时充满自然气息。老人们即使在活动室内部也能通过窗户观赏到中庭的景观。而在中庭的交流空间更直接与自然接触，同时顶部采光是中庭的光线良好。这样的环境中老年人更容易活动，也促进了交流；医护空间的开窗应该尽量朝着景观好的地方，让老人在治疗的同时能看到花草树木，从而激发他们对生命的渴望以及战胜病痛的决心，观赏自然美景也能缓解病痛，对治疗有益。

图 C.2.3-5 阳台花池

C.2.4 室外空间环境的营造

1. 室外空间的类型及功能要求

室外空间一般可分为三类。

● 社会交流空间

退休的老人大多感觉孤独，社会交流空间就是要促进老年人交流，打破孤独感、自卑感的生活，让他们的日常生活充满生气。这也是老年人使用室外活动空间的主要原因。

● 景观观赏空间

老年人因为身体因素经常待在室内，景观空间内充满生机的花草树木有助于消除老年人消极的情绪，美好的景观也能吸引老年人到户外活动，让老年人能感受到生命的乐趣（图 C.2.4-1）。

图 C.2.4-1 景观观赏

● 健身锻炼空间

老年人体弱多病，健身锻炼空间内积极的运动氛围能促进老年人锻炼身体，对其身心都有益（图 C.2.4-2）。无论室内或室外，应当保证设施和活动多样性，从而调动老年人运动的积极性。

图 C.2.4-2 休闲锻炼空间

图 C.2.4-3 开敞空间

2. 社会交往空间的营造

社会交往空间应具备空间层次性、安全性、保卫措施、流通性、休闲的步道和舒适的环境，对于老年人来说室外社交活动空间的社会参与性最重要。

空间层次问题直接影响老年人的使用，由于老年人的行为、兴趣爱好及年龄层次的不同，要求所处场所可以进行不同种类的活动，因此，空间具有层次性是必要的。社交空间要创造层次性可大致分为开敞空间（全员活动）、半私密空间。

- 开敞空间

开敞空间营造的是开阔、共享、活泼的氛围。对于老年人来说他们渴望与外界交流、渴望融入大环境。通常老年人身体素质较弱，活动半径较小，为老年人营造出可达性强、安全度高，同时具备宜人舒适条件的环境是非常重要的（图 C. 2. 4-3）。如果一个较为开敞的环境距离较远又不舒适，老年人就不会在这种空间内进行人数较多的交流与休闲。在开敞空间中，基本设施要求相对较高如座椅、步道等等。按照使用者需要适当设置活动座椅，地面必须平坦防滑。

- 半私密空间

志趣相投与年龄层次相似的老人需要半私密的空间。（2～3）人集聚交流的可能性最大，由此他们需要一个容纳（3～5）人的半私密空间，这样的空间更具有控制性，有助于他们交流。选择有安全感的地方安置座椅，例如在建筑转交处或一个半封闭的小角落（图 C. 2. 4-4）。工作人员能看到的地方令人产生安全感。因为，对多数老人说，背靠建筑、墙或植物会让人感觉更安全（图 C. 2. 4-5）。

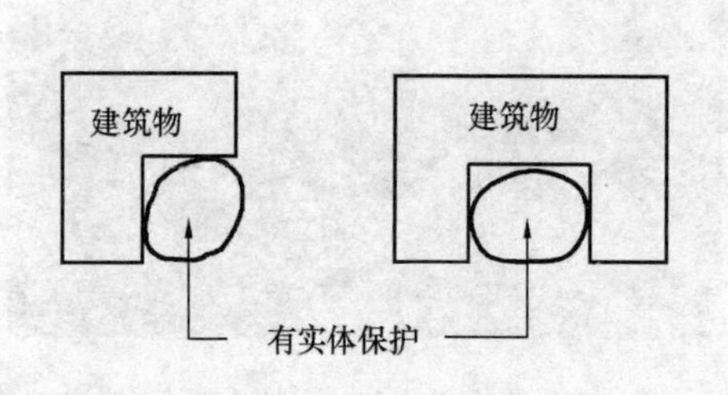

图 C. 2. 4-4　半私密空间一

图 C. 2. 4-5　半私密空间二

3. 景观观赏空间的营造

景观空间按照老年人的要求大致可分为观赏性空间、参与性空间。

- 观赏性空间

观赏性空间可以让老年人无论从室内与室外都能观赏到景观，种植不同树种以形成四季色彩的变化使得景观层次丰富多变，让老年人能看到勃勃的生机，从室内和其他地方易于看到的绿色区域设在离建筑物较远的位置，以鼓励老年人前往与探索（图C. 2. 4-1）。

- 参与性空间

在植物丛中为老年人适当设置座椅、园艺花圃、喂鸟器（图 C. 2. 4-6）等增加趣味性，创造出与自然相交融的空间氛围，从而促进了老人们与大自然交流。参与性的增加有助于缓解老年人孤独、被边缘的心理。有条件的设置园艺花圃和农园或菜园（图 C. 2. 3-

5、图 C.2.4-7)，让老年人种植一些植物，既丰富了老年人日常活动，又增加老年人与自然接触，进而体会到生命生长的乐趣与意义。

尝试小庭院的空间，利用受围合的区域形成亲切的小空间，同时周边植物环绕，这种空间能提供安全保障并且很亲切（图 C.2.4-5)。

图 C.2.4-6　参与性空间——喂鸟

图 C.2.4-7　参与性空间——农园

4. 健身锻炼空间的营造

锻炼身体愉悦身心对老年人身心健康有益。老年人健康程度和活动能力不同，因此健身锻炼空间应该具有多样性，提供多种锻炼途径。根据老年人的身心需求可分为休息空间、健身锻炼空间（图 C.2.4-2)。

·休息空间

休息空间应当具备轻松的氛围。很多老年人因为健康问题使他们在室外活动受限，易感到疲劳。休息、观看和分享成为主要内容（图 C.2.4-8)。虽然因为身体条件限制不能进行活动，但是在观看的同时也会让他们感觉到参与其中。该空间的座椅台阶还有步道的设计颜色可以较为鲜亮，在室外时候也更符合老年人观察的能力。

图 C.2.4-8　休息空间

● 健身锻炼空间

设置的运动器材颜色应当颜色鲜亮而且具有层次，能够增加参与感，增加信心。应集中布置有助于老年人集中活动与交流（图 C.2.4-2)。

如果养老建筑在社区内的话，可以将室外空间与社区空间相结合，形成多样性空间，那么就会有更多社区的人参与进来，有助于激发老年人参与健身活动的积极性，同时也培养老年人信心。

结　语

从国内的现状来看，关于养老建筑的空间营造还处于刚起步阶段，作为建筑设计人员，我们不仅要考虑老年人生理特征还要照顾其心理特征，为他们创造出良好的室内外空间环境和设施，让他们在晚年依然有精神上的享受，心理上的照顾。使养老建筑更趋于人性化的设计，对养老建筑的发展具有深远影响。

C.3　海西地区养老设施公共空间设计初探

王墨林　华侨大学建筑学院 硕士研究生
李健红　华侨大学建筑学院 副教授 硕士生导师

目前，世界上有50多个国家已经进入“老年型”社会，全球的人口结构也在趋于“老龄化”。据官方统计，2008年末中国大陆人口约13.28亿，65岁及以上老年人口已达1.1亿，占总人口的8.3%，预计到2050年，我国老年人口比重将达到25%。为了提高老年人的居住质量，传承我国“尊老”的文化传统，对老年人的居住状况和养老设施的研究势在必行。

在国际，人口老龄化已经引起各国政府的普遍重视，很多国家根据各自的国情制定了相应的养老设施建设标准。1986年，国际慈善机构（HTA）制定了老年人居住建筑的分类标准[1]。

在国内，1982年我国政府设立了“全国老龄问题委员会”。住房和城乡建设部与民政部分别于1999年和2003年相继联合签发了行业标准《老年人建筑设计规范》和《老年人居住建筑设计标准》。中国老龄化程度较高的城市上海，“老龄化”问题日益受到社会的普遍重视，也于2000年颁布了地方标准《养老设施建筑设计标准》。

2004年初，福建省在制定地方发展规划中首次提出“海峡西岸经济区”的新概念。系指以福建为主体，涵盖周边区域，对应台湾海峡，具有自身特点、自然集聚、独特优势的经济区域，简称“海西”地区。它包括福建省的福州、厦门、泉州、漳州、龙岩、莆田、三明、南平、宁德和福建周边的浙江温州、丽水、衢州、金华、台州；江西上饶、鹰潭、抚州、赣州；广东的梅州、潮州、汕头、汕尾、揭阳，共计23市。目前，海西地区总体上已经进入老龄化社会。以厦门和泉州两地为例，截至2008年，60岁以上的老龄人口分别为18.2万人和70万人，老年人口占总人口比例分别为12%和10.3%，均超过了10%的老龄化标准。

福建地区山脉众多，历史上长期与外界分隔，人们观念相对保守。近年来，随着改革开放的深入，当地居民的思想逐渐开放。但除厦门外，其他地区的传统观念仍然根深蒂固。在养老方式上，很多老年人并不愿意入住养老设施。

所谓养老设施，是指养老院、托老所、敬老院、老年公寓、老年护理院、临终关怀院等老年人集中生活居住的场所。养老设施是具有其特殊性的居住建筑，设计时必须要考虑老年群体的特殊心态和体能需求。

养老设施的空间主要由居住空间、公共空间、养护空间、管理空间等空间组成。养老设施的公共空间不仅承担着老年人除睡眠之外所有活动，也是延续老年人入住前生活方式的关键场所，同时还是老年人晚年精神生活的主要载体。因此在设计上不仅要解决好由于年龄导致的身心衰退给老年人带来的生活不便，而且还要为老年人再造出“家”的感受。

笔者通过对厦门和泉州 7 家福建地区具有代表性的养老设施实态调研发现，养老设施的公共空间大多存在空间闲置，交通流线设计过长，利用率低等问题，主要体现在以下几个方面。

C.3.1　交通流线设计过长

多数养老设施公共空间的流线设计不合理，与一般民用建筑的疏散设计没有差别。对老年人而言公共空间的水平服务半径过大，有些存在竖向分区，公共空间甚至与老年人居室不在同一栋建筑内（图 C.3.1-1）；其次，交通流线不明确。穿越公共空间的流线过多，造成空间内嘈杂、混乱（图 C.3.1-2），使本来方向感减弱的老年人产生盲目和烦躁心理。

图 C.3.1-1　厦门市明珠养老院

图 C.3.1-2　厦门市明爱老人服务中心

C.3.2　空间配置不合理

养老设施公共空间资源配置不符合老年人的生理及心理特点，空间闲置多，资源浪费现象严重。养老设施公共空间配置缺乏科学合理的设计，各种功能空间的使用频率和年均使用人数并不是基于客观的实态调查。有些公共空间长期无人使用，而有些公共空间又严重不足。如一些养老院设有面积很大的室内门球室，但是入住的老年人很少参与这种锻炼（图 C.3.2-1），大多闲置，使用效率很低。老年人比较喜欢在室外场地进行活动（图 C.3.2-2）。

图 C.3.2-1　厦门市爱欣养老院的门球室

图 C.3.2-2　厦门市爱欣养老院周边的花园

C.3.3 忽视地域特征

闽南地区具有悠久的文化传统和浓厚的地方生活习惯，闽南民居就是最具独特地域特性的居住形式。其形式为水平方向上发展的向心围合的群体布局方式。建筑群的中路是两座落或多座落的四合院，泉州人称之为“主厝”。当群体需横向扩展时，不是在其两侧并置与主厝相似的四合院。而是增加一列或数列纵向的“护厝”。一般以两侧各增一列居多称“双护厝”，其轴线指向核心。这种布局对外封闭，内部空间丰富（图C.3.3-1），反映

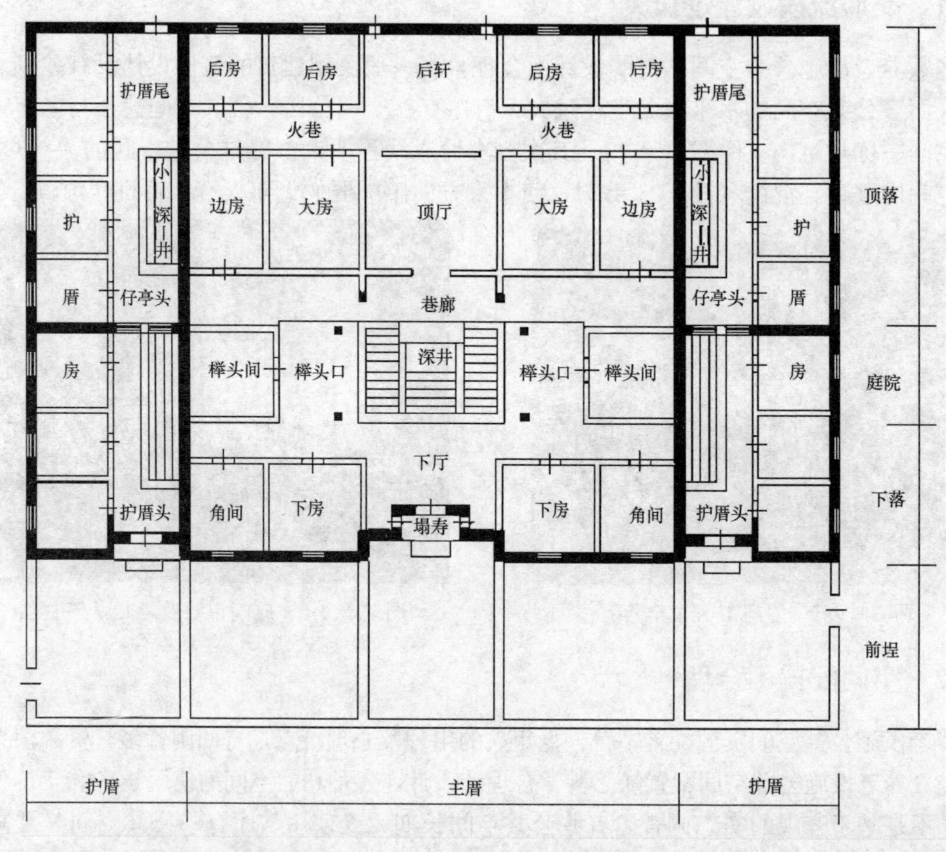

图C.3.3-1 传统的闽南民居平面

图C.3.3-2 厦门市爱心养老院

了当地人内向而又多彩的家庭生活和全家族共同生活的习惯。而新建养老设施割裂了这种生活和文化上的传统（图C.3.3-2）。许多养老设施为节约用地以现代的高层板式为主，有些采用多层的院落式，但与传统的居住形式没有任何文化的传承和延续。

养老设施在设计上若不充分理解和保留本地区特有的文化传统、老年人入住前的生活方式、文化习俗，仅在功能上满足养老设施的使用功能，必将导致入住的老年人没有亲切感和归属感。

C.3.4 空间匮乏舒适感

养老设施公共空间缺乏人性化设计，舒适度差。老年人多半体弱多病，其公共活动场所的人性化设计尤为重要，很多老年人的活动空间很少设置舒适的坐具。老人活动后无法随时随地休息（图 C.3.4-1），空间舒适性差。个别设有座椅，但材质冰冷、光滑、吸热指数高、使用效率低。目前多数养老设施在设计上与一般民用建筑并无差别，忽视使用对象的特殊性，因而影响了空间的舒适性（图 C.3.4-2）。

图 C.3.4-1　厦门市爱欣养老院的活动空间

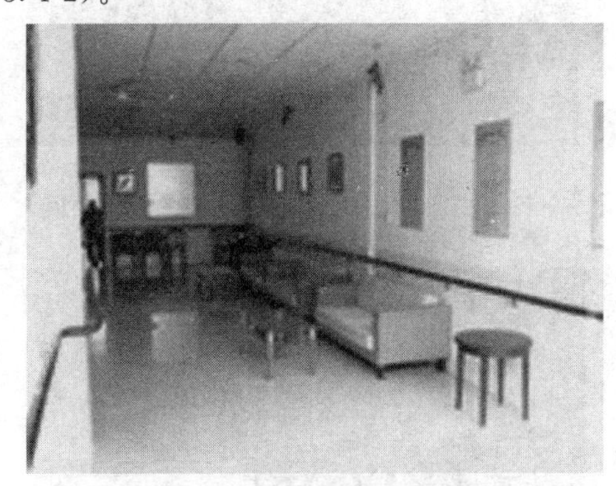

图 C.3.4-2　厦门市明珠养老院走廊的扶手和地面

C.3.5 空间缺乏亲近感

养老设施是一种特殊的居住建筑，一些养老设施没有为老年人营造出“家”的亲切感。居住其中的老年人多有一种过渡心态，多数人喜欢在自己归属感较强的居室空间内活动，这也是造成公共空间使用频率低的主要原因之一。室外活动空间、环境设计、栽植绿色植物配置等缺乏深入设计（图 C.3.5-1），老年人从心理上对其产生了疏远感和排斥感，不能从心底吸引老年人，进而产生亲近感。

图 C.3.5-1　厦门市爱欣养老院的室外场地

图 C.3.6-1　厦门市明爱养老院的休息室

C.3.6 空间个性不鲜明

养老设施公共空间没有细部设计和室内环境设计（图 C.3.6-1），千篇一律，标识不强。空间划分简单相似，缺乏特色（图 C. 3. 6-2～图 C. 3. 6-4）。

图 C. 3. 6-2 厦门市爱欣养老院的阅览空间

图 C. 3. 6-3 厦门市爱欣养老院的休息厅

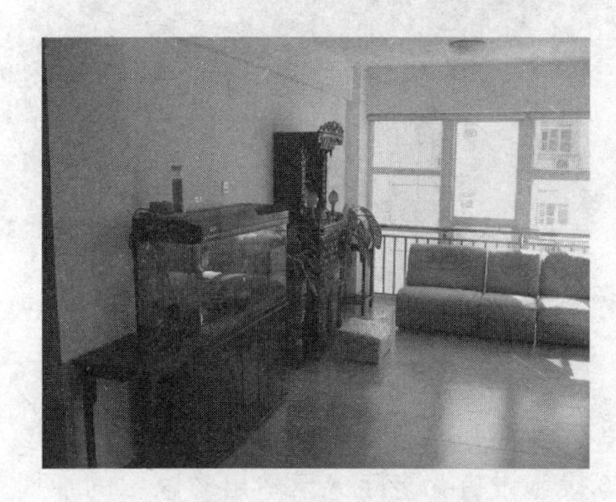

图 C. 3. 6-4 厦门市爱欣养老院的宗教用房

综上所述，在养老设施的设计和建设过程中，设计师和管理者没有切身地从老年人的心态和体能的特殊性出发，造成使用和管理上的诸多问题，间接地导致老年设施不被社会普遍接受。为更好的解决上述问题，推动养老设施的健康发展，为老年人设计出老有所养、老有所乐、老有所学、老有所为的生活环境，本文提出以下设计策略。

1. 合理优化流线设计

首先，由每层一个集中式的公共空间改变为每层几个公共空间，缩短服务半径，减少流线长度，专供介助老年人使用（图 C. 3. 6-5～图 C. 3. 6-9）。如瑞典的歇尔布拉卡特别护理老人院，以 15 人为一个单元设一围绕暖炉的小型沙龙，可在此进餐或喝咖啡休息等。30 人为一个单位设一服务厨房及食堂。其次，在设计公共空间流线时要避免出现竖向分区，

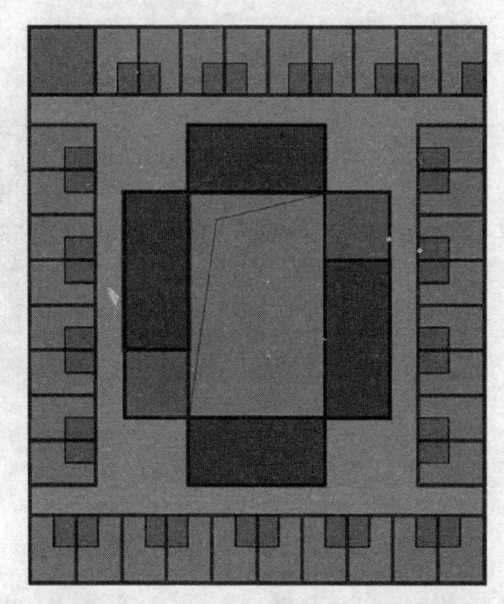

图 C. 3. 6-5 中心式布置方式示意图

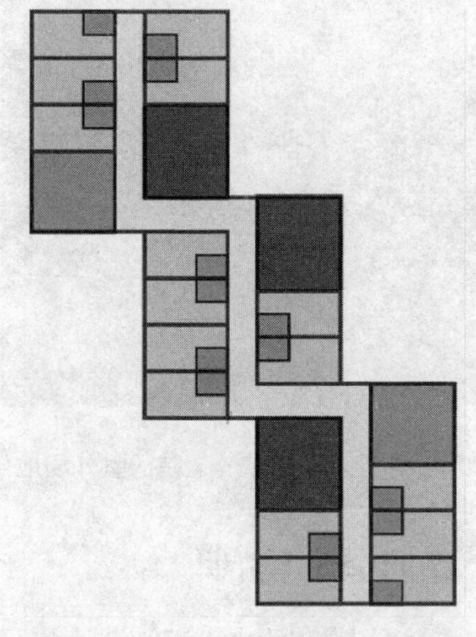

图 C. 3. 6-6 单元式布置方式示意图

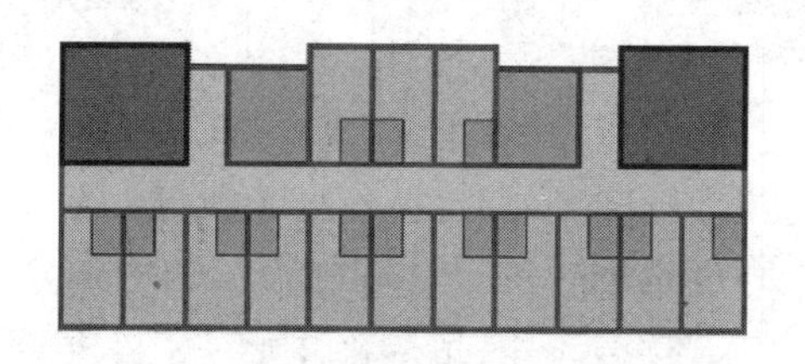

图 C. 3. 6-7　内廊式布置方式示意图

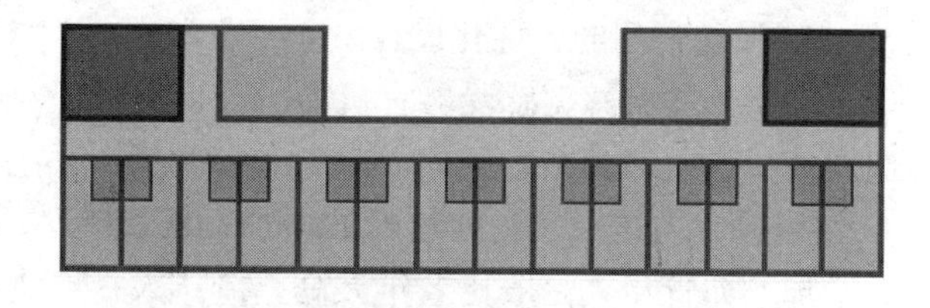

图 C. 3. 6-8　外廊式布置方式示意图

减少水平流线与竖向流线过长的问题。最后，要避免其他类型空间与公共空间混用，防止过多流线穿越的情况出现。

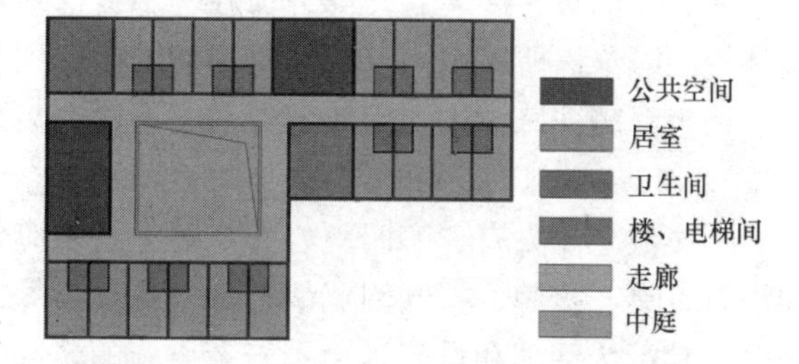

图 C. 3. 6-9　混合式布置方式示意图

2. 合理配置公共空间，优化资源利用

根据老人的自理情况，分级设置就餐空间，集中使用的大餐厅面积可以适当减小，专供自理老人使用。对于不能自理的老年人，可以把就餐空间设入居室。例如日本京都府城阳市的南山城学园老人公寓，只设置一处集中餐厅，在居住套间中设置可进行简单操作的厨房和餐厅。

活动空间和交流空间，采取弹性设计方法。例如乒乓球室，台球室等运动空间可以采用公共模数化设计，根据使用要求布置设备。棋牌室，阅览室和茶室等活动空间也可以合并设置。这样的空间配置不仅方便老年人使用，还能够缩短流线，节约造价。

3. 注重地域文化，延续居住习惯

养老设施的空间设计要注重继承本地区特有的文化传统和居住习惯。厦门一些地处老城区条件很差的养老设施深受老年人欢迎，其原因就是这类养老设施的形式延续了地域文化和居住习惯，老人入住后会产生一种到“家”的感觉。如厦门市思明区的滋生堂老年公寓位于城市老城区内，从厦禾路出发，穿过几条曲折的胡同才能到达，交通不便，基础设施不完备。但居住其中的老年人认为这样的环境与闽南原住民的生活环境相同，对其认同感很强（图 C. 3. 6-10、图 C. 3. 6-11）。例如日本广岛县千叶代田町的仁爱园护理老人院在立面设计上，白色外墙具有当地传统民居形象。

图 C. 3. 6-10　厦门市滋生堂老年公寓内院

图 C. 3. 6-11　厦门市滋生堂老年公寓入口

4. 强化空间的人性化设计

老年人所有感觉感受器官机能的衰退造成了对特定感受器官的刺激，容易在短时间内造成疲劳。所以公共空间内要增加座椅数量，便于老年人随时随地休息；生理学上人到30岁以后，人体尺寸是随年龄的增加而缩减。体重、宽度及围长的尺寸却随年龄的增长而增加。如青年人一般比老年人高，老年人一般比青年人体重大。因此养老设施的空间和设施尺度应符合老年人的人体尺度；再次，随着生理功能所带来的变化，老人在心理上易产生悲观、消极、冷漠、抑郁、孤独等不良情绪，这样容易形成恶性循环，导致老人与周围环境的隔绝。所以空间色彩和室内装饰应起到心理调节的作用。如暖色调使老年人从心理上产生温暖的感觉。采用质感柔和、温暖的装饰材料，从触觉上让老年人感到舒适。

5. 创造具有归属感的空间

大多数老年人有“恋旧”心态，养老设施应延续老年人入住前的生活状态。在公共空间设置茶桌、棋牌、报刊阅览架、宗教活动角等（图C.3.6-12～图C.3.6-15），这些在家中的日常行为活动和设施延续到养老设施的公共空间里。比如瑞典的歇尔布拉卡特别护理老人院，老人可将自己习惯使用和喜爱的家具带进来，借由这个物品产生“家”的归属感。此外还可以扩大公共空间的露台或阳台面积，种植绿色植物。这样既给部分下楼不便的老年人提供了活动场所，调节了生活情调，又可以合理分配室外场地，更有效的利用空间，使老年人产生亲近感。日本东京市谷田区的芦花院，在阳台上配置了植物箱，可供老人自由种植。屋顶及二、三层的中庭辅以绿化，作为老人康复的活动场地。

图C.3.6-12 厦门市明珠养老院的茶桌

图C.3.6-13 厦门市爱心养老院的棋牌桌

图C.3.6-14 厦门市爱心养老院的报刊架

图C.3.6-15 宗教活动角

6. 强化空间标识性

老年人多数伴有记忆减退，辨识能力下降的生理现象。养老设施的公共空间应强化标识性，体现空间的特定性格。如设置多种人际距离的交往空间。吸引老年人既能融入集体生活，又可以促进关系密切的邻居、好友进行私下的交往，扩大和丰富老年人的精神生活（图 C.3.6-16）。

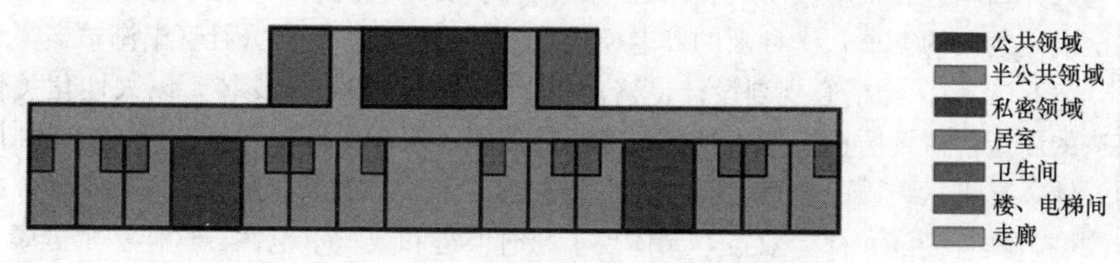

图 C.3.6-16　多种人际距离交往空间示意图

日本东京市谷田区的芦花院，把老人院作为一个家庭来考虑。设置个人领域、家庭领域和公共领域等几种不同的领域空间以满足老年人不同的行为需求。空间标识性强，不会与其他空间雷同。老年人对此认同感和依赖性就会比较高，会选择这种空间作为一些特定行为的载体。

结　语

总体来说，我国属于“未富先老”的国家。海西地区大部分居民的观念和居住习俗又相对保守，很多老年人及其家属对机构养老这种形式还在逐步认识和接受过程中。随着老龄化进程的加快，由家庭完全承担照顾老年人晚年生活的责任必将面临严峻的挑战。社会现实也必将促使人们改变既有的观念，由社会机构养老的老年人会日益增多，届时，养老设施的公共空间设计会更为重要。

（注：第一作者王墨林为养老设施建筑设计规范编制组第三次会议的与会代表；第二作者李健红为养老设施建筑设计规范编制组副组长。）

C.4　“持续照护”老人社区的适宜性设计

王晓亮　哈尔滨工业大学建筑学院博士研究生
徐聪艺　北京市建筑设计研究院 高级工程师
李桂文　哈尔滨工业大学建筑学院　教授　博导

C.4.1　研究背景

1. 人口老龄化与养老需求

众所周知，人口老龄化是世界性的社会问题。中国进入老龄化社会以来，由于经济结构、家庭模式、社会形态、思想观念等的变化，老人的生活状况和需求也发生了较大的变化，老龄问题也随之而来。

养老是老龄问题中最突出、最关键的问题，老人的生活质量、生理、心理健康指数的高低，很大程度上取决于他所身处的养老体系是否完备。医疗向社区服务迈进，为传统家庭养老向社区养老转变提供了一个重要的技术支持。西方发达国家的“持续照护”老人社区养老是非常值得我们借鉴的。

2. 养老新模式——“持续照护”老人社区

对老人详细调查和了解发现，我国现行的两种主要养老模式：家庭养老和机构养老并不能完全满足老人的需求，一种新的养老模式——“持续照护”老人社区渐渐被老人认可和接受（表C.4.1）。经精心规划设计、整合社会各界资源和技术支持，以人性化关怀为老人打造的新型“持续照护”老人社区，集居住照顾、医疗保健、文化教育、娱乐休闲等功能为一体，真正从物质、精神、身体、情感上满足老人的需求，发挥老人积极性、提高社会关注度、具有经济和社会效益，又体现了与时俱进和典型示范性。这样一个健康、文明、和谐、互动的老人社区，将会成为一个“和谐社会”的缩影。

我国养老方式综合评价　　**表C.4.1**

	家庭养老	机构养老	“持续照护”老人社区养老
优势	与子女生活在一起，情感联系多	主要依靠机构内部提供各种设施和服务，可实现全方位的照顾	一种可充分享受社区服务和社区设施的居家、机构结合的养老模式，并可以实现一站式的可持续照护
不足	社会性助老服务项目和服务质量还存在较多不完善	个性化的生活要求和机构程式化的运作不协调	一次性投入大，投资者资金回报长，新生模式需要逐步完善和接受
评价	给子女生活增加负担，老人得不到很好的照顾	难以找到“家”的感觉	满足老年人各种生理和精神需求，适宜养老

我国的“持续照护”老人社区是近几年才出现的，针对这方面的研究非常少。对于“持续照护”老人社区适宜性的研究是切实改善老人生活的一个有效的举措，而老人社区的产生正是基于这种考虑后比较理想的一种解决方法。根据有关专家对家庭养老和“持续照护”老人社区的老人调研结果显示，两者在生活总体幸福感和生活质量方面有很大差异，后者明显优于前者。因此，也说明“持续照护”老人社区是一种可行的养老方式。

C.4.2　“持续照护”老人社区解析

“持续照护”老人社区源自美国的“持续照护退休社区”——Continuing Care Retirement Community，简称CCRC。是一种考虑接纳不同家庭结构、不同身体状态的老人，社区居民年龄结构多层次、以居家养老为主的混合型老人社区。社区通过为老人提供自理、介助、介护一体化的居住设施和服务，使老人在健康状况和自理能力变化时，依然可以在熟悉的环境中继续居住，并获得与身体状况相对应的照护服务。

1. “持续照护”老人社区的发展趋势

“持续照护”老人社区起源于美国教会创办的组织，至今已经有100多年的历史。在我国，21世纪初北京、上海等发达城市，随着房地产业的发展及国家政策的支持和鼓励的因素的促进，“持续照护”社区养老模式的实践逐渐开始了。参照西方国家的CCRC社区养老模式，综合了多种老人住宅类型、具有完善配套服务设施的大型"老人社区"相继建成（表C.4.2-1、图C.4.2-1～图C.4.2-3）。由于这种社区可接纳不同家庭结构、不同身体状态的老人，社区居民年龄结构多层次性，以及以居家养老的形式结合机构养老的服务，这种混合型老人社区得到了很多老人的亲赖和认可。而随着养老制度、法律、建设规范的完善，"持续照护"老人社区必将成为最适宜与老人颐养天年的居所，也必将成为中国养老模式的主体。

我国"持续照护"老人社区典型案例分析　　表C.4.2-1

项目名称	东方太阳城老人社区	北京太阳城老人社区	上海亲和源老人社区
类型	有年龄针对性、大规模、多代同居类型	有年龄针对性、大规模、持续照护类型	特定年龄、大规模、持续照护类型
占地面积	234公顷	42公顷	8.4公顷
选址	北京顺义区潮白河畔（风景区）	北京昌平区小汤山（风景区）	上海市南汇区康桥镇
建设规模	建筑面积：80万m^2	建筑面积：30万m^2 居住单元：一、二期公约500套，三期830套	建筑面积：10万m^2 910套电梯公寓，可容纳1800名老人
容积率	0.29	0.64	1.19
绿化率	80%	60%	40%
住宅类型	独栋别墅、联体别墅、点式公寓、板式公寓和连廊式公寓、四合院等	独栋别墅、联体别墅、集合式高层板式、集合式多层板住宅、老年公寓	高层公寓
户型	一室一厅、两室一厅、三室两厅等	合居一室、一室一厅、两室一厅、三室两厅、四室两厅等	一室型、一室一厅、两室一厅，面积在40～80m^2之间
特点	社区内大量多代同居老人住宅，实现居家式养老，但一般不提供照护功能，是我国目前规模最为宏大的以多代同居为主的老人社区	国内开创性地进行了大型独立老年社区建设的有益尝试，把传统的家庭养老与机构养老相结合，实现老人持续照护功能，为老龄产业开辟了新思路	将居家养老与社会机构养老相结合的新型老年公寓，具有创新性地采用老人会员制社区养老模式

2."持续照护"老人社区的核心问题——适宜性

适宜性即"适应居住性"，是环境适合人类居住的根本属性，是一种人与环境的协调关系，强调环境对居住主体的日常生活、交往活动的适应与支持。满足主体的多层次需求，并达到一定舒适及满意程度，即可称该环境具有适宜性。适应和满足人的需求是适宜性的根本内涵。适宜性对应人的需求等级层次，内容呈现螺旋式上升的发展状态，适宜性

图 C.4.2-1　东方太阳城老人社区

图 C.4.2-2　北京太阳城老人社区

的概念具有时间纬度，其研究也将是一个动态发展的过程。“持续照护”老人社区是否可持续发展的核心问题是其适宜性。

1）适宜性的需求层次

美国著名人本主义心理学家马斯洛提出将人的需求划分为五个层次：即生理的需要、安全的需要、爱与归属的需要、尊重的需要和自我实现的需要。只有在较低的需求——生理的需求被满足后，才可以产生更高层次的需求。随着我国社会、经济的发展，老人对居住的需求也呈现着从无到有、从小到大的递进式发展。伴随着物质、生活水平的提高，较低层次的需求满足后，老人之间的相互交往、尊重以及自我实现等更高层次需求逐渐成为必需（表 C.4.2-2）。

图 C. 4. 2-3 上海亲和源老人社区

人的需求层次及相对应的老人行为需求 **表 C. 4. 2-2**

需求层次	人的基本需求	居住环境心理标准	"持续照护"老人社区中老人行为需求
高层次需求	自我实现的需求	自主性、参与性	老有所为
	尊重的需求	私密性、领域感	生活的自主性
	爱与归属的需求	社会交往、归属感	交往和交流
低层次需求	安全需求	安全感	基本行为的保障
	生理需求	舒适性	基本生活行为的满足

"持续照护"老人社区的适宜性研究主要关注满足居住主体——老人的多层次需求，适宜的老人社区应在满足居住者最低需求后，使其高层次需求得到一定程度的满足。可以将老人的基本生活行为的需求、基本行为的保障看作满足老年人需求的低层次需求，而将交往和交流、生活的自主性及老有所为的实现看作是追求高质量生活的高层次需求。

2）适宜性的影响因素

适宜性的完善是一个人与环境相互协调的过程，对于适宜性的影响因素进行分类可以概括成主体和客体两部分：

主体因素主要是影响适宜性的不同部门的工作者，包括主管部门的领导、开发商、设计者、管理者、使用者等。他们在不同的时期对适宜性产生影响。在项目的前期规划设计阶段主要是开发商和主管部门进行策划研究。他们对适宜性的概念的提出和理解是整个过程得以完善的第一步。在项目的设计阶段也是中期阶段，设计师对于适宜性的理解直接通过建筑空间和场地环境体现出来，使得整个建筑从规划到建筑再到室内环境都体现出适宜性的理念，甚至于建筑的每一个细节都在阐释适宜性。项目的后期还需要许多人的管理和完善，这也是适宜性得以完美体现的关键。当然，适宜性最主要的影响因素之一还是其使用者，也就是本文所研究的主体——老人，老人的使用情况的好坏直接反映出适宜性效果的成败。因此，对于老人的研究能够更好地对适宜性理论进行指导，对老人使用情况的总结能够对适宜性提出正确的建议。

客体因素主要是指对于适宜性具有指导意义的政策法规等。通过对于这部分因素的完善和研究，能够更好地指导适宜性的完善。

3）适宜性的评价要点

评价“持续照护”老人社区的适宜性首先要看该环境是否符合老人生理、心理特点，是否适合老人居住。适宜性的评价要点是一个从低到高的过程，从满足安全、便利到舒适、满足感。这种生理和心理的特征成为判断老人社区是否具有适宜性的最重要的标准。

老人社区的适宜性体现在充分保证老人日常行为活动以及交往时候的安全性和便捷性。老人社区要充分考虑各阶段老人的行为特点，做相应的适宜设计。在老人社区的整体布局和功能空间的布置方面应保证老人交往娱乐的需要，而内部空间环境等方面的设计则从空间尺度及空间品质出发，为老人营造舒适温馨的居住空间。老人社区还应为老人提供自我实现的舞台，老人普遍具有希望完成与自己能力相符的一切事情的需求，而老人社区在建筑设计的角度就应该提供这样的空间环境。使得老人的晚年生活更加丰富多彩，真正地达到老有所养、老有所医、老有所学、老有所为、老有所乐的标准。

C.4.3　基于适宜性的“持续照护”老人社区设计策略

“持续照护”老人社区的建设目标是生态型、数字智能型、规范化、亲情化、持续化的老人社区，为达到老人社区的持续发展，适宜性设计是保证目标达成的主要设计原则。

1.“持续照护”老人社区适宜性的设计主导

1）以安全为根本

安全性是“持续照护”老人社区设计的根本，老人的身体特点需要建筑和环境提供足够的安全性和保护性措施，应从老人活动的各个方面充分考虑安全性设计，既要保证老人生理安全，又要保证老人心理安全。

2）以安养为前提

为老人提供安养晚年的环境是“持续照护”老人社区发展的前提和保障。安养需要便捷、便利的环境，建筑基本对策就是最大程度上实现建筑环境的无障碍，从建筑的规划布局到单体设计、从建筑内部空间到外部环境，满足他们由于体力、智力、听力、视力不同程度的衰退产生的特殊需求。老人由于自身生理的特点，活动范围以及活动次数相对较少，因此在建筑的功能布置方面需分析如何使功能组合最大化方便老人的使用；另一方面，安养需满足老人精神方面的需求，在为老人设计交往娱乐空间的时候需特别推敲，保证老人在身体条件允许的前提下比较顺利的获得与人交流沟通的需求。

3）以舒适为原则

“持续照护”老人社区的舒适性来自空间对老人细致的关怀，让老人感到精神上的宁静和身体上的舒适，适宜的尺度感是空间舒适性的前提。老人人体模型是老年人活动空间尺度的基本设计依据。老人由于代谢机能的降低，身体各部分产生相对的萎缩，最明显的是表现在身高上的矮缩。一般老年人在70岁时身高会比年轻时降低2.5%～3%，女性的缩减有时最大可达6%。宜人的尺度易产生亲切感、舒适感，超人的尺度往往有震撼人心的威力，也会由于不太近人情而令人感到孤寂、害怕、冷漠，所以设施空间尺度易小不易大。

4）以质量为标准

“持续照护”老人社区以从根本上提高老人晚年的生活质量为标准，老人生活质量以老人对生活的舒适和便利程度的主观感受来衡量，老人社区的设计应结合老人生活质量评价体系进行。

5）以持续为目标

“持续照护”老人社区作为有服务机能的老人集居住所应是广义的家，是一个自己长期居住或租住的家，而不是一个等待救济、等待死亡的地方，老人社区的特色也是将生命的过程分阶段尽可能的持续。只有达到这样一个长久目标，老人社区模式才会长久的持续，“持续照护”老人社区的持续性是设计的重要原则。

2.“持续照护”老人社区适宜性的设计对策

1）系统适宜性规划格局

“持续照护”老人社区规划格局要符合系统适宜性。不仅社区整体是个综合的、复合的复杂系统，而且社区内各个组成部分也相对独立地自成一套系统。“持续照护”老人社区已由单纯注重居住空间、社区公共服务和自然环境建设发展为包括便捷的交通、交往型邻里、持续照护体系、和谐养老人文在内的综合社区建设系统。

2）规模适宜性功能综合

适宜于持续照护的老人社区应具备的功能有居住功能、医疗保健功能、护理照料功能、安全防护功能、家政服务功能、文化教育功能、休闲娱乐功能和为老人提供旅游度假服务的功能。社区功能的综合主要体现在组成社区的各部分不仅具备了基本的生活功能，而且综合了服务公益性、邻里交往性的功能，主要体现在生态环境的综合性、公益服务的综合性、宜居空间的综合性等方面。社区的整体规模及各功能空间的规模需充分适宜于老人特点及持续照护要求，是有别于普通居住区的“持续照护”老人社区独有的特质。各部分功能的规模确定是否具有适宜性是决定“持续照护”老人社区可持续发展的重要标准。

3）整体适宜性空间建构

空间的整体适宜性是指社区的邻里环境、步行环境及人文环境等室内外公共交往空间在功能、结构、形态上的整体完整性。“持续照护”老人社区设计要注重室内外空间的系统性、连续性、均匀性。

（1）空间的系统性。老人邻里环境、老人步行系统、养老人文环境作为“持续照护”

老人社区特殊的空间，其本身就是一个综合的系统。邻里是综合宜居生活、社区生态环境和社区公共服务等多项功能的复杂系统。在此系统中既要协调人与自然之间的关系，又要协调好人与社会、社会发展与环境间的关系。使人与自然、社会互相促进，和谐发展。步行环境既包含了步行交通的诸多要素，同时步行环境可以为社区邻里交往、人文活动、公共服务等公共性交往空间提供便捷而充满趣味的联系，成为社区公共场所连接的纽带。

(2) 空间的连续性是指空间在功能及结构上的延续性。具体说来就是指老人邻里所容纳的空间并不属于同一性质，而是具有异质性，通过将不同性质的空间进行有机组织，最终形成在结构上相互交流、渗透的，在功能上相互补充的、相互联系的，在形态上相互包容的、视觉延续的连续空间。当前有些老人社区在规划建设中未考虑到空间的连续性原则，致使空间被切割、分离，从而使得老人间的交往受到了直接的影响。

(3) 空间的均匀性主要表现为组成公共空间的各个部分在老人社区中位置的均好性和功能规划的均衡性。首先，通过合理的格局分配及方便的交通体系实现环境资源共享性。其次，在功能设置方面应考虑到社区中老人的需求与意愿。以保证公共空间构成的复合性、生态性，从而有力地促进“持续照护”老人社区的发展。

C.4.4　适宜性“持续照护”老人社区的导控机制

多年以来，老龄产业一直带有社会福利的色彩。老龄产业作为相对薄弱的新兴产业，早已引起了国家和社会的广泛关注。在当前老龄化社会的大背景下，要建立“持续照护”老人社区养老模式必须全社会共同努力。需要建立和完善促进老龄产业健康发展的体制和机制，一方面要建立和完善社会保障制度，这是形成“持续照护”老人社区市场需求的重要基础。另一方面，要改变“排斥市场，国家包揽”的传统观念与管理方式，转变政府职能，建立一套以政府间接调控为指导，以市场机制为主要的资源配置手段，推动老龄产业的社会化、市场化的新型老龄产业管理体制和运行机制。

实现“持续照护”老人社区养老模式的持续发展还要建立和完善促进老龄产业发展的法律制度和法规体系。老龄产业的发展既要遵守一系列老年社会保障的法律，又要为维护自身利益和规范自身发展，寻求必要的法律制度保障。还要得到政府相关经济政策的支持，如财政财策、税收政策、信贷政策、价格政策、外资政策等。

我国老人的养老问题，是涉及社会方方面面的重大课题，需要调动社会各界的力量，在国家经济及政策层面，主要通过对经济策略、国家政策、法律等一系列的调整，出台扶持老龄产业的相应的制度和措施来实现；在社会管理层面，要通过加强服务老人的队伍建设和社会文化建设来促进以“持续照护”老人社区养老模式的建设和发展。

C.4.5　结语

根据调研、分析与总结研究，笔者认为：“持续照护”老人社区因其充分适宜于老人的优势，必将成为未来中国老人养老的主要模式。适宜性设计是“持续照护”老人社区设计的主要原则，从老人的基本需求出发进行老人社区的适宜性设计研究，是一项具有现实性、挑战性和创新性的工作。从建筑设计的角度比较有针对性地研究老人在居住、生活、养老等方面适宜性的方法，切实关注老人的生活质量和居住环境是社会进步乃至稳定的必然，也是建筑师的职业意识和职业责任之所在。

C.5 我国养老设施建筑与规划设计探析

孟杰 黑龙江东方学院 助教 硕士
郭旭 哈尔滨工业大学 教授 博士
刘芳 黑龙江东方学院 助教 硕士

C.5.1 我国老龄化国情与养老设施分类

我国已于1999年成为老年型国家，并且也是全球拥有老龄人口（60岁以上）最多的国家。当前，与发达国家相比较，我国的老龄化呈现出老龄人口多、增速快，老年人及其家庭未富先老，高龄人口群体庞大等特点。据全国老龄工作委员会办公室统计发布的信息，截至2009年，全国60岁及以上老年人口达到1.7亿，占总人口的12.5%，与上年度相比，老年人口净增725万，增长了0.5个百分点。80岁及以上老年人达到1899万，占老年人口的11.4%。

联合国在第二届老年大会上发布的数据显示，到2025年，中国老年人口将占总人口的20%，预计到2050年我国老龄化将达到峰值，60岁以上的老年人数量将达到4.37亿，这一数字比美国和加拿大的总人口还要多。在这一大背景下，我国老龄人口的居住问题愈益突显。我国面临着严峻的老龄化国情，呈现社会养老设施供不应求；老龄化、高龄化、空巢化三化并举；“未富先老”等问题，妥善考虑老年人的养老安置问题已成为当前社会面临的重要课题。

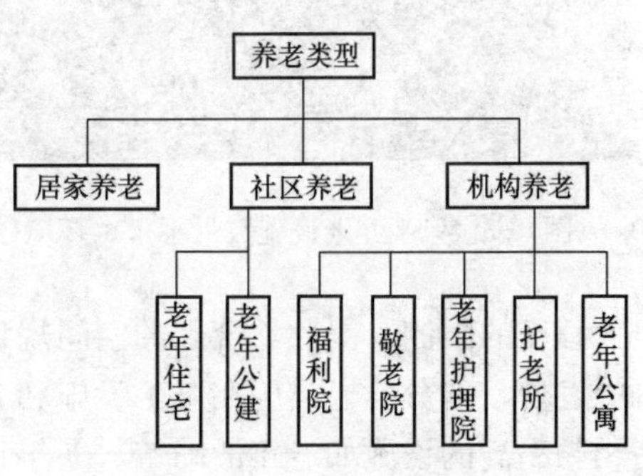

图C.5.1 我国养老类型分类图示

根据我国实际国情，中央政府出台了“以居家养老为主、社区服务为依托、机构养老为补充”的养老居住政策，并提出了“9073”的养老引导方针，即90%的老年人在社会化服务协助下通过家庭照顾养老，7%的老年人通过购买社区照顾服务养老，3%的老年人入住养老服务机构集中养老。其中，社区养老类型中涵盖老年住宅、老年公建（包括老年人大学、老年活动中心、老干部俱乐部、老人公园、老年日托站、老年康复中心、老年医院等养老服务设施）；机构养老类型与形式较多，包括养老院、福利院的老人院、敬老院、老年护理院、托老所和老年公寓等（图C.5.1）。

C.5.2 我国养老设施现状调研概况与问题解析

基于“养老难”的宏观规划背景之下，自确定编制《养老设施建筑设计规范》以来，由哈尔滨工业大学建筑学院组织，连续两年开展了对我国城市养老设施的实态调研。调研的地区包括北京、上海、天津、哈尔滨、长春、沈阳、杭州、石家庄等30多个大中型城市，共实地考察了90余所城市养老设施，在这些设施内居住的老人中有近1000人接受了我们的问卷调查，这一系列调查为我们的研究积累了宝贵的第一手资料。具体调研内容包括：各地养老设施的平面规划布局，建筑类型及其配套设施，建筑空间、配件、设备设施的尺度等，表现出以下问题值得我们深思与考虑。

1. 养老设施规模、数量不足

据调查，我国养老设施在规模上有所不同，其中有可容纳1000人以上的大规模养老设施，也有只能接纳20人的街道敬老院。据统计截至2009年底，我国共有各类老年福利机构3.9万个，拥有床位数275.4万张，而老年人口约有1.7万人，养老床位总数仅占全国老年人口的1.59%。不仅低于发达国家5%～7%的比例，也低于一些发展中国家2%～3%的水平。以天津市为例，全市共有306家养老服务机构26423张床位，看似庞大的数字其实早已无法满足这座千万人口城市中十几万失去自理能力的瘫痪老人的养老需求。

图C.5.2-1 养老设施数量不足，环境较差

在居住设施配置与床位数量方面，单人间极少，双人间、三人间较多，老年人居住环境较差。如图C.5.2-1所示，图中为调研过程中拍摄的老年人的居住环境，占有较大比例的四人间（或多人间）居室的环境较为简陋，室内设施也过于简单，只有床和衣柜。但仍存在一床难求的社会养老现象，现有养老设施的规模和数量不能满足老年人的养老生活需求。

2. 空间规划布局欠合理

老年人体力衰退，空间活动范围受到很大程度的限制。因此，合理的空间规划布局对于养老设施显得格外重要。然而我们在调研中发现，部分养老设施在服务设施和老年公建的布置上却存在着问题。例如日常生活中使用频率高的设施如老年活动室、老年日托所等，不能满足服务半径在200～300m之内，以步行3～5min为宜的空间规划布局要求。此外，部分条件较差的养老设施缺乏老年医院、老年活动中心等服务设施，即便有该类服务设施，也难以满足400～500m的服务半径要求。

养老设施空间规划布局不合理除体现在服务半径这一方面外，还体现于分类分级布置方面。由于养老设施的规模等级各不相同，服务对象和重点服务内容不同，老年人的文化修养、职业、经历、健康状况也不同，决定了服务设施的不同配置层次。目前许多养老设施存在分类分级不明确，不同类型和规模的养老设施服务内容配置不明确的问题等，对于此类问题，在现有规范中划分不是很明确，仍需进一步明朗。因此，在本次编制的《养老设施建筑设计规范》中着重划分养老设施等级，并明确相应等级规模的配套服务设施内容，而避免出现目前多数存在的多配或少配养老服务设施的现象。

3. 无障碍设计考虑不周

调研中我们发现部分养老设施的无障碍设计不符合老年人的生理与生活需求。例如在设置扶手方面，调查统计只有约占47%的养老设施在局部安装了扶手，其余的都没有考虑老人这一基本的需要。养老设施无论是在走廊、楼梯，还是在老人的居室内，如果不设置适合老年人生理活动的扶手装置，老年人很容易出现跌倒、昏迷无抓手的现象，后果不堪设想。此外，如果扶手的设置因高度不适，形状不对等因素，也会给老年人的日常使用带来不便。如图C.5.2-2所示，养老设施进门处单侧设置扶手，且扶手长度没有延伸到户外起坡的底端，为老年人的活动带来了诸多的不便，同时也限制了一些老年人的日常户外活动。在问卷调查中，老年人也对此类问题进行了反映。

4. 功能综合性问题

调查中发现，很多的养老设施条件较差，洗浴、盥洗多为集中设置盥洗间，考虑不周全，整个楼层仅以几个面积小且设备简单的盥洗室加以解决，这给老人带来极大不便。此外，对于具有独立设置卫生间条件的养老设施，其卫生间的地面防滑措施和一些扶手等辅助设施在设计细节上也存在考虑不周全的地方，比如地面采用不防滑的地板砖材料，在浴盆和坐便旁边不设置安全扶手等（图 C.5.2-3）。诸多设计上的欠周全之处使得老年人的一些基本生活行为得不到良好的安全保障。

图 C.5.2-2　无障碍设施不能满足老年人日常需求

图 C.5.2-3　卫生间防滑措施不当

大多数的养老设施内并没有设置紧急呼救系统。我们在实地走访调研过程中发现只有26%的养老设施内采取了一定的报警措施。老人在发生危险时只能高声喊叫或者借助他人的帮助来求救。有些养老设施内虽然安装了呼救设备，但是比较简陋，按钮的位置只设在居室的床头部位，或者只设在卫生间，不能够兼顾，而且按钮还经常设在老人不方便操作的位置。

除以上的重点问题分析之外，还存在使用功能上的诸多问题，包括多人间居室内部老年人的生活私密性无法保障，尤其体现于失能老人中；调查中的多数养老设施公共活动空间活动内容单一，空间封闭、空间之间缺乏联系；设备的配置没有考虑老人的特殊需要，电梯设置偏少，尺寸不够合理，不能满足残疾老人的轮椅使用需求等。在交通空间内的一些楼梯踏步过高，铺设地面材料不光滑，走廊过窄，无必要的安全扶手等。

C.5.3　我国养老设施建筑与规划设计对策

针对当前养老设施中存在的诸多问题，为了切实提高老年人生活质量，结合《社会养老服务体系建设“十二五”规划》（征求意见稿），在对调研结果汇总分析和国内外优秀养老设施经验借鉴的基础上，提出以下养老设施建筑与规划设计对策：

1. 增加养老设施规模和数量

随着社会的进步和老龄化社会的迅速到来，仅靠家庭养老已远远满足不了社会的需求。据统计，全国民政部门办的社会福利院有1000多个，乡镇集体办的农村敬老院47000多个，在其中养老的有70多万人，占全国老年人口的0.7%略强。与一般发展中国家的5%，发达国家6%～7%相比全国养老机构床位占老人人口比例仍很低。国家民政部提出的要求是，养老福利机构的床位数要达到老人比例的1%，要求大中城市的城区各建立一所综合性的、多功能的社区服务中心，各街道要有一座能容纳30名以上老人的养老院。据专家预测，在未来的几十年中，中国社会老年化的速度将不断加快，到2050年，老年人口将上升到4.1亿，占总人口25.8%，这是一个惊人的数字。所以大力兴办老人公寓、养老院，提供机构养老，是养老事业发展的大趋势。

此外，有效提高养老设施的床位数是解决养老难的有效措施之一，具体方法包括：一方面要通过民政职能部门积极与市业务部门协商，整合养老服务资源增加养老机构床位数，包括增设老年关怀医院的床位，将残疾人的托、安养床位纳入机构养老床位数等。另一方面，加强老年日托所建设，增加日托床位数量。老年人日间照料机构作为养老服务机构，日托床位建设难度相对较少，可充分利用日托养老机构，提升改造、现有养老机构的内部挖潜和功能拓展增加日托床位数。

2. 合理规划空间布局

为适应老年人的养老生活需求，合理规划养老设施的空间布局，首先应该明确基地选址，选择在工程地质条件稳定、日照充足、通风良好、自然环境较好的地段，基地内的地形高差不宜过大，地貌不宜过于复杂。除此之外，还要求规划选址远离市中心区域且在交通方便、市政设施完善、临近公共服务设施的地段，符合安全、卫生和环境保护等相关规定。其次，不同规模等级的养老设施应配置相应级别的服务设施内容，并应与相应的服务半径相符合，满足老年人的日常生活和活动需求。最后，养老设施的总平面规划设计应结合当地气候特点进行合理布局，功能分区明确、动静分离，交通组织简洁流畅、标志明显。主要出入口的设置避免设于当地主交通干道上。总平面内的道路应人车分流，车辆运行系统除满足日常使用外，还应保证特种车辆（救护车、消防车等）运行和使用要求。对于养老设施的环境和绿化规划布置，要求新建养老设施建筑绿地率不应低于40%，改扩建不应低于30%，为老年人提供良好的绿化、休闲、健身、娱乐场地等。

3. 完善无障碍设施配置

养老设施建筑内外存在高差，需要进行无障碍坡道设计或在解决雨水内流的基础上取消高差，并两侧辅以安全扶手，保障老人的行动自由及安全。如图C.5.3-1所示，杭州金色年华老年公寓的室内外无障碍设计和安全防护措施做得较好，保障了老年人的出行安全需求，值得其他养老设施借鉴。除建筑室内外无障碍设计之外，养老设施内的居室空间、公共空间内都要考虑老年人使用轮椅的可能，避免设计窄小、过长、多折的走廊。入口、走廊、电梯等交通空间尺寸应不同于一般的公用设施，需要相应放大，以便轮椅的进出和回转。

4. 恰当处理功能细部

养老设施内卫生间的设置应为每间设置独立卫生间，并以安全实用为指导原则，卫生间门的位置最好靠近床位，以满足老年人夜晚经常起床去卫生间的生理生活需求。卫生间设计必须特别注意安全措施，例如地面的防滑、扶手的正确安放、设置紧急呼救设备等等，卫生间的门最好是推拉门或者是外开门，此外要求门在紧急情况下可以从外面打开。如图 C.5.3-2 所示，卫生间坐便旁边的扶手装置为老年人既提供了不少生活方便，又保障了人身安全。对于养老设施卫生间内的浴盆应尽量不使用。一方面是因为现有的浴盆防滑处理不足，老人在洗澡时很容易滑倒，另一方面是浴缸边缘高度过高，老人进出有困难，由此，不倡导在卫生间内安放浴盆，应改用淋浴的方式，或将洗浴的功能转至公共浴室，这样能够节省投资，便于护理人员护理协助，也能满足老人基本的卫生需要。

图 C.5.3-1 金色年华室内外无障碍设计处理得当

图 C.5.3-2 卫生间安全扶手装置

此外，对于部分养老设施存在安全隐患的问题，应积极采取措施进行解决。合理规划和配置安全疏散楼梯通道和避难疏散场所，老年人住宅应不高于 3 层，每层楼至少设置 2～3 部安全疏散楼梯，楼梯间开间应大于普通安全疏散楼梯间。此外，在老年人居住房间内应配置必要的安全报警装置，保障老人发生紧急情况时能够及时呼救。安全报警装置按钮的位置应分别设在居室的床头部位和卫生间便于操作的墙壁位置，保障老年人的生活安全。

5. 增设公共活动空间

在养老设施内建立多样开放的公共活动空间并经常性的组织集体活动，有利于丰富老年人的生活，同时增强凝聚力。图 C.5.3-3 为杭州金色年华老年公寓的门球场地并在周围布置休息座椅，供老年人运动和休息使用，日常除开展小型门球比赛外，还可以承担歌唱和舞蹈等多种活动内容，满足老年人的多样化活动需求。除了户外公共空间以外，还要设计一些小型室内活动空间、围合空间，以方便老人之间的个别交流或兴趣小组活动。具体方法可以将走廊放宽、在走廊端头设置谈话空间等，使老人们在行走之中能够自然地相互交流，在交流之中又能增加相互的亲和感。另外，社区内的养老设施可以将多功能厅向居民开放，平时周围的居民也可以使用，以增进老人与其

图 C.5.3-3 公共空间内的门球场地与休息设施

他年龄层次的交流，给老人的生活带来生机。

6. 建立健全服务管理制度

完善养老设施服务保障，首先需要健全养老机构内部管理制度，规范养老工作机制，建立健全的服务保障制度，提升养老设施的整体服务能力和水平。其次，需要大力发展社区养老，在社区范围内，建立老人服务网络，通过志愿者队伍和家政服务中介组织，使社区老人的服务更有针对性。并在此基础上，建设集中的较大型的社区老人服务设施，例如社区服务中心、托老所、社区卫生院、运动场、俱乐部等，也可以建设分散小型的服务设施，像棋牌室、图书室、茶社、卫生站等，使老人不出社区就能健康快乐的安度晚年。此外，要抓好老年人需要的特需服务能力的建设。特别是保健、康复等服务要充分利用当前医疗卫生改革，社区卫生服务功能逐渐完善的契机，整合社区卫生服务资源，创新体制与机制，开展健康养生、护理、康复等服务，满足高龄老人，患有疾病老人的需求。最后，要重视发展和壮大各类志愿者服务组织和宣传新型的养老文化观念，健全志愿者服务活动机制，开展志愿者与被服务老人的结对服务和有针对性的专业服务。

C.5.4　结语

我国的老龄人口呈现出日益增长的态势，养老设施数量、规模、空间设计以及服务体系的建设和发展亦显得格外重要，值得社会关注和满足老年人的日益增长需求。但就现状而言，我国在养老设施发展与规划设计方面的具体规划对策、实施措施和保障体系还不够完善，难以适应社会对养老设施质量日益提高的要求。因此，结合对我国养老设施实地调研情况，以国内外优秀养老设施为借鉴对象进行深入研究，对于在各方面存在不足的养老设施有针对性地提出科学性、技术性、可操作性的发展建议与规划设计对策，期望为保证老年人的舒适健康生活，解决我国当前的“养老难”问题做出一份贡献。

C.6　基于社会老龄化的养老居住外环境安全性探析

李　岩　黑龙江东方学院 助教 硕士
郭　旭　哈尔滨工业大学 教授 博士
赵立恒　黑龙江东方学院 讲师 硕士

按照联合国教科文组织的标准，60 岁及 60 岁以上的老年人占国家或地区总人口的 10%以上，或 65 岁以上老年人占国家或地区总人口的 7%以上，即意味着这个国家或地区的人口处于老龄化社会。根据我国 2010 年第六次全国人口普查主要数据公报发布显示，60 岁及以上人口占 13.26%，比 2000 年人口普查上升 2.93 个百分点，其中 65 岁及以上人口占 8.87%，比 2000 年人口普查上升 1.91 个百分点。数据表明随着中国经济社会快速发展，人民生活水平和医疗卫生保健事业的巨大改善，生育率持续保持较低水平，老龄化进程逐步加快。

人口老龄化问题已经成为各城市发展过程中不可回避的社会问题。这就对今后的社会养老服务，福利设施规模、结构及分布等提出了更新、更高的要求。面对我国老龄化人口越来越多这一趋势，根据老年人的心理、生理等特点，设计出如何适应老龄社会，如何满足老年人的生活需求，建立能够适应老龄化社会的安全性居住环境已成为当前设计界所面临的迫切任务与责任。

C.6.1　养老模式与安全需求

1. 养老居住的基本模式

根据我国的国情及特点，可将老年人居住环境类型分为三类：家庭式养老模式、机构式养老模式和社区式养老模式。

首先，家庭式养老是我国最传统、最主要的养老模式。老年人多以独居或与子女同住的方式居住。其次，机构式养老也是常见的养老模式，养老院或托老所提供老年人集体居住和生活，但是调查显示许多老年人不希望住进养老院，他们十分渴望与子女、亲友能有更多相聚的时间，并且能与社会有更多的交流，所以发展出第三种社区式养老模式。这种模式，老年人仍然居住在家中，依靠社区提供各种养老服务，如饮食、交通、医疗保健、家政服务等。社区式养老模式不仅让老年人能继续生活在自己所熟悉的环境中，而且解决了有些老年人生活不能自理的烦恼。

不管选择哪种养老居住模式，居住外环境都是至关重要的。因此，研究适应老年人生活模式的居住外环境对解决和提高几亿老年人的生活质量起到关键作用。

2. 老年人居住的安全需求

要研究适合老年人的养老居住外环境，就必须深入地研究老年人这个特殊的主体在生理、心理、行为上面的特点以及安全需求，具体表现在：

1）健康安全需求。老年人随着年龄增大，其身体各部分机能逐渐衰退，集中体现在感觉器官衰老，视觉衰退，听觉能力下降，嗅觉、触觉和平衡感方面表现迟钝。另外，其反应能力逐渐减退，对外界的应激反应速度迟缓，动作缓慢，身体平衡能力相对下降。那么应在居住环境中设计适合老年人的户外活动场地，为老年人提供良好的户外休闲环境，进行健身锻炼等活动。

2）交往安全的需求。老年人思维的适应性和逻辑性随年龄的增加而减少，辨别事物的能力也相应地减弱。另外，老年人退休后生活节奏突然减慢，会产生心理的不平衡现象，易出现失落感与孤独感，而且有些老年人体弱多病，会产生对疾病与死亡的恐惧心理，随之导致产生消沉感、焦虑恐惧感等负面情绪。那么，就要设计适应老年人情绪波动的空间环境，使其焦虑不安时有清静的环境，使其孤独寂寞时有热闹享受天伦之乐的环境。

3）交通安全的需求。老年人的外出活动一般体现为就近性和习惯性，户外休闲活动一般在离家较近的小区、公园或绿地进行。大多选择常去的、熟悉的地方，具有固定性。为了防止老年人在途中摔倒或犯病，在设计上应考虑到道路设施安全要求，因此减低安全隐患。

C.6.2　养老居住外环境的安全性研究的必要性及现状问题

基于我国人口老龄化的现状，创造出适合老年人需求的养老居住外环境就显得尤为重要。老年人作为一个特殊的社会群体，不仅是社会的宝贵财富，而且又具有其特殊的心理、生理等特征。那么，在养老居住外环境的设计中安全性则是重中之重，养老居住外环境的安全性设计不仅能为老年人的生活和休闲提供便利，也能方便所有人的生活，并且提升老年人的生活质量及整个城市的生活品质。目前，我国的居住外环境建设中，在安全性设计方面考虑中仍然存在着一些问题尚不能适应老年人的自身特点和生活需求。具体如下：

图 C.6.2-1 规划不合理，人车不分流

1. 规划设计不合理

许多居住外环境的整体规划不完善。调查显示老年人对安静和热闹的喜爱是有不同偏好的，因此休憩活动的内容也各有所好。然而许多小区或公园的规划不能做到动静分区，并且没有规划出不同的活动空间。在道路的规划中也不能做到人车分流。如图 C.6.2-1 所示，图中为调研过程中拍摄的哈尔滨南岗区大众新城小区，其道路规划不完善，没有考虑到人车分流设计，安全系数低。

2. 缺少无障碍设计

许多居住外环境中的设计缺少对老年人行为活动等特点的考虑，楼梯设计很陡，踏步偏高，缺少坡道设计。如图 C.6.2-2 所示，哈尔滨南岗区大众新城小区内的活动区缺乏无障碍坡道设置，给老年人的生活带来不便。然而有些外环境虽设计出坡道，可是坡度太大（图 C.6.2-3），或是缺少辅助把手，导致轮椅无法上下。另外，因为长期对养老设施缺乏维护，导致区内楼梯、坡道及扶手等部分损坏，给老年人的使用带来了极大的安全隐患。

图 C.6.2-2 活动区无坡道设计，使用不便

图 C.6.2-3 坡度过大，不能满足老年人日常需求

3. 单纯追求美观

许多居住外环境中的座椅设计为了追求美观而对老年人的生理特点考虑不足，如图 C.6.2-4所示，调研中哈尔滨南岗区盛世桃园小区内的休憩座椅绝大多数是没有靠背的，老年人由于身体和骨骼等特点的变化，长时间使用会对老年人的身体造成伤害。

4. 引发环境污染

许多居住外环境的绿化设计也存在问题，往往只考虑到整体的美观性，而忽视了其浓重的气味及带刺的枝叶会伤害到老年人的呼吸系统及身体（图 C.6.2-5）。

图 C.6.2-4　休息区座椅无靠背，给老人带来伤害

图 C.6.2-5　居住区种植带刺植物

以上问题说明，设计时要在满足老年人生活基本要求的基础上，突出考虑安全性的原则，这是设计人员十分紧迫的研究课题。

C.6.3　养老居住外环境安全性设计对策

基于老年人的特点与需求，“以老人为本”，营造高质量的老年居住外环境的设计要考虑到一些安全性特殊的要素。例如色彩、光线、材质及声音等等。使老年人不仅要便于使用，更要乐于使用和安全使用。

1. 合理安全的规划分区

在养老居住外环境设计中要做到合理的规划分区，动静分开，并且要规划出不同的活动空间，以此来适应不同的个体需求。其中包括集体活动大空间、小群体活动空间与私密性休息空间等等。其中集体活动大空间一般属于中心地带，是居住外环境中最大的老年人活动场所，是开放的、热闹的、供多人停留的地方。老年人可以在此进行健身操、球类、太极拳等活动。根据老年人的不同喜好，设计中还要规划出若干个小群体活动空间，如图 C.6.3-1 所示，图中为调研所拍摄的哈尔滨南岗区辰能一溪树庭院小区内规划的小群体活动空间，此空间的设置可供老年人进行唱戏、听曲、下棋、聊天等活动。另外外环境中还需提供老人具有私密性的休息空间（图 C.6.3-2），使其在此呼吸新鲜空气，观赏花草，享受阳光，这对于老年人的身心健康是十分必要的。因此，此空间应设置在宁静的地方，要设置屏风遮掩，避免外界的干扰。老年人可在此聊天、喝茶、看书、看报。在养老居住外环境设计中还应规划好步行空间，便于将以上各个空间合理的串联起来，充分做到“以老人为本”的安全性设计。

图 C.6.3-1　小群体活动空间

图 C.6.3-2　私密性休息空间

2. 舒适安全的休闲娱乐空间环境

由于老年人拥有大量的闲暇时间，因此在住区内进行必要的休闲娱乐活动、与更多的同龄人交流成了他们日常生活中重要的组成部分。户外锻炼目前已经成为老年人日常生活中普遍选择的一种健身方式。由于老年人生理、心理方面等原因，设计中一定要考虑到他们健身锻炼空间的安全性。因此在养老居住外环境中，安全性设计首先体现在提高空间的可识别性上，老年人的休闲娱乐空间应该有明显的标志和提示设施。设计上要充分运用视觉、听觉、触觉的手段给予鲜明的提示。使老年人知道自已身在何处，也有利于熟悉和记忆场地，消除对陌生场地或区域在心理上的不安全感。此外，老年人娱乐活动场地应该从材料、尺度、灯光等方面加强对老年人的照顾。地面要使用防滑材料，要符合老年人生理尺度，并且保证足够的光照强度，使路面、物体清晰可见。色彩方面宜明快，以增强人们的参与意识。此外在休闲娱乐空间中要适当地设置休息座椅，为易感疲劳的老年人提供方便。(如图 C. 6. 3-3）座椅的布置应分两类，一类是便于交往，设计成面对面或呈直角排列，便于老人的社交；另一类是单独设置，便于老人安静地休息、晒太阳。在两类安排中都要考虑在座椅旁留出轮椅进出的空间以方便坐轮椅的老人加入。为了安全考虑，座椅要加设靠背和扶手，这样可减轻老人腿部与臀部的负担，靠背与坐平线所成的仰角以 105°～110°最为合适，坐高要短于小腿，以 33～38cm 为宜。靠背宜采用弧线形，面积较大，使背部恰好落在板上，这样老人的上体才能得到较好的休息。座椅面应选用冬暖夏凉的材料，以便于老年人在不同的环境、气候、时间条件下使用。另外桌子的设计上，由于老人的肌肉力差，因此桌子应坚固，桌下应留有足够的空间并便于抓扶，桌边要留出轮椅操作空间，以便有需要的老年人安全使用。除此之外，避免不利天气的影响此空间还应增加挡雨设施，使老年人在雨天也能进行户外休憩活动。另外活动区域应在居民视线可触及的范围内，可看到活动内容，增加参与和安全程度。

图 C. 6. 3-3　休闲娱乐空间设置有靠背座椅

3. 无障碍的道路交通空间环境

道路交通空间是其他空间联系的桥梁，更是安全隐患的最大区域。老年人行动不便，对于道路交通的要求首先是安全性，便利性。在养老居住外环境中交通空间应做到人车分离(图 C. 6. 3-4），步行道避免穿越停车场、机动车道，在规划中要形成体系。另外，老年人在生理上的辨识能力下降，因此交通路线的组织上不应过于复杂，设计要以简洁的形式为宜。一般采用线性或环形布局，要具有良好的可识别性。在材质的运用上，平坦、防滑、利于通行是道路安全性的首要前提。不宜采用卵石或凹凸不平的地面材料，也不宜过于光滑，以

图 C. 6. 3-4　居住区内人车分道设计

方便轮椅和拐杖的使用，可以表面粗糙并有弹性的材质为佳。在色彩运用上要有色彩对比识别性，以弥补老人视力的衰退，增加安全性。

对老年人而言，步行道要实行无障碍设计 。其中坡道的设置既要考虑老年人独自坐轮椅时靠自身能力通过，还要考虑老年人在有人帮助下通过，因此坡道的坡度不应大于1/12，宽度不宜小于1.5m，坡道长度大于10米时，要考虑设置休息平台，方便轮椅的使用。在台阶或踏步的设计上，每层的高度应以12cm为宜，每层宽在45 cm以上，这样老年人上下时才不至于吃力。楼梯处还要为老人设扶手，高80cm为宜，沿坡向设置，供上坡时攀扶前进使用（图C.6.3-5）。此外，台阶、坡道、转弯等地方要用明确的标志、颜色或纹理等变化做出警示。路面材料应采用防滑、防眩光材料，并且要设置老年人夜间步行照明。

4. 健康安全的绿化空间环境

养老居住外环境的绿化设计要以贴近自然为主，植物是自然中主要的可观之景，因此绿化是非常重要的设计内容。调查发现，老年人愿意选择树木较多且有水景的休憩场所，他们认为空气好，更有益于身心健康。因此设计中要将安全性原则考虑其中。可根据老年人的生理特点，有针对性地运用不同保健功效的生态植物群落，不但可以缓解生理及心理的压力，还能提高对疾病的免疫力。如种植雏菊、万年青等植物，可有效地除去三氟乙烯的污染。此外，在绿地位于路边或道路的交汇处，要方便老人的使用；绿地应平坦，避免造成老人行走的障碍（图C.6.4-6）花坛或种植地应高出地面至少75cm，以防老人被绊倒。路两侧的绿化树种宜选小叶常绿树，以避免带刺的植物划伤老人或秋季宽大的落叶滑倒老人。此外，设计应促使老年人远离不安全因素，因此避免安全事故的发生在靠近动区的步行道，还可以考虑用树木设置过渡带，以隔离声音和视线。

图C.6.3-5　无障碍坡道及扶手设计

图C.6.3-6　无障碍绿地设计

C.6.4　结语

老龄化问题已经引起了全社会的注意，养老居住外环境也将是全世界要探讨的问题，安全需求是人的一项基本需求，这种需求会随着年龄的增长而增强，所以我们应该将安全性原则运用其中，并且探索与之相适应的养老居住外环境的规划与设计，从而真正的关爱老年人，尊敬老年人，使老年人拥有一个幸福安详的晚年，这也是我们全社会共同的责任。

C.7 基于快速老龄化的城市养老设施的整合与优化

曹新红 山东城市建设职业学院 助教 硕士
郭 旭 哈尔滨工业大学 教授 博士
张荣辰 山东城市建设职业学院 助教 硕士

C.7.1 “未富先老”的快速老龄化时代

世界卫生组织（WHO）把60周岁及其以上人口的老龄化率在10%～20%之间或65周岁及其以上人口的老龄化率在7%～14%之间的称为老龄化。我国老龄化发展形势严峻，早在1999年就进入老龄化社会，存在老年人口的绝对数量大，地区发展不平衡，城乡倒置显著，未富先老等特点。据推算，到2050年老年人口规模达峰值4.37亿，老龄化比例达到31%，意味着我国也将是老龄化发展速度最快的国家之一。

城市是人类聚居的主要场所，随着我国城市化水平的不断提升将有越来越多的老年人居住在城市环境中。因此，如何妥善安排好数以亿计的老年人生活应该是当今我们城市建设急迫需要重视并加以切实解决的问题。

民政部发布的《社会养老服务体系建设“十二五”规划》（征求意见稿）中确定的建设目标是：“到2015年，基本形成制度完善、组织健全、规模适度、运营良好、服务优良、监管到位、可持续发展的社会养老服务体系。”国家提出的“老有所养，老有所医，老有所为，老有所学，老有所乐”的“健康老龄化”方针使现有城市养老设施的整合与优化成为当前紧迫的任务。

C.7.2 城市养老模式与养老设施类型

1. 城市养老模式

目前我国城市养老模式集中在家庭养老、社区养老、社会养老三种基本模式。以房养老是从解决资金问题的角度提出的一种新的养老模式。养老模式的多样化满足了不同需求的老年人，也符合我国的国情（表C.7.2）。

城市养老模式及特点　　表C.7.2

养老模式	特点分析
家庭养老	我国传统的主要养老模式，由家庭成员照顾老人，但随着家庭规模核心化、“四二一”及“空巢”家庭增多、家庭养老受到冲击，其功能也逐步淡化、弱化。
社会养老	由政府或企业出资兴建的针对不同老年群体的养老设施，设施较完善、服务周到，随着思想观念的转变社会化养老逐渐增多，但目前分布不均、良莠不齐的现状急需改善。
社区养老	家庭养老与社会养老相结合的养老模式，运用社区资源开展老人照顾，主要是行动照顾、物质支援、心理支持、整体关怀等，老年人较中意的模式。
以房养老	社会机构承揽的反向抵押贷款养老，解决老年养老资金的难题。专门针对有产权房的老年人。老人可以将自己的房屋产权抵押给专门运营这项业务的机构，按月从该机构领取现金养老。老人身故后由该机构收回房屋进行销售、出租或拍卖。

2. 养老设施类型

城市养老设施是为城市老年人提供居养、生活照料、医疗保健、康复护理、精神慰藉等方面综合服务的机构。由于不同层次、不同身体状况的老年人对养老设施有不同的服务需求，笔者根据养老群体类型及为其服务的养老设施内床位数量、设施条件和服务功能，将我国社会和机构养老设施划分为专项养老设施和综合养老设施两类。

专项养老设施是针对不同身心特点老人提供专项服务的养老机构，包括老年养护院、老年公寓、日间照料中心等。养护院主要针对失能老人提供全天服务；老年公寓（图C.7.2-1）主要针对自理老人和半失能老人提供全天服务；老年日间照料中心主要针对半失能老人提供日间服务。综合养老设施是指同时包含两种或两种以上专项养老设施的养老机构，如综合性的养老院（图C.7.2-2）、社会福利院的老人部、护老院、敬老院、老人院等。一般专项养老设施针对特定群体，而综合养老设施的服务功能更强大，范围更广，在具体的选择上要根据老年人的年龄结构、身体素质、经济条件、人员数量等因素综合考量。

图C.7.2-1 济南市风合家人老年公寓阅览室

图C.7.2-2 山东省济南市社会福利院

C.7.3 目前城市养老设施现状与问题

1. 养老模式多样化，家庭养老受到挑战

尽管民政部在《社会养老服务体系建设“十二五”规划》（征求意见稿）中指出家庭养老在今后很长一段时期内仍占据很重要的位置。但是随着快速老龄化的到来以及“空巢家庭”及“4+2+1”家庭结构的增多，传统的家庭养老模式受到了挑战，老年人的传统养老思想也开始转变，根据各自的需求寻求多种方式的养老模式。

2. 养老设施总量不足，区域布局不均衡

民政部数据显示目前我国老年人口在以每年3%的速度增长，2010年我国养老床位总数仅占全国老年人口的1.59%，不仅低于发达国家5%～7%的比例，也低于一些发展中国家2%～3%的水平，我国养老设施的总量远远不能满足快速老龄化的需求。与此同时还存在着区域布局不均衡的状况，我国现行的城市规划对城市养老设施布局没有专门规划，存在很大的随意性，缺乏考虑因老龄化速度不同区域特点不同的因素，造成目前资源紧张与浪费并存的现状，这与城市建设中在城市总体规划层面未设置“老龄设施专项规划”有一定的关系。

3. 养老设施质量参差不齐，功能不健全

不可否认，城市中存在着一批设施完善、高质量的城市养老设施，但它们一般针对特定的老年人群，收费标准高，把相当一部分收入在中下层的老年人拒之门外。而现有多数城市养老设施存在着因功能不健全而引起的利用率低，在一定程度上造成建设成本和土地的浪费，快速老龄化以及土地资源的紧缺已经不允许此种现象存在，现有城市养老设施急需改善。

4. 养老设施指标不明确，缺乏相应的依据

新颁布的《中华人民共和国城乡规划法》作为我国规划领域的基本法在法的精神层面上存在不足，对“人”的真正需要尤其是老年人的需要考虑不周，正因如此《城市居住区规划设计规范》等技术层面的设计规范中也仅零散出现一些为老服务设施设置标准的要求，缺乏预见性。随着我国的人口老龄化进程不断加速，无论是社区内还是各类养老机构内的老年人数量正日益攀升，高质量养老设施的建设规划显得尤为重要。

C.7.4 城市养老设施的整合与优化策略

1. 适应老龄化趋势，探索新型的城市养老模式

快速老龄化的紧迫形势使我们不得不探索适应时代特征的新型养老模式，并制定切实可行的方法以便实施。仲勋教授在《全国家庭养老与社会化养老服务研讨会综述》中提出“新的养老模式的总称应该是家庭养老与社会养老相结合，居家养老与社区服务相结合的形式”。借鉴日本、英美的老龄化解决方案，居家养老作为一种新型的城市养老模式，即老年人居住在家中，社会为老年人提供上门养老服务的一种养老模式，这是最符合老人意愿的养老方式；社区养老，此种模式介于家庭养老和社会机构养老之间，通过社区照顾既解决了老年人不愿意离家的情结，又解决了子女无暇照顾老人的困境；“新型混合社区”是在兼顾家庭养老与社会养老相结合的基础上为老年设施与居住区规划混合设计的居住社区，规划过程中以老年设施为核心来指导居住区规划的规模、环境层次、空间组织等要素，着重强调居住者的年龄结构的多层次性。“以房养老”的模式专门针对有产权房的老年人，即老人通过将自己的房屋产权抵押给专门运营这项业务的机构而领取现金投入养老的模式，既解决老年人的养老资金问题，减轻子女的负担，在思想观念的转变下此种方式势在必行。

2. 编制城市老龄设施专项规划，合理布局养老设施

编制“城市老龄设施专项规划”，其主要内容应包括：确定城市老龄设施标准，预测城市老龄设施总体规模与容量；划分城市老龄设施辐射区域，进行城市老龄设施分区规划；合理布局城市老龄设施，确定老龄设施等级以及用地范围；制定老龄设施卫生防护、安全利用、紧急救助等措施。在其下城市控制性详细规划阶段，应明确各类城市老龄设施的城市级、居住区级、小区级三级结构与布局、用地规模、服务半径、配套设施建设方式的规定，应加强对城市老龄设施地块内土地使用兼容性、环境容量、建筑建造、配套设施以及行为活动的控制，逐渐将城市老龄设施纳入到“城市橙线”管制范围内。另外，应根据老年人的感知，确定城市养老设施的建筑体量、建筑形式、建筑色彩等指导性指标，提

出建筑围合空间、建筑小品等的设计意向。在城市修建性详细规划阶段，应加强《老年人建筑设计规范》等有关设计规范的思考与探索：养老设施建筑布置应根据地域气候特征选择最佳朝向或合理朝向，单体设计应保障其主要房间如卧室、起居室、活动室在冬至日满窗日照不小于2小时的要求；为保障老龄设施场地内有足够的活动空间，须对建筑密度提出限制要求；老龄设施场地内人行道车行道分设，场地应按残疾人无障碍设计要求、防滑要求进行设计，并设置休憩座椅；明确绿地面积人均指标与绿地率指标，进行考虑植物的配置，确保环境空气质量和良好的视觉效果；设置相应的配套设施（如公共卫生间）等等。通过城市规划各个层面的支持合理布局城市养老设施，实现城市养老设施的最大利用。

3. 以老人为本，建设高质量的社会养老设施

高质量的城市养老设施从总平面的布局、建筑单体的设计到外环境及细部的处理等各个方面都要精心设计、实施到位、管理有效。总平面布局时要考虑多种因素，有所侧重，合理地进行总平面的布局规划；建筑单体设计要贯彻以老人为本、尊老爱老的宗旨，充分考虑老年人的健康状况和精神需求，针对不同群体老年人的养老需求为老年人提供住养、清洁、安全、休憩娱乐、养生护理等养老服务设施；外部环境是老年人交往的主要空间，重点在强调老年人对空间的使用，对此很多学者也做了这方面的研究。笔者在这里向强调的是为有能力的老年人留出空闲之地强调老年人的参与性，借机亲近自然，锻炼身体，强化“老来依然有用”的思想；老年人是特殊的一类人群，需要对设计细节细致到位。如座椅的设置，室内外活动应设休憩座椅，座椅应布置在冬季向阳背风处，夏季应有遮阴，同时注意老年人对独处或交往的需求，因此设计时既要有独立的座椅也要存在同时容纳几人的座椅排列方式。如无障碍设施设置的位置要方便老人的使用等等，针对特殊的人群，设计师要甩掉“以己度人”的思维模式，在充分调研的基础上入手。

4. 制定建设标准，建立相应的管理机制

根据城市养老设施的规模及等级要求制定相应的建设标准及切实可行的保障措施进行规范化建设，各级政府要发挥主导作用，同时鼓励社会力量参与建设和运营。从养老设施的规划设计、建设到投入应用的全程建立等级管理机制，成立由相关部门参与的工作机制，加强领导与沟通，在每个阶段的管理机制中都制订详尽的实施细则，定期开展跟踪调查，请老年人及社会各界作评价，不断完善管理制度。加强从业人员的养老护理职业教育，或者有计划地在高等院校和中等职业学校增设养老服务相关专业和课程，加快培养老年医学、护理、营养和心理等方面的专业人才，制定从业人员职业技术等级评定制度，实行各类养老机构从业人员的职业资格认证和持证上岗制度，确保城市养老服务设施机构良性运行和可持续发展。

C.7.5　结语

快速老龄化的到来加剧了城市养老设施的负担，急需改善现有的城市养老设施及增加新的有效养老设施来满足日益增长的老年人口的需要。按照国家提出的“老有所养，老有所医，老有所为，老有所学，老有所乐”的“健康老龄化”方针，以老年人为本，整合、优化、建设高质量的城市养老设施，以利切实提高老年人的生活质量，促进社会和谐、可

持续发展。

C.8　适应我国养老模式的养老设施分级规划研究

陆　明　哈尔滨工业大学建筑学院　副教授 博士
邢　军　哈尔滨工业大学建筑学院　副教授
郭　旭　哈尔滨工业大学建筑学院　教授　博士

C.8.1　人口老龄化发展趋势对养老设施快速发展的迫切需求

据第六次全国人口普查统计显示，我国60岁及以上人口为1.78亿人，占总人口的13.26%，根据国际通用标准，中国已经进入老龄化阶段。预计到2050年我国总人口将达到13.7亿人，而老龄化将达到峰值，60岁以上的老年人数量将达到4.37亿，占总人口的比例高达31.3%，老龄化增速明显大于人口平均增长速度。我国老龄化的发展趋势主要表现为以下几方面特征。

1. 高龄化趋势显著

老年呈现出高龄化倾向，80岁以上高龄老人年均增速达5%，快于老龄化的增长速度，也高于世界平均3%的水平（图C.8.1）。人口高龄化意味着需要照料扶持的人口增多，进入到养老设施长期住养和护理的老人也必然会大幅增长，带来了对养老设施的巨大需求。

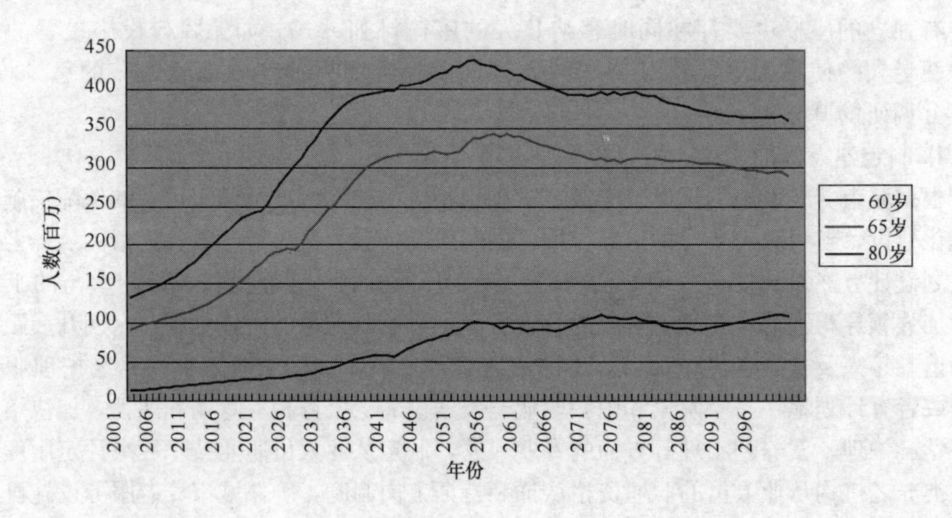

图C.8.1　中国老年人口数的变化趋势（2000～2100年）

2. “空巢”老人剧增

社会发展进步，生活方式变化，“三代同堂”式的传统家庭越来越少，“四二一”的人口结构愈加明显，据统计，我国城乡老年空巢家庭超过50%，部分大中城市老年空巢家庭达到70%。不断增长的空巢老人急需照料护理的事实在给社会和家庭带来压力的同时，也为加快发展养老设施提出了现实要求。

3. 老年人失能率高

全国几次较大规模调查数据表明，我国 60 岁以上老年人失能率城市为 14.6%，农村超过 20%。全国约有 2880 多万老人需要专业化的长期照料。另有资料表明，我国 60 岁以上人口，有平均 1/4 左右的时间处于肌体功能受损状态，需要不同程度的照料、护理，按此推算，我国将有 3250 多万老年人需要不同形式的照料和护理服务，迫切需要社会养老机构有一个快速的发展。

C.8.2　我国养老设施发展现状分析

不断快速增长的老龄群体需要高速发展的养老设施，分析我国目前养老设施的发展情况，主要存在以下几方面问题：

1. 养老设施数量少

2009 年底各地建有各级各类养老服务机构近 4 万家，床位 266.2 万张，收养老人近 210 万人，仅占老年人总数的 1.5%，较之于国际社会通行的 5%～7%的比率相差甚远。据各地问卷调查，城市中约有 10%的老人有入住养老机构的愿望，且在逐步增加。而实际只有约 3%～5%的老年人入住养老机构。目前我国老年福利事业发展状况、保有存量与老龄化带来的巨大养老服务需求不相匹配。

2. 养老机构质量低

许多养老机构因陋就简建立起来，危旧房屋、破旧设备、简约服务难以满足老年人日益增长的养老服务需求。许多贫困、边远地区及靠民间力量创办起来的养老机构由于经费短缺、资源不足等方面的限制，服务内容相对单调、贫乏，与老年人日益增长的多样化服务需求存在较大的差距。

3. 养老设施发展缓慢

近几年大力发展社区为老服务设施和场所，兴办 9873 所社区服务中心，实施“星光计划”，建设了 3 万多“星光老年之家”，增加了 1.6 万张社区日间照料床位，但与巨大的老年养老设施需求相比，还属杯水车薪。

可见，从目前我国养老设施发展情况来看，比较突出的问题反映在老年人对养老服务需求大、增长快、要求高与全社会养老设施数量少、质量差、增速慢之间的矛盾日趋尖锐，必须随着经济和社会发展有个加速度的发展。然而，养老设施的发展是一项系统工程，需要通过宏观层面将养老设施进行不同层次的分级整合，保证城乡统筹发展及各相关系统综合协调发展。

C.8.3　我国养老设施分级规划探析

1. 整合适应我国国情的养老模式

面对我国快速发展的老龄化进程，国外发达国家的经验和教训表明，靠单一的机构养老难以解决根本问题。应从人性化关怀角度，合理构建最适合老年人养老需求的养老服务体系，即以居家养老为基础，以社区照顾为依托，以机构供养为补充，而不能以机构养老的发展代替居家养老和社区照顾的发展。要在充分保障绝大多数老年人居家养老需求的基础上，发展为少数失能老人提供长期照料服务的养老机构。

居家养老是我国传统的家庭养老方式，是指老年人在家里度过晚年，其生活各方面由子女或亲属负责照顾和具体安排的养老方式。这种养老方式让家庭承担了养老义务，减轻了国家社会的负担。但由于"四二一"型家庭的增多，使许多家庭无力承担这种义务，并且家庭提供的照料服务专业性不强，这在一定程度上不利于老年人身心健康。因此需要通过建立完善的养老服务设施满足居家养老的服务需求。

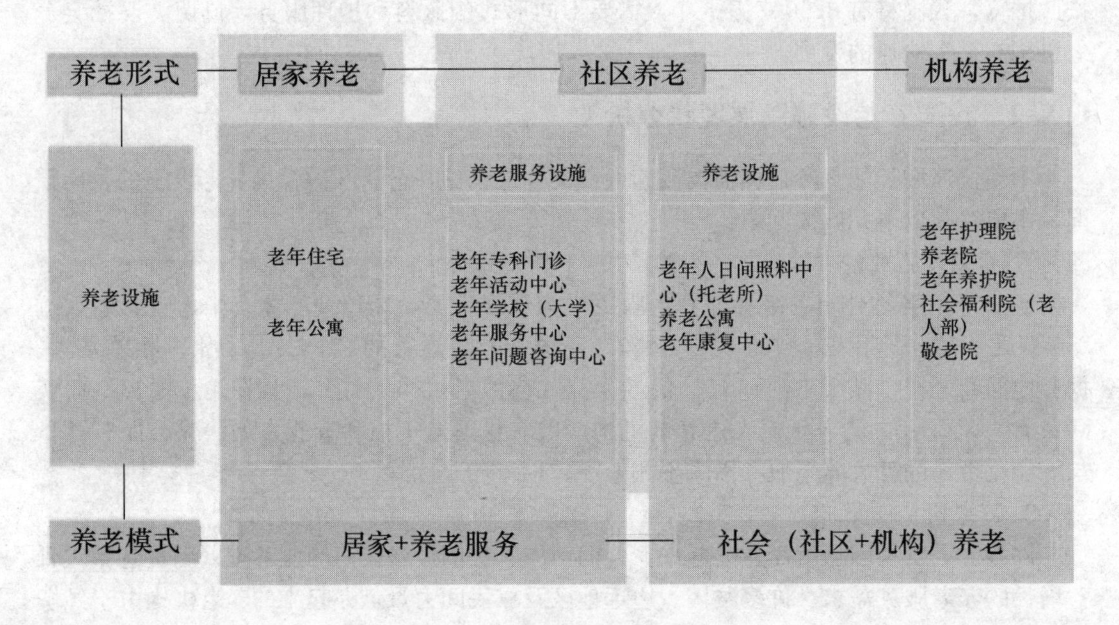

图C.8.3 养老模式及其设施整合图

社区养老是依托社区建立的养老福利机构设施，为老年人提供临时或定期的、综合性或专业性的养老服务。它是现代家庭养老功能弱化或缺乏的必要补充或替代，使一部分家庭养老功能社会化，并可使养老功能得到提升和优化。

机构养老是指老年人进住养老机构，接受养老机构提供专门照料和服务的度过晚年的方式。这种养老方式老年人可以享受到专业的照料护理和服务，减轻家庭的养老负担。

通过归纳总结不同养老形式的养老设施，并按照服务项目和性质将其进行细化，最终整合为居家＋养老服务和社会（社区＋机构）养老两种发展模式（图C.8.3）。以下对这两种模式进行进一步研究，确定其规划分级和配置要求。

2. 完善四级居家养老服务设施

针对居家＋养老服务模式，应统筹城乡社会和社区资源，按照行政区划，并考虑与现行的《城市居住区规划设计规范》GB 50180取得良好的衔接，利于不同层次的设施配套，建立市区（地区）、居住区（县镇）、小区（乡镇）和组团（村屯）四级居家养老服务设施网络。建设居家养老服务信息系统，促进居家养老服务业标准化、规范化、集约化发展。按照居家养老服务的家居住养、医疗护理、文体教育和生活照料等服务内容配建相应的养老设施，同时在参照《城镇老年人设施规划规范》GB 50437分级设置规定的基础上，增补了一些满足老年人身心健康的服务项目，提出了各类设施建议配建规模及设置要求（表C.8.3-1、表C.8.3-2）。

居家养老服务设施分级配建表　　表 C.8.3-1

分类	项目＼分级	市区（地区）	居住区（县镇）	小区（乡镇）	组团（村屯）
家居住养	老年住宅	▲	△	△	
	老年公寓	▲	△	△	
医疗护理	老年专科门诊		△	▲	
文体教育	老年活动中心	▲	▲		
	老年活动站			▲	
	老年活动室				▲
	老年学校（大学）	▲	△		
生活照料	老年服务中心		▲		
	老年服务站			▲	△
	老年问题咨询中心		▲	△	

注：1 表中▲为应配建；△为宜配建。2 养老设施配建项目可根据城镇社会发展进行适当调整。3 各级养老设施配建数量、服务半径应根据各城镇的具体情况确定。4 居住区（县镇）级以下的老年活动中心（站）和老年服务中心（站），可合并设置。5 老年问题咨询中心与老年服务中心或老年服务站可合并设置。

居家养老服务设施配建规模、要求及指标　　表 C.8.3-2

项目名称	分级	基本配建内容	配建规模及要求	配建指标	
				建筑面积（m^2/处）	用地面积（m^2/处）
老年公寓	市区（地区）	居家式生活起居、餐饮服务、文化娱乐、医疗保健服务用房等	不应小于 80 床	≥40	50～70
老年专科门诊	小区（乡镇）	医疗保健、家庭病床、医护用房等	可与社区卫生服务站结合	50～100	—
老年活动中心	市区（地区）	阅览室、多功能教室、播放室、舞厅、棋牌类活动室、休息室及室外活动场地等	应有独立的场地和建筑，并应设置适合老年活动的室外活动设施	1000～4000	2000～8000
	居住区（县镇）	活动室、教室、阅览室、保健室、室外活动场地等	应设置大于 300m^2 的室外活动场地	≥300	≥600
老年活动站	小区（乡镇）	活动室、阅览室、保健室、室外活动场地	应设置大于 150m^2 的室外活动场地	≥150	≥300
老年活动室	组团（村屯）	活动室、阅览室、室外活动场地等	可设置于住宅底层，与同级中心绿地和居民健身设施结合布置，服务半径不宜大于 300m	≥100	≥200
老年学校（大学）	市区（地区）	普通教室、多功能教室、专业教室、阅览室及室外活动场地等	应为 5 班以上；应具有独立的场地、校舍	≥1500	≥3000

续表

项目名称	分级	基本配建内容	配建规模及要求	配建指标	
				建筑面积（m^2/处）	用地面积（m^2/处）
老年服务中心	居住区（县镇）	活动室、保健室、紧急援助、法律援助、专业服务等	镇老人服务中心应附设不小于50床位的养老设施；增加的建筑面积应按每床建筑面积不小于35m^2、每床用地面积不小于50m^2另行计算	≥200	≥400
老年服务站	小区（乡镇）	活动室、保健站、家政服务用房等	服务半径应小于500m	≥150	—
老年问题咨询中心	居住区（县镇）	提供权益、婚姻、财产、再就业及其他有关老年人问题的咨询服务用房等	可与老年服务中心或老年服务站可合并设置	≥30	—

3. 建立以人为本、以优化管理为导向的社会养老设施规划分级

我国老龄化的发展特征表明，需要发展社会养老设施满足“三无”老年人、失能老年人、贫困老年人、空巢老年人、高龄老年人等特殊人群的专业照料服务需求。针对社会（社区＋机构）养老模式，体现“以老人为本”的原则，根据健康状况和身心特征，将老年人划分为自理老年人、半失能老年人和失能老年人三种养老群体，针对不同的服务群体设置社会养老设施，如老年养护院专为失能老年人提供服务、养老公寓为半失能和自理老年人提供服务、老年人日间照料中心为半失能老年人提供日间服务等，同时根据服务功能和老年群体的复合程度，分为专项养老设施和综合养老设施两大类。其中专项养老设施是指为某一特定类型的老年群体服务的养老设施，如老年护理院、养老公寓、老年人日间照料中心等，综合养老设施是指同时包含两种或两种以上专项养老设施的养老机构，如综合性的养老院、社会福利院的老人部、护老院、敬老院等。

参照国家的相关规范和标准中分级设置的规定，并参考国内外养老机构的建设情况，将养老设施按其配置的床位数量进行了分级，这样，配合上述提出的居家养老服务设施形成的网络系统，利于不同层次的设施配套。在实际运作中可以和现有的以民政系统管理为主的老年保障网络相融合，如大型、特大型养老设施与市（地区）级要求基本相同，中型养老设施则相当于规模较大辐射范围较大的区级设施，而小型养老设施则与居住区级的街道和乡镇规模相一致，这样便于民政部门的规划管理。具体建议分级标准（表C.8.3-3）。参照相关规范和建设标准，对各类养老设施提出了设置内容和要求（表C.8.3-4）。

养老设施的规模等级划分标准　　表C.8.3-3

规模	专项养老设施（床）			综合养老设施（床）
	老年养护院	养老公寓	老年人日间照料中心	
小型	—	≤50	≤30	≤80
中型	101～200	51～150	30～60	81～200
大型	201～400	151～300	—	201～400
特大型	≥400	≥300	—	≥400

社会养老设施设置内容、要求及规模　　表 C.8.3-4

项目名称	基本设置内容	设置规模要求	规模指标		备 注
			建筑面积（m^2/床）	用地面积（m^2/床）	
养老公寓	生活起居、餐饮服务、文化娱乐、医疗保健、健身及室外活动场地等	≥150 床	≥35	45～60	独立设置
		≥50 床	≥30	40～50	社区内设置
老年养护院	生活护理、餐饮服务、医疗保健、康复用房、临终关怀等	≥200 床	≥35	45～60	独立设置
老年日间照料中心	休息室、活动室、保健室、餐饮服务用房等	≥10 床，宜与老年服务站合并设置	≥20	30～45	社区内设置

C.8.4 结语

养老设施的发展是一项极其复杂的系统工程，以上从城市规划的层面提出了两种养老设施的发展模式及其分级规划。诚然，养老设施的快速发展，需要政府、社会、市场等各个层面，涉及经济、管理、法规、政策等不同领域，应将其纳入当地经济社会发展的整体规划中，优先立项、统筹安排、调配资源、整合力量，从根本上保证养老设施的快速发展。

C.9 “两岸三地”养老设施比较研究

李健红　华侨大学建筑学院 副教授 硕士生导师
王墨林　华侨大学建筑学院 硕士研究生

“两岸三地”通常指中国大陆、我国台湾省以及香港特别行政区。本文中所提及的“两岸三地”与通常所界定的范围有所不同，它是指分立于台湾海峡两岸的厦门、泉州和高雄三个城市，这三座城市都是各自所在区域的中心城市。厦门市是大陆地区 5 个计划单列市之一，是大陆首批实行对外开放的经济特区，是东南沿海的重要中心城市；泉州是福建省三大中心城市之一，是全省的经济中心，经济总量连续 13 年列全省第一；高雄市是台湾面积最大、人口为第二的城市，是我国台湾省南部的政治、经济及交通中心。

人口老龄化是指在一定的区域内，老年人口占总人口的比例超过一定标准的社会现象，它反映了这个区域中的人口结构状况。现阶段，国际上公认的人口老龄化的标准为 60 岁以上的人口超过总人口的 10%，或 65 岁以上的人口占总人口的比例超过 7%。据官方统计，截至 2008 年，厦门和泉州两地 60 岁以上的老龄人口分别为 18.2 万人和 70 万人，占总人口比例分别为 12%和 10.3%，两地均已进入老龄化社会。台湾地区于 1993 年正式进入老龄化社会，截至 2011 年，台湾 65 岁以上的老年人口达到总人口比重的 10%。

随着两岸人口老龄化进程的加快，居家养老模式的弊端逐渐显现，完全由家庭承担照顾老年人晚年生活的责任将面临严峻的挑战，社会现实必将促使人们改变既有观念，选择机构养老模式的老年人会日益增多，养老设施建筑设计的重要性由此突显出来。所谓养老设施，是指老年住宅、养老院、托老所、敬老院、老年公寓、老年护理院、临终关怀院等老年人集中生活居住的场所，是一种具有其特殊性的居住建筑，是入住老年人晚年生活的载体。截至2009年底，大陆地区建设的各级各类养老服务机构近4万家，床位266.2万张，入住老人近210万人。床位数占老年人总数的1.5%，较之国际社会通行的5%～7%的比率相差甚远。据2000年台湾人口普查资料显示，台湾合法登记的养老设施共756家，床位约3.6万张，占老年人口总数的1.9%。由此可见，两岸养老设施的现状都是“求大于供”。

厦门市和泉州市位于福建省东南部，与位于台湾省西南部的高雄市隔海相望，地理位置上的接近使得这三座城市在气候、文化、语言和风俗等方面具有一定的相似性。三座城市的纬度都在北纬22度至25度之间，又同为滨海城市，这决定了三座城市同属于亚热带海洋性季风气候，夏季无酷暑，冬季无严寒。这种宜人的气候对养老设施建筑产生的影响体现在建筑形式的开敞、通透，多设置内院、阳台、连廊、通廊与室外平台（图C.9-1、图C.9-2），使老年人能够充分接近大自然。

图C.9-1 泉州鲤城福利院通廊

图C.9-2 高雄悠然山庄内院

在文化传统方面，三地同属闽南文化圈，台湾方言也隶属于闽南语系。广义的闽南泛指福建南部地区，本文所说的闽南是指狭义上的闽南地区，仅包括漳州、泉州和厦门三个地区，其划分依据并非地域，而是语言、文化以及风俗习惯等因素。闽南地区属于丘陵地带，山脉众多，历史上长期与外界分隔，是我国传统文化和风俗习惯保存较完整的地区之一。据统计，闽南籍移民占台湾“外来人口”的74.7%。因此台湾文化，特别是南台湾地区的文化受闽南文化影响较深。相似的语言、文化和风俗也使得三地老年人对于养老设施建筑空间与设施的设置具有相似需求。例如，传统的闽南文化注重养生保健，生活节奏较慢，午休和饮茶是该地区传统的生活习惯，为了符合这种习惯，起居空间（图C.9-3、图C.9-4）和饮茶设施（图C.9-5、图C.9-6）是三地养老机构所必备的。

但意识形态的不同和空间上的分隔使得两岸的经济和文化发展具有不均衡性，这也导致了两岸养老设施建筑发展水平的差异。笔者通过对厦门、泉州和高雄地区9家具有代表性的养老设施的实地调研发现，“两岸三地”的养老设施在建筑外部与内部空间设计方面存在较大差异，主要体现在以下几个方面。

图 C.9-3 厦门爱欣老年公寓的起居空间

图 C.9-4 高雄仁爱之家的起居空间

图 C.9-5 泉州鲤城福利院的饮茶空间

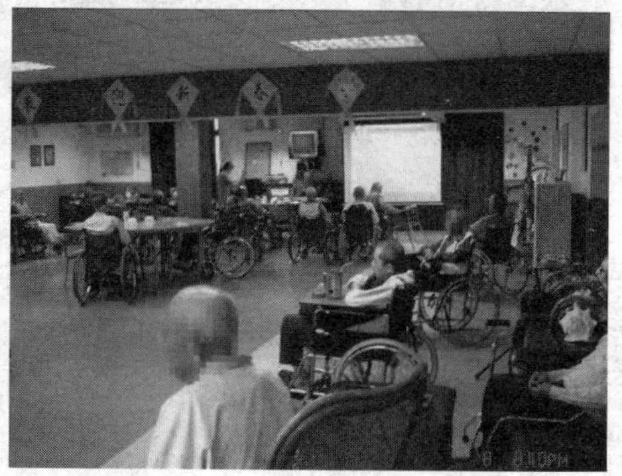

图 C.9-6 高雄仁爱之家的饮茶空间

C.9.1 外部空间

外部空间是指养老设施建筑的外环境，狭义上来说，它是指养老设施的室外场地；广义上来说，它还包括养老设施周边的建筑、道路与自然环境等因素。

从广义外环境来说，厦门和泉州地区（以下简称厦泉地区）养老设施的选址多在市区，交通便捷，便于子女探视和老年人出行。高雄地区养老设施的选址多在郊区，环境优美，空气清新。由于高雄经济发达，子女多有私家车，且城市基础设施建设较好，公路网纵横交错，养老设施建于郊区并不影响探视和出行活动。此外，由于选址于市区，厦泉地区养老设施的周边环境呈多样化趋势，包括住宅区（图 C.9.1-1）、学生公寓（图 C.9.1-2）、

图 C.9.1-1 厦门爱心护理院周边居民区

图 C.9.1-2 厦门名爱老人服务中心周边学生公寓

城市公园、工厂、市场以及寺庙等，环境嘈杂，入住的老年人对这些设施却使用较少。由于选址于郊区，高雄地区养老设施的周边大都是自然景观，人工环境较少（图 C. 9. 1-3、图 C. 9. 1-4），值得注意的是，高雄地区养老设施的选址距大型医疗机构的车程都在 30 分钟以内。

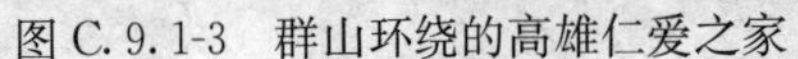

图 C. 9. 1-3　群山环绕的高雄仁爱之家

图 C. 9. 1-4　背山而建的高雄悠然山庄

从狭义外环境来说，厦泉地区养老设施室外场地的无障碍设计水平参差不齐，新建的养老设施无障碍设施相对齐备完善（图 C. 9. 1-5）；改扩建的养老设施的无障碍设施不够完善，有些条件较差的养老设施甚至没有设置无障碍设施供老年人使用（图 C. 9. 1-6）。高雄地区养老设施室外场地的无障碍设施则比较全面，各个出入口均设有坡道，使用轮椅的老年人也能到达场地的任何位置（图 C. 9. 1-7）。

图 C. 9. 1-5　厦门爱欣老年公寓入口坡道

图 C. 9. 1-6　泉州鲤城福利院建筑入口

图 C. 9. 1-7　高雄仁爱之家室外坡道

C.9.2 内部空间

养老设施的内部空间包括居住空间、公共空间、医养空间和管理空间。

1. 居住空间

居住空间是指老年人日常睡眠和起居的生活空间，它是由卧室、卫生间和阳台组成，部分标准较高的养老设施居室空间还设有起居空间和储藏空间。

厦泉地区养老设施的居室空间面积大小不一，但总体来说人均使用面积相对较小，且空间私密性较差，大部分居室内未设置隔断等空间灵活分隔设施，介护和介助老年人在进行擦洗身体和更换衣物等私密活动时无法进行有效的视线遮挡（图 C.9.2-1）。与之相比，高雄地区养老设施居室空间的人均面积较大，内部家具设施较齐全，私密性较好（图 C.9.2-2），部分套间设有小起居室（图 C.9.2-3）。

设备设施方面，厦泉地区部分养老设施的居室设有分体式空调，居室内无自动喷淋设备。高雄地区养老设施居室均设中央空调系统，室内设自动喷淋设备（图 C.9.2-4）。“两岸三地”养老设施居室卫生间的卫浴设施基本相同，所不同的是高雄地区养老设施居室卫生间内均设有安全扶手及紧急呼叫系统（图 C.9.2-5），而厦泉地区部分养老机构的居室卫生间未设置该类设施（图 C.9.2-6）。

图 C.9.2-1 厦门爱欣老年公寓卧室

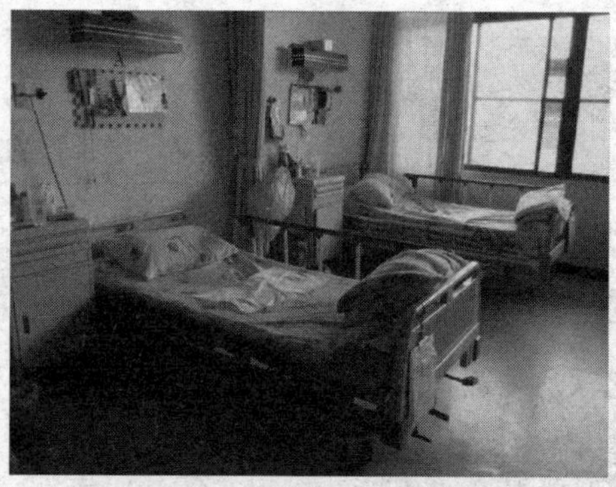

图 C.9.2-2 高雄仁爱之家卧室

图 C.9.2-3 高雄仁爱之家套间起居室

图 C.9.2-4 高雄悠然山庄卧室空调

图 C.9.2-5 高雄悠然山庄居室卫生间

图 C.9.2-6 厦门康亦健安老所卫生间

2. 公共空间

养老设施的公共空间承载着入住老年人除睡眠之外的所有活动，是入住老年人晚年生活的主要载体之一。它包括餐饮空间、教学空间、娱乐活动空间、宗教空间、健身空间和交通空间等对所有入住老年人开放的空间。

图 C.9.2-7 厦门爱欣老年公寓餐厅

1）餐饮空间

厦泉地区养老设施的餐饮空间多集中设置食堂（图 C.9.2-7），这种模式便于管理。但并未为老年人提供固定的就餐位置和特殊的食谱，极少有养老设施设置小厨房、小餐厅，不便于有特殊饮食习惯和行动不便的老年人就餐。高雄地区养老设施的餐厅均为老年人提供固定的位置和特色膳食（图 C.9.2-8），不仅满足了部分老年人特殊的饮食要求，还使得餐饮空间的归属感大大增强。此外，还设置了小厨房，专供老年人和前来探视的子女单独进行烹调活动（图 C.9.2-9）。

图 C.9.2-8 高雄悠然山庄专用就餐位置与食谱

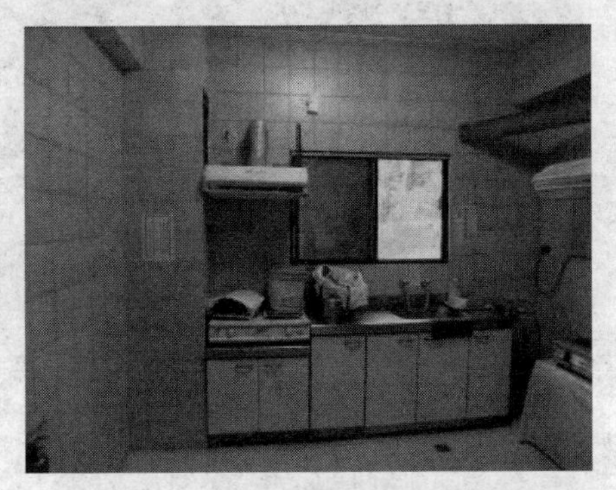

图 C.9.2-9 高雄仁爱之家小厨房

2）教学空间

厦泉地区的养老设施均未设置专用的教学空间。仅有位于厦门市集美区的爱欣老年公寓通过租赁的形式与附近的老年大学合作，为老年人提供教学空间（图 C. 9. 2-10）。高雄地区的养老设施大都为老年人设置专用的教学空间，其中主要包括电脑教室和各类兴趣教室（图 C. 9. 2-11）。有教师专门教授手工课程，锻炼老年人心脑功能。

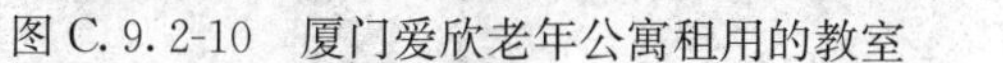

图 C. 9. 2-10　厦门爱欣老年公寓租用的教室

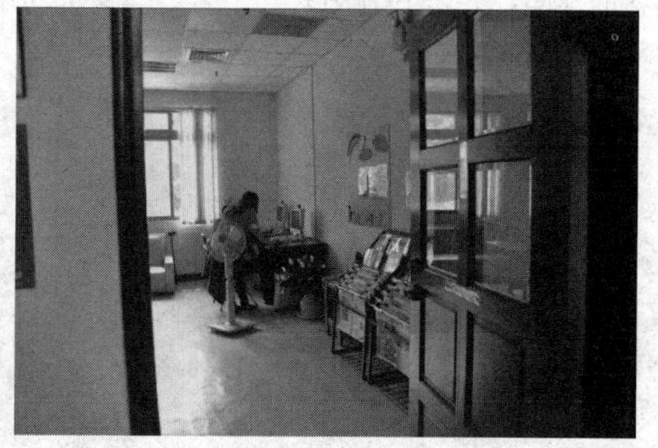

图 C. 9. 2-11　高雄悠然山庄的电脑教室

由于三地文化和风俗的相似性，老年人以信奉中国传统宗教居多。厦泉地区的老年人的信仰主要是佛教，养老设施宗教空间多合并设置在其他空间内，没有进行大型宗教活动的集中场地（图 C. 9. 2-12），老年人的宗教活动多是在自己的居室内进行，不能完全满足老年人进行宗教活动的需求。高雄地区老年人的宗教信仰相对多元化，其中信奉佛教和道教等中国传统宗教，及其派生教种的老年人最多，据高雄仁爱之家介绍，这部分信众占教众总数的 95%。养老设施为各种宗教设置了专用的活动空间（图 C. 9. 2-13），并设有举办大型宗教仪式的寺庙（教堂）和专门的室外场地，不仅充分尊重老年人的信仰自由，还能提供满足不同规模的宗教活动的空间需求。

图 C. 9. 2-12　厦门爱欣老年公寓的宗教设施

图 C. 9. 2-13　高雄仁爱之家的宗教用房

3）交通空间

厦泉地区养老设施的底层大面积公共空间为安全和使用方便大都设有通向室外的独立出口，也有一些底层没有独立出口。这给老年人日常使用带来不便，更为突发紧急状况时留下了更大的隐患。高雄地区养老设施的每个底层大面积公共空间和走廊尽端都设置了单独的对外的出口（图 C. 9. 2-14），并设置了坡道连接室内外空间（图 C. 9. 2-15），有利于老年人全天候的使用和疏散。此外，厦泉地区部分养老设施公共空间的标识性与导向性不够明确，且大部分养老设施未设导向性标志、应急电源和盲道，这给辨识能力下降的老年人造成了使用不便。相比之下，高雄地区养老设施公共空间的标识性与导向性较好，设有完备的导向标识与设施（图 C. 9. 2-16），并设有独立的应急照明和导向标志与盲道（图 C. 9. 2-17）。

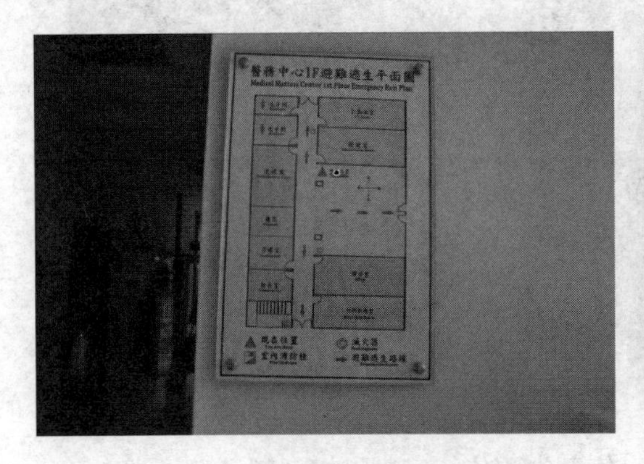

图 C. 9. 2-14　高雄仁爱之家医务中心一层疏散示意图

图 C. 9. 2-15　高雄仁爱之家建筑走廊尽端

图 C. 9. 2-16　高雄悠然山庄的导向标志

图 C. 9. 2-17　高雄悠然山庄走廊

4）监控设施设置

厦泉地区大部分养老设施的监控设备仅面向主入口和室外空间，其主要功能是监控外来人员的进入和老年人的外出情况，观察的范围并没有覆盖整个养老设施的室内公共空间。高雄地区养老设施的监控设备范围则覆盖除居室外的所有空间，工作人员在管理中心就能够全面地掌握老年人的日常活动，并对相应状况作出最及时的反应。

3. 医养与管理空间

养老设施医养空间是承担老年人日常体检以及简单病症和外伤处理任务的空间载体；养老设施管理空间是指养老设施中服务与管理人员所使用的空间。这两类空间都属于养老设施中的辅助使用空间，因此笔者将其合并论述。

1）医疗设备方面

厦泉地区的大部分养老设施设有简单的体检设备，部分养老设施设有专用的医养空间和专业设备。高雄地区的养老实施设有日常检查和专业医疗设备（图 C. 9. 2-18、图 C. 9. 2-19），且设有独立的养护中心。就医情况而言，厦泉地区部分养老设施配有专业的医护人员，但所有的养老设施均未与就近的医院签订互助医疗服务合同，大部分养老设施没有老年人就医的专用车辆。高雄地区的养老设施均未雇用专业的医护人员，但都与周边医院签订互助医疗服务合同，每天都有知名医师前来出诊，为老年人提供基本的医疗服务和健康咨询，对需要出外就医的老年人配备专业救护车辆。此外，厦泉地区的大部分养老设施都设有公共的介护浴室，为介护老年人提供洗浴服务。高雄地区的养老设施不设置公共浴室，老年人的洗浴都在自己居室的卫生间内，体现出两岸老年人不同的生活习惯。

图 C. 9. 2-18　高雄仁爱之家复健室

图 C. 9. 2-19　高雄仁爱之家物理康复设备

2）管理空间

管理空间主要是为满足养老设施的正常运营提供服务的管理人员使用的空间。不涉及老年人的使用，因此，管理空间应最大限度的满足运营管理的方便和使用效率，三地养老设施在该空间设计上也无太大差别，笔者在此不作过多阐述。

C. 9. 3　结语

综上所述，基于“两岸三地”相似的气候、语言、文化和风俗习惯，“两岸三地”老年人的生活方式大体相同，对养老设施建设的要求具有一定的一致性，导致“两岸三地”养老设施的建筑形式具有相似的特点。但由于两岸政治与经济的发展不均衡性，“两岸三地”养老设施的发展水平亦不同步。总体来说，高雄地区的养老设施无论在建筑空间的合理性、设备设施的齐备性、安全性还是管理的人性化等方面都明显优于厦泉地区，反映出养老设施建设的相对成熟和法律法规的健全。鉴于“两岸三地”在诸多方面的相同和相似性，高雄养老设施的建设模式可以作为厦泉地区，乃至整个闽南地区养老设施建设值得借鉴的模板。

C.10　西安地区机构养老现状及建筑的适应性初探

安　军　中国建筑西北设计研究院有限公司 教授级高级建筑师
王　舒　西安建筑科技大学建筑学院 硕士研究生
刘月超　中国建筑西北设计研究院有限公司 建筑师

西安市正在快速步入老龄化、高龄化、空巢化社会。急剧增长的老龄人口将对社会机构养老服务产生旺盛的需求，社会机构养老逐步上升为与家庭养老、社区居家服务养老并驾齐驱的重要养老方式。为了应对老龄化社会发展带来的严峻挑战，近几年来，西安市先后制定了《西安市老龄事业发展“十一五”（2006～2010）规划》以及《西安市人民政府关于加快发展养老事业发展的意见》来规划老龄事业发展。因此，机构养老建筑在建设的开始就应考虑适应性的问题，确定针对老年人心理、生理、行为特征等方面的设计原则，真正体现养老建筑“以老为本”的建设方针。

C.10.1　西安地区机构养老建筑基本状况与特征

截至2010年4月底，西安市运行的各类养老机构共有55家（其中民办机构33家，公办机构22家）（图C.10.1-1），总床位数6816张，入住老人3913人，平均入住率为

图C.10.1-1　西安地区养老机构分布图

57.4%。全市每百位老年人拥有养老床位数 0.55 张，入住养老机构的老人占到全市 60 岁以上老人总数的 3‰（图 C.10.1-2）。

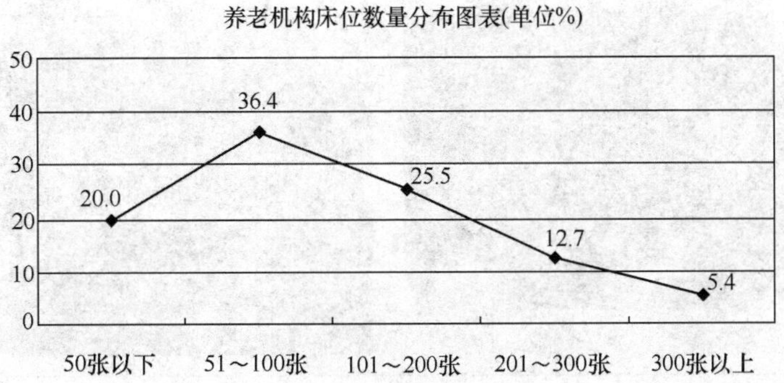

养老机构床位数量分布图表(单位%)

图 C.10.1-2　养老机构床位数量分布图

西安地区公办养老机构多以自理老人为服务对象，提供生活照料性服务，服务内容较为单一；民办养老机构则多以失智失能老人为服务对象，提供专业护理与生活照料的综合性服务，服务对象与服务内容更为丰富与多样化。

C.10.2　西安地区机构养老建筑存在的问题

1. 整体布局不合理

据统计，西安地区养老机构布局在中心城区有 15 家，其余分布在城郊及县区。市中心地带分布有多家养老机构，但由于缺乏与城市资源的共享而无法满足老年人需求，设施条件方面相比城郊机构也普遍偏低，而入住率却高居不下。如莲湖区寿星乐园，地处莲湖公园附近，周边老人入住方便，床位满员同时仍有老人等待入住。城郊地区机构养老设施虽拥有优越的地理条件，但建设仅考虑老年人本身的居住环境，缺乏对交通、周边设施等多方面的考虑，入住情况与中心城区高入住率现象形成较强烈的反差，折射出西安地区养老机构布局与老人需求趋向不相一致的现实问题。

2. 建设标准与服务水平较低

据调查，西安市机构养老建筑中，多数机构的场地是租赁性质，建筑类型多为社区闲置的简陋建筑、职工宿舍、招待所、农村庭院等改建后运营，标准不符合《国家养老机构建设规范》要求，老人特需的基础服务设施如无障碍设施，室内卫生间等配备不到位。建筑模式多为改造运营，功能不齐全，仅能为老人提供吃、住等基本生活照护方面的服务，在提供专业护理、医疗康复、健康教育、心理咨询等高层次服务方面相对缺乏，无法满足老年人多层次的养老需求。

3. 空间不满足老年人需求

西安地区机构养老建筑在空间问题上并未完整的考虑适合老年人生理、心理、行为特征的适应性要求。以未央区老年福利服务中心为例（图 C.10.2-1），建筑内部空间采用外廊设计，空间单调且缺少可识别性，居室的布置多以双人标准间为主，缺乏关注老年人的不同需求。西安三桥老年公寓（图 C.10.2-2），外部空间设计缺乏人性化，无法满足老年人日常行为需求，导致大量设施资源浪费。

图C.10.2-1 未央老年福利服务中心

图C.10.2-2 西安三桥老年公寓

针对以上西安地区机构养老建筑的现状问题，提出建筑空间环境适应性设计理念。在生物学概念上，“适应性”是生物特有及普遍存在的现象，包含生物的结构适应于一定的功能和生物适应于环境两个方面涵义。适应性之于建筑设计，是一种回归自然的和谐精神和趋向未来的超越精神，科学协调建筑与人、建筑与社会及自然环境的关系是适应性设计的基本原则。养老建筑的适应性核心理念为建筑“适老性”设计，针对老年人空间环境适应性提出的更有针对性的设计要点，是关注老年人特殊需求和生理舒适度的设计方法。

C.10.3 西安地区机构养老建筑适应性问题的改善与建议

1. 选址

养老机构整体布局的合理性直接决定老年人入住情况。就西安地区而言，为弥补城市中心部分区域养老机构的空白，应以适应性为主要依据来选择老年人的生活环境，考虑相关设施与城市资源共享、交通便利、儿女方便探视等问题。城郊养老机构的选择主要按照区域来划分，分布均匀，居住条件优越。虽然城郊没有相关的城市资源，但可以通过配套完善的服务设施和良好的空间环境吸引老年人入住。另外，城郊养老机构也可选择与周边服务设施齐全的小区相结合建设，在居住条件优越的同时也为老年人提供全面丰富的设施资源。

2. 功能组织

根据调查研究表明，机构养老建筑之所以不能满足老年人心理、生理、行为特征的需求，主要原因在于缺乏系统的功能组织作为适应性设计的基础（图C.10.3-1）。从功能组织的角度来说，机构养老建筑设计应充分考虑到老年人生活、老年护理的特点，建筑用房应由老年居住用房、健身活动用房、医疗用房、公用服务用房、行政辅助用房等部分组成，缺少任何一部分都会对老年人生活质量造成影响（图C.10.3-2）。

3. 内部空间“适老性”设计

在养老建筑内部空间的设计中，首先应考虑老年人的生理需要，关注老年人的不同需求和生理舒适度是满足空间“适老性”的设计标准。

（1）入口空间在“适老性”的设计理念上应着重考虑朝向、功能整合与空间可视性三大问题，首先朝向宜采取阳面为主要入口的方式，避开寒冷季风影响；其次门厅是联系交

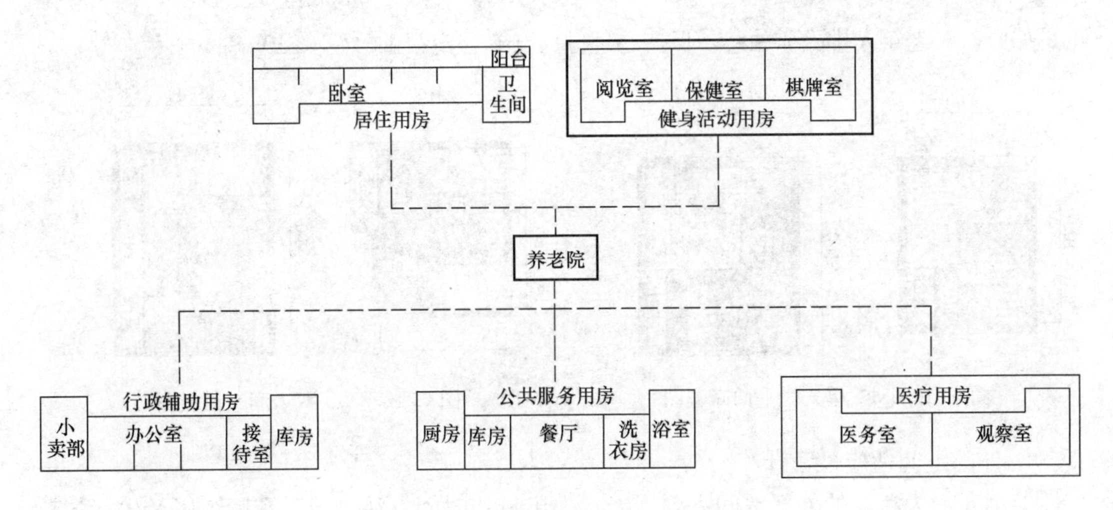

图 C.10.3-1　现有机构养老建筑功能缺乏

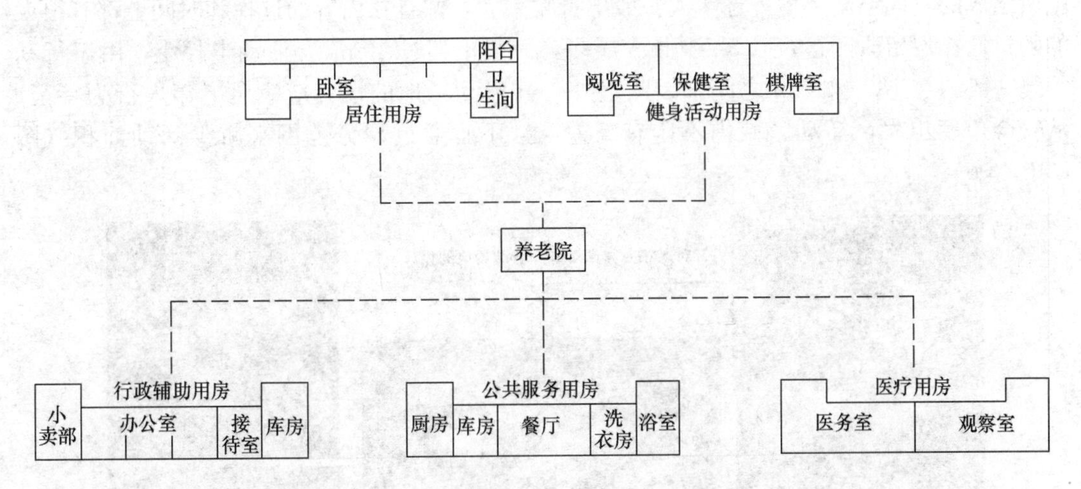

图 C.10.3-2　机构养老建筑功能分布图

通之外与其他空间的主要场所，应合理地分配周边功能；最后老年人对大厅的使用主要是对休息区的使用，休息处与入口空间良好的视线关系直接影响着老年人在休息处停留的可能性。

(2) 走廊的设计应充分考虑老年人逐步衰弱的生理机能特征。由于老年人视力衰退，灯光设计要符合一定的照度标准并充分使用暖色调；考虑到老年人行走障碍，需要较宽松的空间尺度，并且设有可供短暂停靠休息的空间；老年人记忆力减退，对空间的可识别性要求较高，可以通过摆放不同种植物或相片作为标识改善相似性，方便老年人识别。

(3) 活动空间应通过对老年人生理、心理以及行为特征几个方面来分析，主要集中在走廊折点处、中部以及端部来设计。北方地区尽一切可能将南向房间作为老年人经常使用、长时间停留的空间是设计的基本原则。此外，空间开场性也很重要，走廊和楼梯直接相连形成的多层次空间也是活动空间的最佳选择。

(4) 居住空间一直以来都是老年人最关注的内部空间，卧室单人间的设计，左侧的是一种经济的形式，设计核心是满足老年人的基本生活需求和适应无障碍空间要求（图 C.10.3-3）；右侧的模式强调静休，适合性格平和内向的老年人。此外一些条件较好的双人房间设计也是如此，对老年人排除孤独感，保持心理健康会有一定帮助（图C.10.3-4）。

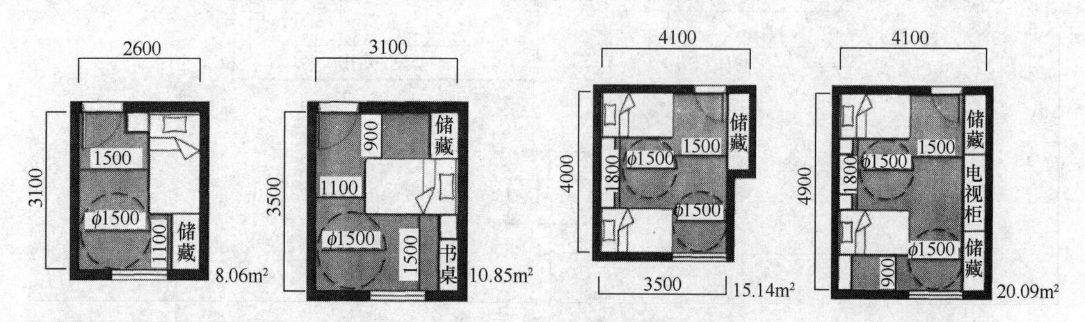

图C.10.3-3 单人间平面布置图　　图C.10.3-4 双人间平面布置图

4. 外部空间适应性设计

老年人行为活动的外部空间主要指老年人出行的时间、活动半径和频率以及出行的范围所组成的不同空间环境。老年人一般出行频率大，并且在内容的选择和时间上都有很大的随机性；逗留时间短，以5～10min居多，一般不超过40min；活动半径小，由于行动缓慢一般约在180～220m之间，因此室外公共活动场地的设计应满足老年人行为特征，从安全角度出发，活动区域内不应有高差，且不宜通过划分范围来减少活动面积（图C.10.3-5）。

图C.10.3-5 外部空间环境适应性设计

5. 通行无障碍系统设计

作为适应性设计，安全是体现“以老为本”设计理念的第一位。无障碍设计则是安全问题的重要体现，表现在老年人居住的安全性和行为的便捷性两方面上。

入口是老年人进出的主要空间，一般坡道与阶梯并设，考虑到轮椅的使用，坡度不应大于 1/12，且应设置扶手。走廊首先应保证净宽满足轮椅通行，其次应尽可能保持简明的路线。考虑到老年人的行动能力衰退及其对紧急情况的灵敏度较弱，相比其他类型建筑防火和疏散距离应适当降低。

电梯是养老建筑中重要的垂直交通方式，为保证乘轮椅老人的使用，电梯的入口净宽至少应在 800mm 以上，且电梯口与建筑地面应处于同一标高；电梯操作盘应安装在轿厢两侧靠近尽端的位置上，安装高度应便于乘轮椅者操作；而且沿轿厢墙面应安装扶手，帮助老人保持身体在按钮时和电梯升降时的平衡。楼梯是交通流线的瓶颈部位，应在封闭楼梯间设置专门的轮椅避难区域以方便老人候援（图 C. 10. 3-6）。

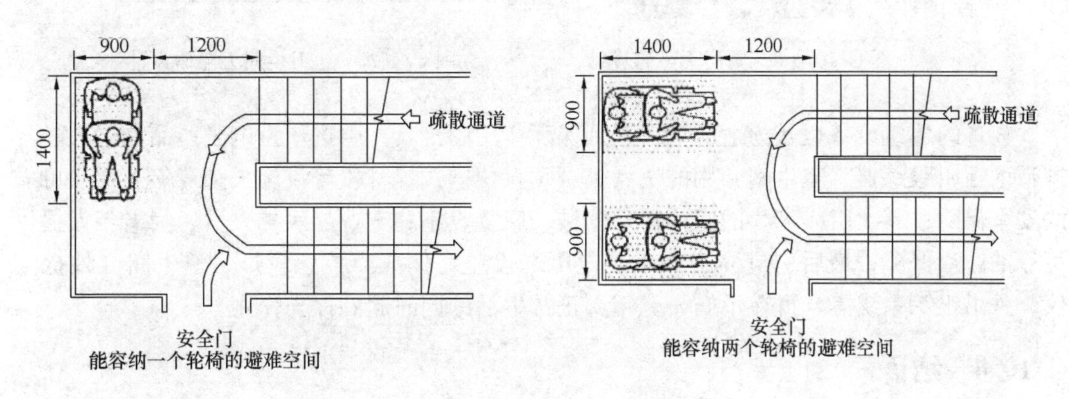

图 C. 10. 3-6　楼梯间适应性设计

居住空间的门要宜开宜关，为保证轮椅使用前进方向应当 保持最低 1200mm×1200mm 的净距离范围，后退方向保持有最低限度 1500mm×1500mm 的净距离范围（图 C. 10. 3-7）。

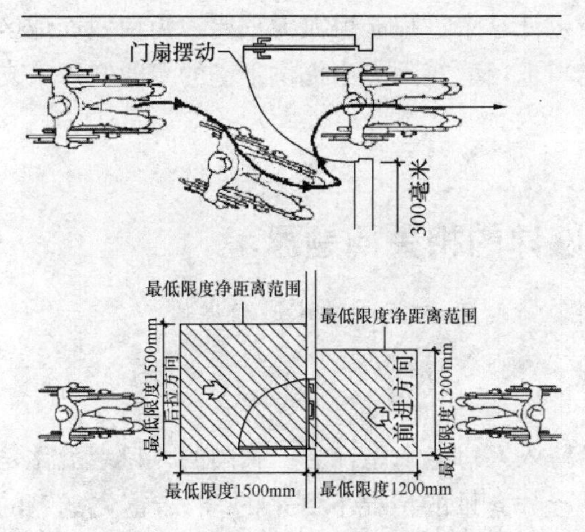

图 C. 10. 3-7　门的无障碍设计要点

无障碍卫生间设计包括设备的配备、选型与布置形式等（图 C. 10. 3-8、图 C. 10. 3-9），应确保厕位内轮椅的回转空间（直径约 1500mm），同时设计时应注意灵活性，将部分墙体设置为轻质隔墙，便于合并和改造。当老年人出现卧床不起的情况时，便于在座便器、浴缸与床之间设吊轨，可协助老年人移动。

6. 细部适应性设计

相关研究表明，室内色彩对老年人心理存在着影响，应在内部空间设计中融入色彩设计，例如橙色、茶色、绿色等颜色能大大提升老年人的生活品质，而灰色黑色则应尽量避免。木材、塑胶地板、橡胶颗粒、防滑石等材质也是适应老年人生活需求的最佳选择。

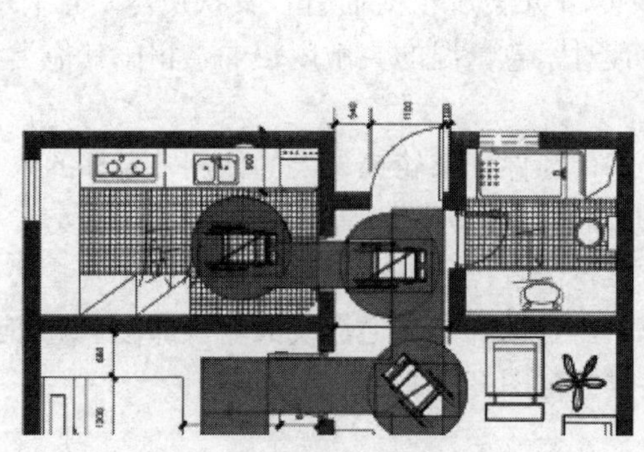
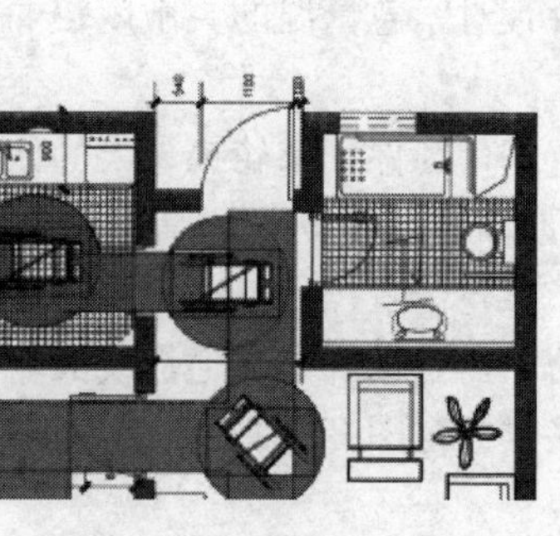

图 C. 10. 3-8 厨房无障碍设计

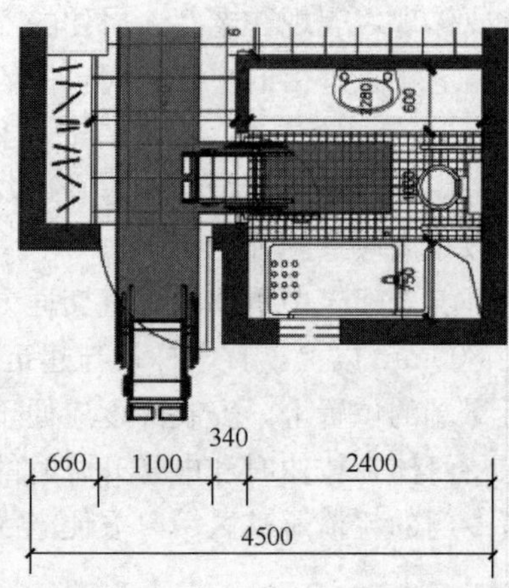

图 C. 10. 3-9 卫生间无障碍设计

先进的建筑设备也是为适应老人起到保障作用的工具。引进新型电子产品如老人随身携带的呼叫跟踪器、卫生间专用的洗澡机、垂直便携式提升机等设施，为老年人提供可靠的安全保障；其次引入完善的医疗护理器械、康复设施和专业的医护人员，为老年人提供可靠的医疗保障；最后引进先进的水暖电配套设施，例如声控感应灯、卫生间红外探测仪、外出跟踪系统等，可在不妨碍老年人正常生活的同时起到保护作用。

C. 10. 4 结语

现阶段我国老龄产业仍处于一种尴尬的境地：一方面老年人的市场需求极大；另一方面老年产品和服务的供给严重不足。西安地区机构养老建筑尽管近些年已初步形成了主体多元化、服务多层次化的发展格局，但真正适应老年人需求的养老机构仍显欠缺。如何建设真正“以老为本”的养老建筑是建筑师最值得关注的问题。通过对西安地区机构养老建筑的调查研究发现问题，提出解决方案和创新设计这个过程显得尤为重要。为使西安地区社会化养老事业跟上城市发展水平与社会养老需求，建筑师应当提供丰富的专业知识来支持社会养老事业的发展。

C. 11 养老设施建筑设计的相关问题思考

卫大可 哈尔滨工业大学建筑学院 副教授 国家一级注册建筑师
于 戈 哈尔滨工业大学建筑学院 讲师

中国是世界上老年人口最多的国家，并已跨入人口老龄型社会。我国的人口老龄化是在综合国力还不强、经济社会发展各项任务还十分繁重的情况下到来的。“未富先老”的基本国情，使我国养老保障、医疗保障、老年人健康、老年社会服务和社会参与等方面的压力越来越大。老年人的生活保障，正在由家庭问题转变成社会问题，它对社会、经济、政治、文化、心理和精神等各方面都会产生深刻的影响。

从现状上看，随着老年人口的持续增长，现有养老机构与社会需求还存在着较大差距。作为国家标准《养老设施建筑设计规范》的编制组成员，我们在调研中更加深刻地感受到，我国养老设施建筑从建筑规划到单体设计都存在着诸多不足。而此前颁布的《老年人建筑设计规范》JGJ 122—99 与《老年人居住建筑设计标准》GB/T 50340—2003 针对性不强，养老设施特别是机构养老设施建筑设计缺乏设计依据。本文，我们将就规范编制中的一些问题和思考进行探讨，希望借此机会来完善和推进规范的编制工作。

C.11.1　设计原则

养老设施是为老年人（年龄 60 岁以上）提供居养、生活照料、医疗保健、康复护理、精神慰藉等方面综合服务的机构。其建筑设计应按养老设施功能、规模和养老群体结构性质进行分类、分级设计，应充分考虑老年人的健康状况和精神需求。养老设施建筑空间、配件、设备设施及附件的尺度设计，应充分考虑老年人功能衰退后的体能变化和使用轮椅或需要护理的情况，并兼顾助养和各类护理方式等综合需要。并应遵循以下设计原则：

①养老设施建筑应针对自理老人、半失能老人、失能老人不同的体能及心态特征，并根据各类专项养老设施及综合养老设施的不同服务类型和规模等级进行科学、合理设计。

②新建养老设施建筑的平面布置和结构形式，应为以后扩建和改造留有余地。

③养老设施建筑宜为单层或多层建筑，城市旧城区新建的大型或特大型养老设施建筑也可为高层建筑。多层或高层养老设施建筑均应以电梯作为各楼层间老年人日常使用的主要垂直交通工具，且其中应包含医用电梯。

④养老设施建筑宜独立设置，小型养老设施也可设于居住建筑中或与社区老年活动中心合并设置，但不宜超过二层，并应有独立的交通系统。

⑤养老设施建筑中供老年人使用的部分应全程符合无障碍设计要求。

C.11.2　分类与分级

1986 年，国际慈善机构（HTA）制定了老年人居住建筑分类标准，将老年住宅的建筑模式，按照老年人所需社会服务支援的程度，划分为 7 种类型。各国在此基础上规定了本国养老设施建筑的分类与分级。清晰的分类分级标准，便于明确养老设施的范围，可以更好地对养老设施建筑设计进行定位。将生活服务机能与医疗机能、民营与国有设施加以区别。同时，根据老年人的身体状况，明确各设施中需要援助及治疗护理的程度。

根据健康状况和身心特征，老年人可以分为自理老年人、半失能老年人和失能老年人。针对不同的服务群体，我们将养老设施划分为专项养老设施和综合养老设施两大类。其中专项养老设施包括老年养护院、养老公寓、日间照料中心等；综合养老设施则指能同时提供两种或两种以上专项养老设施的养老机构，其中各专项养老设施的床位不超过总床位数的 80%。其中，老年养护院是为失能老人提供生活照料、保健康复和精神慰藉等方面服务的专业养护机构；养老公寓是为半失能老年人或自理老年人提供生活照料、文化娱乐、医疗保健等方面服务的养老设施；老年人日间照料中心是为半失能老人提供膳食供应、个人照顾、保健康复、休闲娱乐和交通接送等日间服务的照料设施。

养老设施的总床位数量，应按 1.5～3.0 床位/百老人的指标计算，且不应小于人口规模的 2‰。各类养老设施按其配置的床位数量进行分级（表 C.11.2）。

养老设施的规模等级划分标准　　表 C. 11. 2

规　模	专项养老设施（床）			综合养老设施（床）
	老年养护院	养老公寓	老年人日间照料中心	
小型	—	≤50	≤30	≤80
中型	101～200	51～150	30～60	81～200
大型	201～400	151～300	—	201～400
特大型	≥400	≥300	—	≥400

老年养护院作为专业养护机构，对生活服务与医疗条件有严格要求，因此规模不宜过小，以 100 床作为最低标准。老年人日间照料中心作为介于福利设施与居家养老之间的新型养老设施，主要为社区服务，规模不宜超过 60 床。

C. 11. 3　用房配置

养老设施建筑中包括老年人的生活用房、生活辅助用房、公共活动用房、保健医疗用房和管理附属用房。各功能房间应自成体系，可参照表 C. 11. 3-1 进行配置。养老设施中各类用房的设计标准不应低于表 C. 11. 3-2 的标准。

养老设施用房配置表　　表 C. 11. 3-1

用房类别			功能房间	老年养护院	养老公寓	老年日间照料中心	备　注
老年人用房	生活用房	居室	卧室	□	□		含储藏空间、阳台、养老公寓的卧室可兼作起居室
			起居室		△		
			休息室			□	
			自用卫生间	□	□	○	
			自用厨房		□		养老公寓可选择其一
			合用厨房	△	□		
			开水间	□	□	□	
	生活辅助用房		入住登记室	□	□		
			公共餐厅	□	□	□	
			公用卫生间	□	□	□	
			公用浴室	□	△		含更衣室、理发等
			亲情居室	□			
			护工值班室	□			
		商务用房	商店	△/○	△/○		中型及以上为△
			银行、邮电代理	△/○	△/○		大型、特大型为△
	公共活动用房	活动室	电视厅	□	□	□	每个养护单元或生活单元设置
			聊天厅	□	□	□	
			阅览室	□	□	△	可两个及以上养护单元或生活单元合并设置
			网络室	△	△	○	
			棋牌室	□	□	△	
			手工制作室	○	△		
			书画室	○	△		
			音体室		△		
			多功能厅	□/△	□/△		大型、特大型为□
			四季厅	△/□	△/□		严寒、寒冷地区为△

续表

用房类别		功能房间		老年养护院	养老公寓	老年日间照料中心	备　注
老年人用房	保健医疗用房	保健用房	理疗室	□	△	○	
			康复室	□			
			健身房		△		
			心理疏导室	△	△	△	
		医疗用房	医务室	□	△	△	
			观察室	△/○	△/○		大型、特大型为△
			检验室	□	△		也可由外包医疗机构提供
			抢救室	□			
			药品室	□	△		
管理附属用房		办公管理用房	门卫	□	□	□	
			总值班室	□	△		含监控室
			办公室	□	□	△	
			会议室	△/○	△/○		大型、特大型为△
			档案室	△/○	△/○		大型、特大型为△
		公共厨房		□	□	□	
		洗衣房		□	△		含消毒、甩干、烘干和缝补间、室内晾晒场地
		库房					根据需要设置
		设备用房					根据需要设置

注：1　□为应设置；△为宜设置；○为可设置。

2　老年人生活用房，生活辅助用房中的公共卫生间、亲情居室、护工值班室，公共活动用房的活动室，宜结合养护单元或生活单元分区设置。

3　综合养老设施的功能房间应按照与各专项养老设施相对应部分配置，涉及建设规模的功能房间配置按综合养老设施规模确定。若有对应不同专项养老服务的相同功能房间使用时无相互干扰，可不重复设置此功能房间。

4　相同类别的功能房间在无相互干扰的情况下可以合并设置。

养老设施各类用房使用面积指标（m^2/床）　　**表 C.11.3-2**

用房类别 ＼ 养老设施类别		老年养护院	养老公寓	老年日间照料中心	备　注
		合计：21.0	合计：24.0	合计：13.0	
老年人用房	生活用房	12.0	14.0	8.0	不含阳台
	生活辅助用房	4.0	5.0	3.0	
	公共活动用房	1.2	1.5	—	不含四季厅
	保健医疗用房	1.8	1.5	1.0	
管理附属用房		2.0	2.0	1.0	

注：1　老年养护院用房和养老公寓用房平均使用系数为 0.6；日间照料中心用房平均使用系数为 0.65。

2　表中老年日间照料中心部分为与小区老年活动中心合并设置时的指标。独立设置的老年日间照料中心，公共活动用房的使用面积指标不应小于 2.0m^2/床。

3　综合养老设施中各类用房的设计标准不应低于与各专项养老设施相对应部分的面积之和。

4　旧城区养老设施改建项目的老年人生活用房不应低于本表标准，其他用房不应低于本表中相应指标的 70%。

C.11.4 防火疏散

由于老年人的健康状况和身心特征，养老设施建筑设计中防火疏散的设计尤为重要。养老设施建筑的耐火等级一般不应低于二级，若为三级时，建筑层数不应超过二层。其老年人用房部分不应设置在地下、半地下建筑内，老年养护院的老年人用房及综合养老设施中的对应部分应在一、二级耐火等级的建筑中，且不应设置在四层及以上建筑内。养老设施的防火分区应结合建筑布局和功能分区划分。老年人用房部分的疏散楼梯应具有天然采光和自然通风的条件，多层均应设封闭楼梯间，高层均应设防烟楼梯间。此外，在防火门和安全出口等的设置上也应高于国家现行建筑设计防火规范的相关规定。

C.11.5 使用安全

养老设施建筑设计中使用安全的设计同样重要。例如，养老设施建筑的采暖设施不得采用蒸汽热源，散热器及管线宜暗装。生活用房中的居室门应向内开启，卫生间、厨房、储藏间等较小空间宜设推拉门。门扇上应设置容易打开的窗口，封窗口材料选用不易破碎的透明、半透明材料。房间内部不得设置负荷大于30kg的横杆和悬垂线索。养老设施的老年人用房部分不应使用燃气设施。老年人使用的阳台或屋顶上人平台在临空侧不应设置双层或多层扶手。阳台栏杆高度不得低于1.1m，供老年人活动的屋顶平台的女儿墙护栏高度不得低于1.2m。

C.11.6 结语

社会养老是与社会发展相符的必然趋势，目前甚至今后相当长一段时间内，适合我国的养老模式是以居家养老为主、社会养老为辅，在宅养老为主、异地养老为辅，多种养老模式混合的形式。对于我国这样的发展中国家而言，亟待建设大量分类与分级明确、用房配置合理、防火疏散与使用安全兼顾的养老设施，以缓解养老机构与社会需求之间的矛盾。因此，编制符合我国国情和养老模式的、具有较强现实可操作性的《养老设施建筑设计规范》，是我们努力的目标。希望本文中的一些问题和思考能够抛砖引玉，吸引更多人关注老年人，关注养老设施建筑设计，推进和完善规范的编制工作。

C.12 上海人口老龄化现状及养老设施发展趋势

崔永祥 上海建筑设计研究院有限公司 高级工程师
施 勇 上海建筑设计研究院有限公司 高级工程师

C.12.1 上海人口老龄化特征

1. 人口老龄化程度高

上海于1979年率先步入老龄化社会，早于全国20年，成为全国第一个老年型的城市。根据最新统计，截至2010年12月31日，上海全市户籍总人口为1412.32万人。其中60岁及以上老年人口331.02万人，占总人口的23.4%；65岁及以上老年人口226.49

万人，占总人口的16.0%。而根据民政部发布的《2010年社会服务发展统计报告》显示，全国60岁及以上老年人口达17765万人，占总人口的13.26%，其中65岁及以上人口11883万人，占总人口的8.9%。可以看出60岁以上比例超过全国平均水平10多个百分点。因此，从人口结构上看上海不仅是全国最早老龄化的城市，也是目前为止老龄化程度最高的城市。

2. 老年人口的高龄化态势显著

老年人口的高龄化是人口老龄化不断发展的必然结果。上海近些年来老年人口高龄化态势明显，80岁及以上人口占老年人口比例逐年递增。2010年上海市户籍人口预期寿命为82.13岁，其中男性79.82岁，女性84.44岁。截至2010年12月31日，上海70岁及以上老年人口164.33万人，占总人口的11.6%；80岁及以上高龄老年人口59.83万人，占总人口的4.2%。在60岁及以上老年人口中，60～69岁占50.4%，70～79岁占31.6%，80岁及以上占18.1%（图C.12.1-1、图C.12.1-2）。

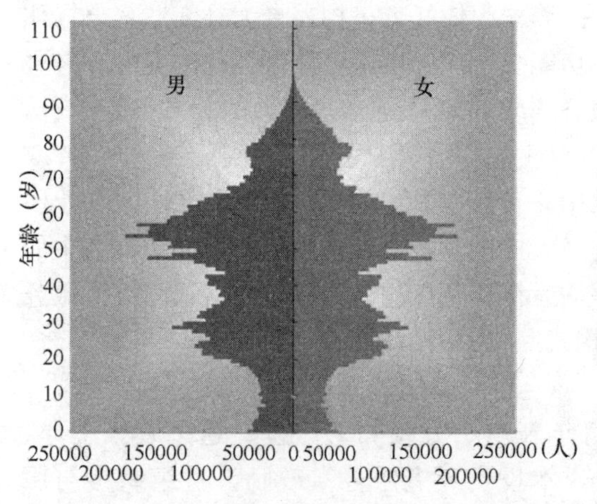

图C.12.1-1　2010年末上海市60岁及以上老年人口年龄构成

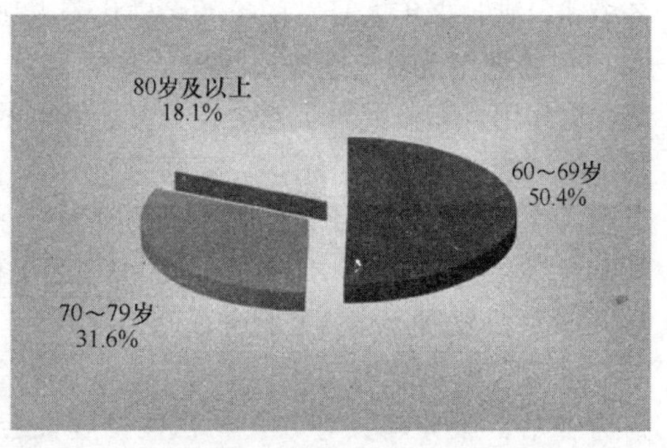

图C.12.1-2　2010年末上海市人口饼图

3. 纯老家庭、独居老人数量不断上升

2010年上海市共有"纯老家庭"老年人94.56万人，其中单身独居老人19.32万人。另外在70岁及以上老年人口中，男性占43.8%，女性占56.2%。80岁及以上老年人口中，男性占39.1%，女性占60.9%。可见由于人们生活水平的提高，以及家庭结构及观念的改变，在高龄老人数量不断上升的同时，其家庭纯老化的特征日益明显。由于女性平均结婚年龄比男性平均结婚年龄小，而平均寿命女性比男性长，所以在独居老人当中又以女性老人居多。

C.12.2　上海人口老龄化的发展趋势

2011年是第十二个五年规划的第一年，根据上海市老龄科研中心等部门的预测，进入"十二五"，本市户籍的老年人口将快速增加，主要有以下几个特点。

1. 老年人口总量将突破400万，比例将接近30%

2015年本市户籍老年人口将超过430万，比例将接近30%。2011年到2015年老年人口平均每年增加20多万，比“十一五”期间老年人口增长数量翻番。2011年到2015年老龄化比例平均每年增加近1.3%，比“十一五”期间平均每年多提高0.5%。

2. 高龄人口总数将持续增长

2015年本市户籍80岁及以上高龄人口将达到70万，2011年到2015年平均每年增加2.4万。同时，纯老、独居老年人继续增加，尤其是80岁及以上高龄老年人的纯老比例和农村纯老现象更为突出。

3. 独生子女父母将逐渐成为新增老年人的主体

独生子女开始步入婚育期，第一代独生子女父母已经陆续进入老年期。据预测，从2013年起，本市新增老年人口中80%以上将为独生子女父母，上海人口老龄化呈现出独生子女父母老龄化的新趋势。

C.12.3 上海养老政策的实践效果

根据国家提出的“以居家养老为基础，社区养老为依托，机构养老为补充”养老居住政策，上海市探索建立服务方式多样化、服务功能多层次、实施主体多元化的上海养老服务模式，满足老年人日益增长的多样化养老服务需求，制订了“9073”的养老指导方针，即90%的老年人以自助或家庭成员照顾为主，自主选择各类社会服务资源；政府发挥政策导向作用，积极倡导全社会发扬尊老敬老的中华传统美德。7%的老年人以社区专业服务组织为依托，为经济困难、家庭照顾困难的老人提供以解决日常生活照料和护理为主的上门或日托等形式的社会化服务。政府为经评估后符合条件的老人提供直接或间接的服务补贴。3%的老年人集中提供照料、护理等机构式照顾服务。

1. 加快发展机构养老服务设施

按照上海市政府要求，自2005年起，每年新增1万张养老床位。通过政策引导、财力补贴、服务购买等方式，积极调度社会资本投资养老服务，鼓励公益组织参与服务提供。截至2010年12月31日，全市养老机构共计625家，比上年增加1.6%，其中政府办293家，社会办332家。床位数共计97841张（其中2010年新增10843张），比上年增加8.9%，约占60岁及以上老年人口的3.0%。基本完成“9073”中“3”的目标。

2. 积极推进社区居家养老服务

上海市2005年推出《上海市养老服务需求评估标准》，2009年发布地方标准《社区居家养老服务规范》，逐步形成了一整套完整的服务标准、服务补贴和需求评估的社区居家养老服务体系。社区居家养老服务对象是全市60周岁及以上、有生活照料需求的居家老年人。根据身体状况和经济状况，按生活不能自理的程度进行评估，将照料等级分为轻度、中度、重度，按属地化原则享受服务补贴。社区居家养老服务主要提供助餐、助洁、助急、助浴、助行、助医等“六助”服务。截至2010年12月31日，老年人日间服务机构全市共计303家；社区助老服务社全市共计233个；社区老年人助餐服务点全市共计404个。服务人数共计25.20万人，其中享受养老服务补贴的人数为13.00万人。服务人数占全体老年人的7.6%，基本完成“9073”中“7”的目标。

3. 为家庭自我照顾的老年人营造良好社会环境

对于广大居家养老的健康老年人来说，如何满足他们的精神需求是关爱老年人的重点。截至2010年12月31日，全市老年活动室共计6062家，使用面积达156.04万平方米。此外，还推动社会优待老年人的氛围，并动员社会关爱独居老人。

C.12.4　养老设施建筑设计的要点

根据马斯洛理论，把需求分成生理需求、安全需求、社会需求、尊重需求和自我实现需求五类，依次由较低层次到较高层次排列，其中生理需求和安全需求属于物质性价值需求，社会需求、尊重需求和自我实现需求属于精神性价值需求。对于老年人来讲随着年龄的增长，身体的各方面机能开始衰退老化，视觉、听觉、嗅觉、味觉、触觉以及运动机能开始弱化，体力、记忆力也会下降，甚至出现老年痴呆、抑郁症等生理和心理的疾病，因此对于老年人来讲，在满足他们的生理和安全需要的同时，也要关注他们的归属感、邻里感、家庭感和受人尊重等精神方面的需求。

1. 老年人的生理需求

1）光环境

光环境包括自然光环境和人工光环境两部分。对于老年人来说，需要获得充足的日照防止骨质疏松，增强抵抗力。阳光还能给人带来心理上的满足和精神上的放松。人工光环境同样对老年人的安全及心理起到很大的作用。

对于养老设施来讲，在总体布局上室外活动场地宜选择向阳背风处，场地范围应保证有2/3的面积处于建筑固定阴影遮挡之外。老年人居住建筑的主要用房应充分利用天然采光。居室要有良好的朝向，冬至日满窗日照不宜小于2小时。老年人住宅和老年人公寓应设阳台，养老院、护理院、托老所的居室宜设阳台，以方便老年人获得更多的日照。同时还宜设置阳光室或四季厅，以保证老年人在冬季也能有充足的日照。由于老年人对照度突变的适应性和调节能力减弱，室内环境设计时应避免明暗反差过大。建筑转弯处、高差变化以及不易识别等处要保证充足的照度，同时也要避免产生眩光。在卧室至卫生间的过道，宜设置脚灯，以保障老年人夜间活动的安全（图C.12.4-1）。

图C.12.4-1　上海第三福利院底层公共空间

养老设施的色彩设计，应特别注意老年人视力衰退及不同的色彩对老年人心理的影响。如在老年人公共活动区域就用一些亮丽、鲜艳的颜色，而通往工作人员用房或机房等房间的走道和房门则采用灰暗的色彩，以此来区分不同的功能分区，给老年人以直观的心理感受。

2）热环境

热环境包括室内热环境和室外热环境。室内热环境是指室内温度、湿度、空气流速等因素综合组成的一种室内环境。室外环境要素主要有气温、空气湿度、风速、风向、降水等。

在养老设施的总体布局上应布置在采光通风良好的地段，再通过平面布局的优化、种植适当的植被以及合理设置构筑物等手段，来调整建筑外部热环境。室内热环境在保障老年人舒适度的同时也要关注他们的安全性，如在采用集中采暖系统的地区，散热器宜暗装，以保障老年人的安全，有条件时宜采用地板辐射采暖。养老建筑安装空调降温设备时，要注意冷风不宜直接吹向人体。

3）声环境

根据老年人的生理特点，适宜的声环境对保证他们的休息及睡眠都有很大帮助。按照区域使用功能特点和环境质量的要求，对应不同的环境噪声限制，老年人居住建筑居室内的噪声级昼间不应大于50dB，夜间不应大于40dB，撞击声不应大于75dB。尤其临街外墙和外窗应当有良好的隔声措施，卧室、起居室也不应与电梯、热水炉等设备间及公用浴室等紧邻布置。

4）无障碍环境

无障碍环境能有效地改善老年人的生活环境，是社会进步的重要标志。尤其老年人经常使用的出入口、地面、电梯、扶手、卫生间等位置，均要满足无障碍设计要求。针对老年人视觉、听觉、嗅觉、触觉等感知功能的弱化，各类标识系统、操作面板上的字体应稍大一些，提高对比度，多用易懂的图形表达文字意义，标识系统应设置在醒目位置，通过材质和色彩的变化提示高差、转弯和不同的功能分区（图C.12.4-2）。

图C.12.4-2　上海第三福利院公共走道

5）人体工程学环境

所谓人体工程学就是使用空间的尺度、设备的使用方式尽量适应人体的自然形态，这样就可以使人们在空间内使用设备时减少使用者疲劳和不适。养老设施建筑要以老年人的模型尺度为测量依据，推导出建筑各活动空间和建筑细部尺寸。老年人最明显的特征就是表现身高上的缩短，动作幅度的减弱，以及要考虑使用轮椅老年人的尺度。如起居室、卧室内的插座位置不应过低；由于老年人弯腰不方便以及手的灵活度下降，坐便器的开关也可适当做高、做大（图C.12.4-3）。

图C.12.4-3　上海第三福利院卫生间坐便器

2. 老年人的安全需求

老年人由于生理机能的衰退，对自身安全的保护能力也随年龄的增长而相应降低。安全感是老年人居住环境和养老设施设计中考虑的重要内容。首先要通过各种建筑设施来提高老年人的安全感，如无障碍坡道、无障碍电梯、卫生洁具的扶手和室内墙上的扶手来增加老年人的安全感。其次利用先进的通信和感应的智能化管理系统，如紧急呼叫装置、红外探测仪和区位定位仪等设备来提高老年人的安全感。三是关注细节，防患于未然。如淋浴间的调温度开关偏离淋浴喷头下方 300mm，避免烫伤（图 C.12.4-4）；养老设施建筑内的防火门在距地 1.1m 之上，应设透明的防火玻璃，以便隔门观望（图 C.12.4-5）；房间内部不得设置负荷大于 30kg 的横杆和悬垂线索。

图 C.12.4-4　上海第三福利院卫生间淋浴器

图 C.12.4-5　上海第三福利院公共走道尽端的防火门

3. 老年人的精神需求

1）归属感

心理研究表明，每个人都害怕孤独和寂寞，希望自己归属于某一个或多个群体，如家庭、社区、工作单位等，这样可以从中得到温暖、获得帮助和爱。一些早期老龄化国家的养老方式多数采用机构养老，但这一模式容易产生“孤岛效应”的弊端也逐步显现，即老年人缺乏归属感。现在发展趋势是加强社区的服务设施，老年人只有社区无法照顾的时候才进入机构。

2）邻里感和家庭感

邻里和家庭是老年人主要的心理依托，老年人大部分都是在家里和邻里环境中度过的，所以在养老设施设计中，亲切宜人的院落空间，室内公共交往空间都有利于邻里空间和交往活动的形成。在建筑布局上尽量采用单元式布局，避免空间单调的“一”字形布局。在建筑入口、候梯厅、通道等公共空间可创造一些老年人偶遇的契机和场所，有助于老年人建立并发展融洽和谐的亲情关系。养老设施中也可把老年人家里的家具及用品带去，以营造家庭的氛围（图 C.12.4-6）。

3）受尊重与被关怀需求

由于衰老、病痛及生活和社交能力的减退，导致老年人易产生自卑和不受尊重的感觉。所以对于健康老年人来说，要让他们觉得“老有所为”，鼓励老年人多参与社会活动，或让老年人自己管理自己的社区，让他们感到自身价值和成就感；对于介助老人来说，要让他们觉得“老有所养”，要多考虑无障碍设施，体现人文关怀；对于介护老人来讲，要让他们觉得“老有所依”，在考虑无障碍设施的同时还要考虑护理空间，如在卫生间的平

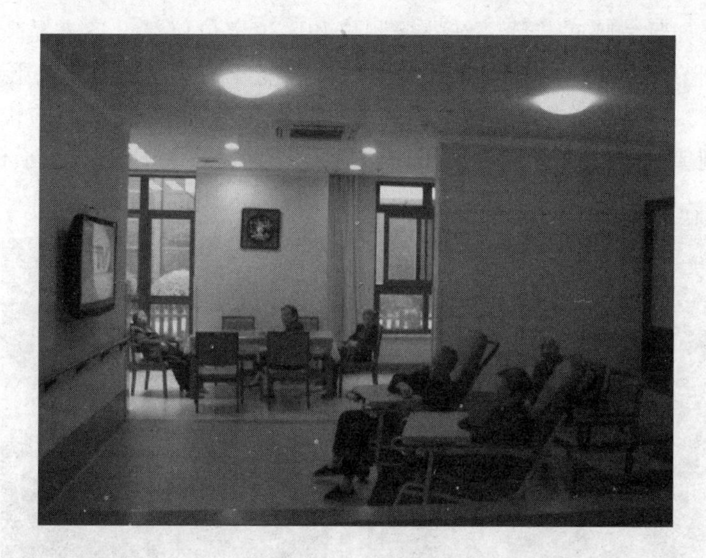

图C.12.4-6 上海第三福利院每层交往及休息空间

面布置上应方便轮椅出入，并应留有助厕、助浴空间。老年养护院和与之有对应功能的综合养老设施公共浴室，应配置为瘫痪老人使用的浴槽（床）或洗澡机等助浴设施，周围为护理人员留有助浴空间（图C.12.4-7）。房间床与床之间设围帘或家具进行遮挡，减少相互间的干扰，同时也是尊重老年人的个人隐私。

图C.12.4-7 上海第三福利院卫生间的洗澡机

C.12.5 上海目前养老机构及特点

1. 上海的几家养老机构：

1）**上海市第一社会福利院**：总建筑面积1.8万m^2，层数9层，床位数190床，竣工

图 C.12.5-1 上海市第一社会福利院

时间：2000 年（图 C.12.5-1）。

2）**上海市第三社会福利院**：总建筑面积 3.5 万 m^2，层数平均 2～6 层，床位数 800 床，改扩建竣工时间：2009 年（图 C.12.5-2）。

3）**上海市第四社会福利院**：总建筑面积 1.9 万 m^2，层数地上 2～4 层，床位数 450 床，实施方案设计时间：2010 年（图 C.12.5-3）。

4）**上海市亲和源养老社区**：总建筑面积 10 万 m^2，层数平均 9 层，总套数 838 套，竣工时间：2007 年（图 C.12.5-4）。

2. 上海养老设施主要特点

1）**从服务对象和建设主体上看**：公办的养老机构主要服务对象为失智老人、失能老人和高龄失助老人等，政府为投资主体，建设标准较高。而民办的养老机构服务对象大都为健康的老人或具有一定经济实力的老年人，建设标准参差不齐，有高有低。

图 C.12.5-2 上海市第三社会福利院

2）**从建设地点和规模上看**：建于城市中心的养老设施，由于建筑占地面积有限，所以建筑规模较小，建筑层数较高，但周边医疗及公共服务配套设施完备。建于城市郊区的养老机构，占地规模大，自然环境好，多采用分散式低层或多层布局，并用连廊将各个功能空间进行连接。公共配套设施大部分依靠自身解决，建筑规模较大。

3）**从社会交往和方便子女看望上看**：建于城市中心的养老设施，室外活动空间较少，但子女看望方便。因此多采用阳光大厅、活动室和屋顶花园等方式，增加老年人的交往、活动空间。建于城市郊区的养老机构，有较大的室外活动和交往场地，但子女看望不方便。因此可以提供儿童的娱乐空间和成人的商务空间，甚至提供短期的住宿场所，为看望老年人的家属提供方便。

图 C. 12. 5-3　上海市第四社会福利院

图 C. 12. 5-4　上海市亲和源养老社区

C. 12. 6　结语

如何养老？怎么养老？这不仅是老年人要考虑的问题，还关系到每个人，每个家庭，甚至整个社会。上海作为国内率先步入老龄化，同时也是老龄化程度最高的城市，积累了很多养老政策和建设方面的经验。希望政府在增加对养老产业投入的同时，多鼓励民间资本投入到养老产业中来，增加投资渠道，如公办民投等合作方式进行，并在土地、税收等方面出台相应的优惠政策。机构养老的服务对象要更多关注失智、失能老人以及经济困难的老人等弱势群体，以体现社会的公平性。养老机构的选址要尽量在城市市区内，进行分散式布点，让老年人居住在熟悉的环境当中，尽量提供与子女在一起的机会，增加老年人的归属感，甚至可将养老设施中的公共空间开放给社会，以加强老年人和社会的交往。建筑设计方面，在满足安全和便捷的前提下，在空间和尺度上，在色彩和质感上，在家具和装饰上要尽量营造“家”的氛围和环境。

编 后 语

根据住房和城乡建设等部门联合印发的《关于加强养老服务设施规划建设工作的通知》"从2014年起，将有关养老服务设施建设标准培训纳入执业注册师继续教育培训要求，使从业人员全面掌握、正确执行标准规定，提高从业人员技术能力"的要求，适时宣贯《养老设施建筑设计规范》GB 50867－2013标准，《养老设施建筑设计规范》编制组组织参与编制规范的专家和有关设计人员，在总结近年来各地养老设施建设实践和研究成果，借鉴国外先进经验的基础上，编写了《养老设施建筑设计规范实施指南》（以下简称《实施指南》）这本书。《实施指南》把标准的编制概况、条文实施要点、典型设计案例、专项研究成果以及相关法规标准等汇集一册，尽可能为设计师和其他从业人员提供一套比较完整的养老设施建筑设计方面的资料，供大家参考与使用，以加深对《养老设施建筑设计规范》的理解和把握。

中国已进入快速老龄化阶段，养老问题已成为社会普遍关心的民生大事。虽然"十二五"期间，以家庭养老为基础、社区养老为依托、机构养老为补充的"9073"养老服务体系将初步形成，但社区养老和机构养老设施的建设压力依然沉重。特别是目前在社区能对老人提供康复护理方面的基础设施还较少。随着时代的发展和社会的需要，人们对养老建筑的定义和要求也有了新的要求，例如居家养老给建筑设计提出了适老化设计和隐形设计问题。为此，适应我国养老模式特征，努力发展功能设施较全的，能为介助、介护老人提供日托和日常医疗护理等服务的社区养老服务机构则是当今养老服务体系建设的迫切任务。

养老服务体系信息化、智能化建设将是新的发展趋势。随着互联网、智能手机和平板电脑的普及率越来越高，以及针对老年人的智能化产品越来越丰富，信息服务成本进一步降低，现在不少刚迈入老龄的人也成为"微博"、"微信"和"低头"一族。那些在欧美国家成熟的助老技术也将会在我国普遍推广。例如，在一定区域内通过整体规划及互联网技术可以搭建数据信息平台和建设不同社区服务模块。居家养老的老人除了可以根据自己需要通过互联网选择餐饮、家政、商品等社区服务，数据信息平台还可以通过智能设备连贯地采集记录老人们身体健康数据和日常起居状况，然后通过大数据进行分析，为老人们提供个性化定制的康复医护服务和紧急救助，不但降低医护成本，也使得居家养老的老人享受到养老院的服务。信息化、智能化的植入，将使老年人的定义和养老方式发生根本性的改变。

关注养老和积极应对，使得养老设施建设从科学角度出发，为"人性化"服务找到落脚点。欧、美、日等发达国家已普遍将养老设施列为社会基础设施建设的一部分，上到政策、体系的建设，下到养老设施的设计及运营、服务，都已形成各自较为完善的模式。今天，《养老设施建筑设计规范》的颁布，从政府决策到设计实践，走出了坚实的一步。充分尊重和关爱老年人，这既是规范编写的初衷，也是本《实施指南》编写的意义。

《实施指南》经过参加本书编写同志们的夙夜工作、反复修改，终于问世了。回顾一年来的艰辛编写过程，我们由衷地感谢住建部定额司田国民副司长和全国老龄委办公室副主任阎青春的顾问与大力支持以及王果英处长、梁锋副处长和唐振兴主任的具体指导；感谢住房和城乡建设部建筑设计标准化技术委员会秘书长郭景、哈尔滨工业大学常怀生教授和梁开建筑设计事务所总经理、总建筑师开彦的主审与悉心指导；感谢中元国际（上海）工程设计研究院、黑龙江东方学院、北京来博颐康投资管理有限公司等有关专家、教授们提供的无偿帮助，尤其感谢编制组全体参编专家们对规范条文要点的细致深入解读所倾注的心血和无私的奉献。本《实施指南》的研究过程同时得到了国家自然科学基金项目（51308141）的资助。就是在这些领导和同仁们的认真呵护和合力支持下，我们才坚定信心、攻坚克难，顺利完成《实施指南》的编写任务。

《养老设施建筑设计规范实施指南》编委会
2014 年 3 月